Union, lutherische Kirche

und

Friedrich Julius Stahl.

Ein Wort für das gute Recht

von

Thomas.

Πᾶς οὖν ὅστις ὁμολογήσει ἐν ἐμοὶ ἔμπροσθεν τῶν ἀνθρώπων, ὁμολογήσω κἀγὼ ἐν αὐτῷ ἔμπροσθεν τοῦ πατρός μου τοῦ ἐν οὐρανοῖς· ὅστις δ᾽ ἂν ἀρνήσηταί με ἔμπροσθεν τῶν ἀνθρώπων, ἀρνήσομαι αὐτὸν κἀγὼ ἔμπροσθεν τοῦ πατρός μου τοῦ ἐν οὐρανοῖς.

Matth. 10, 32. 33.

Berlin, 1860.
Verlag von Georg Reimer.

Vorwort.

Zu welchem Zweck geht dies Buch in die Welt? Der Beweggrund ist in dem als Wahlspruch auf dem Titel stehenden Worte des Herrn ausgesprochen. Dem Glauben ist das Bekenntniß Gebot, Pflicht, Naturnothwendigkeit. Der Glaube an den Einen Herrn ist aber auch der Glaube an die Eine Kirche, und diese Eine Kirche als eine lebendige, wirkliche und wahre festzuhalten, ist innerhalb der evangelischen Kirche Aufgabe, Gebot, Arbeit und Wesen der Union. Wer in dieser Erkenntniß steht, dem ist Verleugnung der Union die Verleugnung des Herrn selbst. Wenn nun jetzt die Bekämpfer der Union bis dahin vorschreiten, daß sie ganz naiv dem Kirchenregiment den Rath geben, der Union auch gar nicht einmal mehr zu gedenken; so ist ersichtlich, wie trotz aller Klagen über die Verhältnisse, die „nie trüber waren," sie ganz nahe daran zu sein glauben, die Palme des letzten Sieges zu brechen und sich in dem ungestörten Besitz der Landeskirche mit ihrem Konfessionalismus wieder häuslich einzurichten. Darum, obschon ich dem Glanz des Stahlschen Namens nichts und seiner polemischen Gewandheit sehr wenig entgegenzusetzen habe; es war mir durch den Glauben gebotene Nothwendigkeit, mit meinem Bekenntniß nicht zurückzuhalten. — Der Ton dieses Bekenntnisses ist dem Gegner gegenüber vielleicht hin und wieder etwas schärfer, als es sonst im kristlichen Streit, wo es ein Suchen der Wahrheit in Liebe gilt, erlaubt scheint. Die Erklärung dafür liegt im Stahlschen Buche. Der Kultusminister hat neuerlichst dem glänzenden Kammerredner die Begeisterung für die Freiheit abgesprochen. Aus würdigstem Munde floß bei dieser Gelegenheit die Bemerkung, es habe ihm dem so stets die Begeisterung für die Wahrheit gefehlt. Das Gegentheil von der begeisterungsvollen Hingabe an die Wahrheit wehte mich oft aus Stahls Buch recht eisig an (freuen wollte ich mich, wäre mein Gefühl ein falsches), und ich darf das Zürnen nicht ableugnen, das ich dabei empfand. Da scheint es mir nit der kristlichen Sittlichkeit nicht vereinbar, die Spuren dieses empfundenen Unwillens im Tone der Schrift ganz zu tilgen.

Der Gegensatz zwischen reformirter und lutherischer Konfession ist vielfach auf ein verschiednes Prinzip zurückgeführt Die Berechtigung dazu wird nicht bestritten, für die Behandlung ergeben sich daraus manche Vortheile, ja von der Wissenschaft wird das vielleicht gefordert. Hier ist davon durchaus Abstand genommen. Haben wir es mit den Gegensätzen von Kristenthum und Judenthum oder Heidenthum, von Protestantismus und Romanismus zu thun, so ist ein anderes Verfahren kaum möglich. Angewendet aber auf zwei so innig verwandte, wir müssen trotz des Streites sagen, verwachsene Organismen wie lutherische und reformirte Konfession hat dies Verfahren seine Bedenken und Gefahren. Man sucht und entdeckt da auch im Einzelnen Unterschiede, wo für ein gesundes Auge es keine gibt, man übersieht die Einheit, wo sie offen zu Tage liegt. Bei Stahl, der Alles auf den Gegensatz des Mysterischen und Antimysterischen zurückführt, redet aus diesem Grunde die schweizerische Reformazion nicht mehr wie sie, sondern wie Stahl will und man wird unwillkürlich an die Götheschе Persiflirung Bahrdt's erinnert: „So redt' ich, wenn ich der Herr Kristus wär'." Wie gesagt, eine verschiedne Färbung in reformirter und lutherischer Anschauungsweise des sechzehnten Jahrhunderts soll nicht geleugnet werden, aber es ist nicht eine derartige Verschiedenheit, welche eine kirchliche Trennung bedingte und begründete. Daß Luther die Abendmahlslehre anders entwickelte, anders wieder Zwingli, anders Kalvin, daß die eine Auffassung mehr hier, die andre mehr dort vorwog, war eine von Gott in der Eigenthümlichkeit angelegte Nothwendigkeit, so auch mit einzelnen andern Lehrdifferenzen. Daß aber daraus die Spaltung erwuchs, war nicht in göttlicher Nothwendigkeit, sondern in menschlischer Sünde und Schuld begründet. Hätte Luther die symbolische Auffassung des Abendmahls nicht zuerst in der widerwärtigsten Gestalt, wie Karlstadt sie vertrat, gesehen, hätte er, ehe er das volle Gift des Mißtrauens gegen Zwingli in die Seele gesogen hatte*), den Mann und seine Lehre selbst kennen gelernt; gewiß, nie hätte er in der Weise, wie er es that, den Streit geführt und eben so gewiß wäre keine Kirchenspaltung daraus hervorgegangen. Darum ist hier nicht auf einen prinzipiellen Gegensatz; sondern mehr auf greifbare Einzelheiten, wie sie in beiderseitigen Symbolen vorliegen, eingegangen, um so zu erkennen, ob die Spaltung berechtigt sei oder nicht. Für die Behandlung mag das ein Nachtheil sein, wie vielleicht auch die vielen wörtlichen Zitate aus den Bekenntnißschriften lästig fallen, dafür lag mir darin eine größere Gewähr, von der geschichtlichen Wahrheit nicht abzuweichen. Doch genug. — Wir stehen jetzt wieder in der Passionszeit. Für den, welcher der Welt alle Gnade und Wahrheit brachte, hatte sie das Kreuz. Der Jünger ist nicht über den Meister, darum die Kirche nicht über ihr Haupt. Die Eine heilige Kirche aus seinem Geiste geboren, lebt fort in der Welt, trägt seine Gnade in die Welt; aber die Welt hat auch für sie das Kreuz und zwar nicht etwa nur von außen her, sondern von da ab, wo man in Korinth Kephisch, Apollisch 2c. zu sein begehrte, zimmerte die Welt auch durch die Glieder der Gemeine das Kreuz für die Eine Kirche des Herrn. Wenn ein Gleiches in der Bekämpfung der Union jetzt geschieht, so ist das nichts Neues unter der Sonne. Wie weit solche Bestrebungen äußerliches Gelingen ha-

---

*) Alle Vorurtheile sitzen tief und haften fest. Luther hat sich trotz des bessern Sehens und Hörens zu Marburg nie von seinem einmal gefaßten Mißtrauen frei machen können.

ben, ist nicht zu berechnen. Grade der weit verbreitete Indifferentismus unserer Tage, der Leichtsinn und die geistige Trägheit in Beziehung auf den eignen Glauben, denen man sich in geistlichen und weltlichen Stande überläßt, sind die gefährlichsten Feinde der Union, die stärksten Bundesgenossen des Konfessionalismus. Darum ist es nicht so unmöglich, daß dieser noch immer mehr Erfolge auf dem äußern Gebiete der Kirche erringt, die Union immer mehr zurückgedrängt und gefesselt wird. Und was dann? Nun wir wissen, daß auf Karfreitag Ostern folgt und daß, wie oft die Eine heilige Kirche auch in die Passion und die Kreuzigung ihres Hauptes hineingerissen wird, sie stets eine desto fröhlichere Auferstehung feiert. Das walte Er, der ewige König seiner Gemeine.

Inhalt.

I. Standpunkt der Union und des Lutherthums.

Die Lutheraner in unserer Preußischen Landeskirche (diejenigen, welche die Aufhebung der Union und die Wiederherstellung einer lutherischen Kirche begehren) haben in Julius Friedrich Stahl einen Vorkämpfer, daß sie sich keinen bessern wünschen könnten. Ein reiches Wissen ist mit sehr seltener Begabung des Geistes in ihm vereinigt. Ein Meister im geistigen Ringkampf, in der dialektischen Kunst ist er wie einer oder wie keiner, wenn es ankommt auf die Gewandheit, jedesmal die günstigste Stellung einzunehmen, eigne Blößen zu verhüllen, fremde aufzudecken, Seitenhiebe auszutheilen und jede Gelegenheit, wo möglich auch Herz oder Haupt des Gegners zu treffen, zu benutzen. Dabei versteht er es meisterhaft, alles was der gegenüberstehenden Sache eignet, mit dem Schein des Rechtes dieser abzusprechen und für sich selbst als sein Eigenthum, als seine selbsteigene Waffe, in Anspruch zu nehmen. Vorzüglich aber hat er die Sprache in seiner Gewalt wie wenige. Ein tüchtiger Feldherr für die Partei ist vorhanden und an Muth scheint es den Genossen derselben eben so wenig zu fehlen. Da darf sie ja in der geistigen Schlacht nicht beben. Der Führer selbst hat jetzt eiuen entscheidenden Schlag auszuführen versucht durch sein Buch: „Die lutherische Kirche und die Union", in dem er nach allen Seiten die lutherische Kirche vertheidigt, die Union, wie er meint, mit vernichtenden Waffen niederkämpft. Wenn gegen solchen Meister der Schreiber dieses sich ins Feld wagt; so ist es nicht die Absicht, sich mit ihm irgend wie zu messen, — er weiß sehr wohl, wie weit und wie weit nicht seine geringen Kräfte reichen —, sondern die Ueberzeugung, daß, wo der Kampf um Altar und Heerd entbrannt ist, auch der geringe Mann nicht zurückbleiben darf und daß was der Person gebricht, die gute Sache abhelfend gewähren muß. In diesem Sinne wird auch von ihm in Gottes Namen ein Gang mit dem Gegner unternommen.

„Wenn man „lutherisches Bekenntniß“ oder „lutherische Kirche“ nennt, so weiß jeder, was darunter verstanden wird. Nicht so aber, wenn man Union nennt. Das ist ein Begriff, bei dem der eine das, der andre jenes denkt.“ Das sind die drei ersten Sätze des Stahl'schen Buches, mit denen er seine Einleitung beginnt. Wie viel Schein diese Worte auf den ersten Blick auch für sich haben, wie auch im Folgenden, sie näher zu begründen, versucht wird, so sind sie doch nicht völlig wahr. Kommt es auf eine simple Definizion dessen an, was lutherische Kirche sei, so würden die mehrsten Lutheraner, sich wahrscheinlich an bekannte Stellen der Symbole anlehnend, schon übereinstimmen. Aber ein Anderes ist eine solche abstrakte Definizion, ein Anderes das lebendige Wesen eines solchen Gegenstandes, wie es nach allen seinen Seiten oder Momenten von der Anschauung oder in mannigfachen Vorstellungen und Begriffen aufgefaßt wird. Wer da weiß, was „lutherische Kirche“ ist, der weiß auch, was ihr wesentlich zugehört und was ihr etwa unwesentlich hier oder dort oder allenthalben, heut oder gestern oder alle Zeit zufällig anhaftet, der kennt ihre Grenzen und ihren Umfang, der kann genaue Rechenschaft geben, was in allen Punkten des Lebens, der Lehre, des Kultus wirklich „lutherisch“ ist, was indifferent oder widersprechend sich dazu verhält. Aber wie sehr sind von Anfang bis heute die Urtheile derer, die sich für Lutheraner hielten, auseinander gegangen. Im Großen und Ganzen sind das sechzehnte, siebzehnte, achtzehnte und neunzehnte Jahrhundert darüber verschiedener Ansicht. Anders dachte darüber ein Spener, anders ein Löscher. Verschiedene Aussprüche dürfte man darüber von Hofmann und Höfling, von Löhe und Kliefoth, von Stahl und Hengstenberg vernehmen. Wie entgegengesetzt stellen sich die Altlutheraner unseres Landes zu denen, die im Verbande der Landeskirche bleiben zu müssen glauben, sowohl die, welche lutherischen Provinzialvereinen angehören, als auch die, welche selbst von diesen sich fernhalten, ohne auf den Namen eines guten Lutheraners zu verzichten. Da waltet eine andere Anschauung, Vorstellung, ja ein anderer Begriff von lutherischer Kirche und ihrem Wesen, sollte man auch eine ganz gleichlautende Definizion aufstellen; sonst könnte man so im Einzelnen nicht auseinandergehen. Der 18te und 19te August des Jahres 1858 sah zu Rothenmoor in Meklenburg-Schwerin eine Schaar lutherischer Größen versammelt, aber keineswegs im Urtheil vereinigt über das Wesen und Verhältniß der lutherischen Kirche im wirklichen Leben. — Eben so ist es mit dem lutherischen Bekenntniß. Abgesehen davon, daß man nicht allenthalben dieselbe Zahl der Bekenntnißschriften zählt, ist das Urtheil darüber, was in diesen Büchern denn eigentlich Bekenntniß sei, doch auch gar sehr auseinandergehend. Stahl ist geneigt, namentlich aus der Konkordienformel und Apologie Vieles als nicht zum Bekenntniß gehörig auszusondern, andre wissen ein Gleiches von dem großen Katechismus Luthers und den Schmalkaldischen Artikeln, andre wagen sich auch an den kleinen Katechismus und selbst an die Augsburgische Konfession. Und wie verschieden der Maaßstab, der angelegt, demnach auch wie verschieden das Resultat, das herausgebracht wird! Verdrießlich und höchst unwillig über solch subjektives Gebahren wollen denen allen gegenüber manche auch kein Jota der Symbole missen. Es ist ihnen eben Alles, wie es dasteht, von vorn bis hinten Bekenntniß. Diesen Letzteren den ersteren gegenüber, wenn man einmal lutherisch sein will, Recht zu geben, dürfte gar nicht so unrecht erscheinen. Aber wir sind hierin nicht Richter, sondern beobachten nur und berichten das Beobachtete. Demnach nun dürfte man getrost mit Stahls Worten der Wahrheit gemäßer als er sagen: Wenn man „lutherisches Bekenntniß“ oder „lutherische Kirche“ nennt, so weiß niemand (so recht), was darunter verstanden wird. Das ist ein Begriff, bei dem der eine das, der andere jenes denkt.“ Daher entsteht die Nöthigung, im Eingange nicht nur die „Union,“ sondern auch die „lutherische Kirche“ uns näher zu fixiren.

Was aber „lutherische Kirche“ und zwar im Gegensatz zur Union sei, darüber möchten wir nicht allein das Wahre treffen, sondern wünschten auch die Zustimmung des Herrn Stahl zu gewinnen. Wir gehen deshalb von dem siebenten Artikel der Augsburgischen Konfession aus, nach dem „die heilige, kristliche Kirche“ ist „die Versammlung aller Gläubigen, bei welchen das Evangelium rein gepredigt uud die heiligen Sakramente laut des Evangelii gereicht werden.“ Wir werden, und zwar im Sinne Stahls, das „aller Gläubigen“ nicht urgiren, wenigstens nicht durchweg dabei den wirklichen (lebendigen) Glauben voraussetzen dürfen. Den Glauben sieht allein der Herr, die „Versammlung aller Gläubigen“ kennt daher auch nur Er. Wir befänden uns damit auf dem Gebiet der sogenannten unsichtbaren Kirche, hier aber, wo es sich um lutherische Kirche handelt, brauchen wir eine allenthalben fühl- und greifbare Realität. Darum wie treffend auch Melanchthon in der Apologie seine „Versammlung aller Gläubigen“ oder „Heiligen“ als die wesentliche Kirche vertheidigt, und nachweist, daß die Gottlosen todte, also keine eigentliche Gliedmaaßen am Leibe Kristi seien, wir müssen, wie er das auch genugsam im achten Artikel und in der auf diesen sich berufenden Apologie wahrt, wo es die Kirche in ihrer Sichtbarkeit gilt, statt „Gläubige“ setzen die sich für Gläubige, für Kristen bekennen, die äußerlich im Zusammenhange mit der Gemeinschaft stehen und leben. Daneben bleiben dann die wesentlichen Merkmale reine Lehre und lauteres Sakrament. Die reine Lehre ist aber für den Lutheraner (und das rechnet er sich zu seinem Ruhm) keine unbestimmte oder erst zu findende. Sie ist ihm vollständig auseinandergelegt in den Symbolen, den drei ökumenischen, den sechs lutherischen, (wir nehmen diese sechs als allgemeine an, wenn auch die Konkordienformel hier und da bestritten wurde.) Was hier aber noch unbestimmt wäre, das haben die orthodoxen lutherischen Dogmatiker weiter entwickelt und so hat sich eine stattliche Kirchenlehre und in ihr die reine Lehre herausgestellt.*) Das zweite

*) Späterer Kirchenlehrer Doktrinen können indeß nur so weit für Kirchenlehre gelten, als sie nur Ausführungen des Symbolischen sind.

Kennzeichen, das lautere Sakrament ist eigentlich im ersten schon inbegriffen und muß nach Maßgabe des ersten gefaßt werden. In der Augsburgischen Konfession wird zwar gefordert, daß die Sakramente „laut Evangelii“ verwaltet werden, aber das heißt nach der geschichtlichen Auffassung unter den Lutheranern: nach der Lehre der Symbole und mit gehöriger Ausprägung derselben in der Verwaltung. Es wird niemand behaupten wollen, daß unsre jetzige Agende, die bei der Austheilung des heil. Abendmahls den Herrn selbst sprechen läßt, wider das Evangelium sei. Dennoch wird sie als eine unevangelische verworfen, als Verleugnung der reinen Lehre. Die luthersche Spendeformel muß gebraucht werden, darin das Bekenntniß der Kirche, „die reine Lehre,“ zu ihrem Rechte kommen, sonst haben wir kein ächtes heiliges Abendmahl. Offenbar will also, wenn die Lutheraner auf unsern Artikel zurückgehen, „laut Evangelii“ heißen laut „der Symbole“ oder laut der „Lehre der Symbole“ und wir werden damit, wie gesagt, auf das erste, eine Merkmal der Kirche zurückgeführt, auf die reine Predigt des Evangelii d. h. auf die Lehre der Symbole. Die lutherische Kirche ist demnach die Gemeinschaft derjenigen Kristen, welche die reine Lehre der genannten Symbole nach allen Seiten als rechtsverbindlich ansehen. So weit diese „reine Lehre“ herrscht, so weit geht die lutherische Kirche, wo die „reine Lehre“ ihre Herrschaft verloren, da liegt auch die lutherische Kirche im Staube. Wer sich dieser reinen Lehre unterordnet, der ist ihr Mitglied, wer ihr widerstrebt und von ihr weicht, der hört auf, dieser Kirche anzugehören. Was mit dieser reinen Lehre übereinstimmt, ist lutherisch, was ihr entgegensteht, ist, wenn es sich noch auf Kristum beruft, Ketzerei. Kurz die „reine Lehre“ oder wie man zu sagen pflegt, das Bekenntniß ist der Grund und das Wesen der lutherischen Kirche, ihr Maaß, ihre Grenze, ihre Mauer und ihre Burg, ihr Gut und ihre Ehre. Daß dieß die Anschauung ist, von der Stahl ausgeht, davon zeugt sein ganzes Buch wohl in jedem seiner Abschnitte. Für diese Kirche kämpft er, die will er in Preußischen Landen in der sogenannten Landeskirche wieder aufgerichtet und zur Herrschaft gebracht sehen. Allerdings ist er nicht ein so verblendeter Lutheraner, daß er diese lutherische Kirche auch mit der Einen Heiligen Allgemeinen Kirche zusammenfallen ließe. Er weiß es, nicht nur in den drei großen Konfessionen, auch in den armen Sekten, die sich am wenigsten seiner Gunst zu erfreuen haben, giebt es Kinder Gottes. Auch theilt er wenigstens den drei Konfessionen, wenn nicht die Katholizität, doch katholische Züge zu. Aber an der Lutherischen Kirche ist eben die reine Lehre der katholische Zug und gerade durch diesen nimmt sie eine wesentlich bevorzugte Stellung ein. Zwar will er, wie er sagt, „keine Enge des Bekenntnisses, wie die Kirche der alten Orthodoxie." „Wir wollen," heißt es, „eine Kirche mit freier, weiter, milder Handhabung des Bekenntnisses. Wir wollen keine Kirche, in der ein Nitzsch und Julius Müller, ein Heinrich Thiersch (vor seinem Uebertritt) nicht vollen Raum hätten für ihre ernstliche gewissenhafte Forschung und deren wissenschaftliche Mittheilung." Aber man muß sich besinnen daß er wohl unterscheidet zwischen der Kirche in ihrer Mitgliederzahl und der Kirche als Institution. Letztere ist die Mutter, erstere die Tochter, bei der letzteren ist Maaß und Regierung, bei der ersteren ist Gehorsam und Unterwerfung, letztere mag an der ersteren dulden nach Weisheit und auf Hoffnung, aber erstere hat durch solche Duldung in ihren Besonderheiten und Abweichungen nach Stahl kein wirkliches Recht. Wo stellt Stahl die genannten Männer hin? Will er sie auch mit ihren Ansichten als Repräsentanten der Institution z. B. als Handhaber des Kirchenregimentes sehen, die also vom Grund und Boden der Union aus nach ihrem Gewissen leiten und Lutheranern und Reformirten, aber auch der ganzen unirten Landeskirche gerecht zu werden sich bemühen? Dagegen ist eigentlich sein ganzes Buch gerichtet. Kirchenregimentsunion und Abendmahlsunion — und das wollen im Praktischen doch beide Männer — ist ihm ein Gräuel. Also nicht dem Rechte nach können diese Männer in der lutherischen Kirche sein, sondern nur geduldet. Das wird freilich geradezu geleugnet, aber solche Widersprüche, daß jemand mit ihm selbst uneins zu sein scheint, begegnen nicht nur gewöhnlichen Menschen, sondern auch ausgezeichneten Größen, warum nicht auch einem Stahl? Suchen wir uns nur das Problem, wie es mit ihm steht, zu lösen d. h. hinter seine eigentliche Meinung zu kommen. Müller und Nitzsch sind auch Prediger des Wortes. Dürfen sie die Ergebnisse ihrer gewissenhaftem Forschung, so weit sie ins praktische Leben eingreifen, auch von der Kanzel, also auch in nicht wissenschaftlicher Form vor die Gemeine bringen? Antwortet Stahl wider Erwarten etwa Ja; so fragen wir weiter: Soll denn die Verpflichtung auf das Bekenntniß der Kirche, auf „die reine Lehre“ fortfallen? Gewiß, Stahl bejaht nicht mehr. Beide Männer sind Mitglieder kirchenregimentlicher Behörden. Wollte Stahl, wenn sie etwa in ihre Aemter erst eingeführt werden oder z. B. das eines Generalsuperintendenten übernehmen sollten, wollte er sie nur so auf „das Bekenntniß“ verpflichtet sehen, daß es hieße: Wo ihr mit Eurer Anschauung vom Bekenntniß abweicht, da habt ihr Raum für dieselbe und habt nicht „im Bekenntniß“ die maaßgebende Norm? Gewiß, Stahl wehrt das ab mit Hand und Fuß und klar wird's, in seiner „lutherischen Kirche“ können solche Männer eigentlich kein Recht, sondern nur Duldung genießen. Ueberhaupt die „freie, weite, milde Handhabung des Bekenntnisses“ ist, wenn es sich um die Kirche als Institution, um die Rechtsgrundlage des Bekenntnisses, der reinen Lehre in ihr handelt, etwas rein Zufälliges und Subjectives, was vielleicht einer liebenswürdigen Liberalität des heißen Kämpfers gegen allen Liberalismus oder auch einer unbewußten Einwirkung des Zeitgeistes auf ihn entspringt, aber nimmermehr rechtsverbindlich sein kann am wenigsten für ein Kirchenregiment in einer wiederhergestellten, purifizirten, lutherischen Kirche. Was solche „freie, weite, milde Handhabung des Bekenntnisses“ sei, könnte man praktisch etwa in Meklenburg an dem lernen, was früher ein Bartholdy, später ein Baumgarten dort erfahren haben. Stahl sieht dergleichen praktische Handhabungen des Kirchenregiments jedenfalls nicht als Verstöße gegen seine Theorie an. Kurz dieses „Freie, Weite, Milde“ lassen wir etwa als poetischen Redeschmuck oder lieblichen Gemüthserguß, der gar nicht zum Wesen der lutherischen Kirche gehört, völlig auf sich beruhen. Lutherische Kirche bleibt die Gemeinschaft von Kristen, denen Grundlage, Gesetz und Grenze in der „reinen Lehre“, „in dem Bekenntniß“ d. h. in der Lehre der Symbole gestellt ist, die in jeder Beziehung daran nothwendig gebunden sind. Damit ist allerdings selbstverständlich, daß es für die lutherische Kirche nie eine Union mit der reformirten gegeben hat, giebt, oder geben wird, weil es keine solche geben kann. In den lutherischen Symbolen werden einzelne reformirte Lehren verurtheilt, damit ist nach jener Theorie von der Kirche auch Kirchengemeinschaft mit der reformirten Kirche nicht möglich. Selbst wenn die Reformirten nachwiesen, daß sie gar nicht diese verurtheilten Lehren hätten, würde das nichts helfen. Die lutherischen Symbole behaupten das einmal und nicht, was die Reformirten etwa jetzt von sich sagen, sondern was die Symbole über sie behaupten, muß das Wahre sein. Da muß ja auch nach Stahl ein Zwingli nicht etwa sagen, was er wollte; sondern was eben Stahl selbst ihm zudiktirt und Stahl ist der einsichtige und richtige Ausleger Zwinglischer Schriften unstreitig, weil er als Lutheraner das rechte Licht besitzt, das sich selbst und die Finsterniß erhellt*). So ist eine Erklärung: „Ich bin ein eifriger Anhänger der Konfession, aber ich bin auch ein eben so eifriger Anhänger der Union" allerdings in der Sache nicht wahr **).

Was ist nun die Union? Wir brauchen Stahl's Erklärung: „die Einigung der beiden Kirchen (der lutherischen und reformirten) durch Indifferenziirung ihrer Unterscheidungslehren ist der weltgeschichtliche Begriff der Union." So lange die Unterscheidungslehren über Abendmahl u. s. w. für nothwendig zur Seligkeit, für fundamental oder doch für der Kirche wesentlich erklärt werden, ist eine Union unmöglich. Gleiche Berechtigung dieser Lehren für's Ganze der Kirche, für die Gemeinen und für einzelne Glieder ist nothwendiges Erforderniß der Union. Es giebt nach ihr in der That kein lutherisches und kein reformirtes Bekenntniß mehr d. h. für die Gesammtheit als rechtsverbindlich. Die ein-

*) Vgl. was Schweizer darüber in der Protestantischen Kirchenzeitung Schlagendes gegeben hat.

**) Wie aber dennoch ein Recht dazu für manchen vorhanden sein dürfte, das ergiebt sich vielleicht später.

zelnem Glieder derselben können dasselbe sich freilich seinem materiellen Inhalte nach vollständig aneignen, aber nur so, daß sie es nicht mehr als Grenze der Kirchengemeinschaft anwenden und danach aus- oder einzuschließen unternehmen. Was das Weitere angeht, so können wir dem, daß außer den zwischen Reformirten und Lutheranern streitig gewesenen Lehren, der Konsensus der beiden Konfessionen als „bindendes Dogma der Kirche" für die Union festgehalten werden müsse, nicht beistimmen. Es ist ein eignes Ding mit dem Konsensus, wie das Stahl selbst gelegentlich durchblicken läßt, sowohl mit der Formulirung desselben, wie mit dem Verhältniß zu ihm. Julius Müller hat ihn bekanntlich mit großem Fleiße und diplomatischer Sorgfalt und Genauigkeit darzustellen versucht, aber hat er uns darin ein Glaubensbekenntniß gegeben, das er selbst als das eigne hat oder eine Regel des Glaubens, danach nun wirklich Alles zu bemessen wäre? Er wird uns antworten und antwortet uns, daß er diesem Konsensus keine andre Stelle einräumen könne, wie sie den Bekenntnißschriften auch abgesehen von der Union in der evangelischen Kirche ihrem Wesen nach überhaupt nur zukomme. Dies nach Müller's Anschauungsweise aufgefaßt, bedarf's keines Konsensus, die Bekenntnißschriften genügen, weder die lutherische noch die reformirte sind so ein Hinderniß der Union. Nach Stahl's Auffassung aber würde die Union, auf den Konsensus als auf „bindendes Dogma der Kirche" gestellt, alsbald als Produkt grund- und bodenloser Willkür erscheinen und sein Buch wäre ein sehr überflüssiges Unternehmen, um sie zu bekämpfen, sie wäre schon todt in ihr selber. In allen andern Lehren die Kirche unter den Konsensus stellen als unter das „bindende Dogma der Kirche" setzt eben die lutherische oder falsch katholische Grundanschauung voraus. Waltet sie, mit welchem Rechte könnte man sich in den streitigen Lehren von dem bindenden Dogma losmachen, es für geringfügig erklären? Gewiß der beste Rechtfertigungsgrund für solch Thun, wäre noch ein gewisser Jesuitismus, der ein wenig Untreue gering anschlüge, um dadurch große Erfolge, Einigung der Kirchen zu erreichen. Um solchen Preis aber kann ein wahrhaft evangelischer Krist keine Einigung und Einheit wünschen. — Stahl spricht selbst von einer geläuterten Erkenntniß, die auch die lutherische Kirche gewonnen, von einer andern Schätzung der reformirten Konfession, einer andern Stellung zu ihr, welche sie sich angeeignet habe. Siehe, da verräth er Geist von unserm Geist, eine gewisse Neigung, sich auch in unser Fleisch und Bein zu kleiden. Es ruht das auch bei ihm auf der jetzt die ganze evangelische Kristenheit bald mehr bewußt bald mehr unbewußt durchziehenden Anschauung, daß ein Anderes ist Kristus der Herr, lebendig bezeugt in heiliger Schrift und lebendig aus ihr zeugend, ein Anderes die Lehren der orthodoxen und heterodoxen Theologie, daß etwas Verschiedenes ist der lebendige Glaube an Gottes allgenugsame Gnade in Ihm, ein Anderes die lutherische oder reformirte Dogmatik, daß nicht die orthodoxe Theologie, sondern Kristus der Herr allein Recht und Anspruch hat wie Grund der Kirche, so auch ihre ein- und ausschließende Grenze zu sein, daß nicht das Annehmen der lutherischen Dogmatik, sondern der die freie Gnade Gottes in Kristo ergreifende Glaube selig mache. Ist das Dogma nicht Grund der Kirche, konstituirt es nicht ihr Wesen; so kann es auch nicht der Grund zur Trennung und Spaltung sein, ja wo es das wird, da ist eben ein unkristliches Element eingedrungen. Aus und mit dieser Anschauung ist die Union geboren, mit ihr wird sie, sofern etwas an ihr gelegen ist, stehen und fallen. — Als Luther seine 95 Thesen aufsetzte, da berief er sich gleich in der ersten auf „unsern Meister und Herrn Jesum Kristum." Den stellt er gegenüber dem Pabst, den damals kirchlichen Gebräuchen, den damals kirchlichen Lehren. Offenbar aber nur, weil er ihn hatte in heiliger Schrift. Als Luther 1521 auf dem Reichstage zu Worms vor Kaiser und Reich stand, erklärte er in seiner berühmten und bekannten Antwort, daß er nur „Zeugnissen der heiligen Schrift" oder öffentlichen, klaren und hellen Gründen und Ursachen weichen könne, daß er dagegen weder dem Pabste noch den Konzilien allein glaube. Es handelte sich um das, was kristlich oder unkristlich sei, also ein Recht in der Kirche habe oder nicht. Luther kennt dafür nur einen Richter, die heilige Schrift, offenbar weil sie von dem einigen Grunde der Kirche, von Jesu Kristo, allein glaubhaft zeugt.

Auf dem Reichstage zu Speier 1529 wurde den evangelischen Ständen von der römisch-katholischen Majorität zugemuthet, daß die Prediger das Wort Gottes nach der Auslegung der von der kristlichen Kirche approbirten und angenommenen Schriften predigen und leren sollten. Die Evangelischen lehnten dies wie Anderes mit männlicher Entschiedenheit ab und erklärten es für das Gewissefste, „bei Gottes Wort zu bleiben und Schrift durch Schrift zu erklären," indem sie sich und uns damit den Namen Protestanten als einen Ehrennamen errangen. „Schrift durch Schrift" das ist nur möglich, wenn durch die Schrift eine lebendige Einheit hindurch geht und wir wissen, unsre Väter hatten diese eben gefunden in Jesu Kristo dem einigen Herrn und Meister. Das sind so einzelne helle Punkte, in denen das tiefste Wesen der Reformazion in voller Klarheit leuchtet, es ist Kristus der alleinige Heiland und Herr seiner Gemeine allein glaubhaft bezeugt durch die heilige Schrift*). Wer unbefangenen Geistes die Geschichte der Reformazion und ihre Schriften durchwandert, der wird hierin stets ihr wahres Wesen wieder erkennen, wie viele Irrungen und Trübungen auch zu beklagen sind. Daß aber auf Grund einzelner dogmatischer Lehren über einzelne Glaubenswahrheiten Trennung und Spaltung der Evangelischen in zwei sogenannte Konfessionen oder Kirchen entstehen konnte, das war ein Zeugniß schwerster Verirrung, das ein theilweiser Abfall der Reformazion von ihr selber, der sie fortan in ihrem fröhlichen Siegeslauf aufhielt und schlimmes Gift in ihrem Organismus absetzte. Die Union ist danach ein Sichselbstbesinnen der Reformazion, ein Sichversenken derselben in ihr eigentliches, innerstes Wesen. Es ist die Union die Reformazion in ihrer Fortbildung und Läuterung, wie sie in Jesu Kristo nach heiliger Schrift allein ihren Grund, ihr Heil, ihr Wesen sucht und sich allein unter seine Herrschaft stellt, wie sie in dem Glauben an ihn, im Gehorsam seines Geistes, in seiner Liebe alle zu umschließen strebt, die im Glauben seiner Gnade leben und ihn als ihren alleinigen Mittler und Meister bekennen, die alle Hindernisse der

---

*) Später darüber ausführlicher.

Glaubensgemeinschaft, wie sie hier aus Irrthum und Sünde, dort aus Individualität und Nazionalität hervorgehen, zu überwinden strebt und wirklich überwindet, die auch über den Zaum menschlicher Lehren und Heilsordnungen und kirchlicher Verfassungen hinaus sich erhebt und in einem geeinigten Volke erhöhter Gotteskinder ihr wirkliches Leben, wie auch ihre stete selige Festfeier findet. Auch durch die Bekenntnißschriften der evangelischen Kristenheit geht dies als ihr wahrstes und innerstes Wesen hindurch und wenn sie im entgegengesetzten Sinn, als Schranke der Absonderung von anderen evangelischen Gemeinschaften gebraucht oder vielmehr mißbraucht wurden, so ist es viel weniger ihre Schuld als die derjenigen, welche ihren innersten Kern verkannten. Doch darüber noch später in einem besonderen Abschnitt. Hier haben wir nun auch im richtigen Sinne den großartigsten Konsensus der sogenannten lutherischen und reformirten Kirche, der lutherischen und reformirten Symbole. Durch alle ihre mit einander übereinstimmenden und von einander abweichenden Lehren geht als innerstes Werk die Gewißheit hindurch, daß Gottes freie Gnade in Kristo allein der Seelen Heil und Seligkeit verursacht, daß diese freie Gnade Gottes allein im Worte Gottes allgenugsam und lauter sich bezeuge, daß sie allein im Glauben unmittelbar ergriffen werden könne und müsse, daß die darin Gläubigen und Heiligen bilden die wahrhafte Eine Kirche Gottes. Auf solchem Konsensus allerdings steht die Union, wie ihrem weltgeschichtlichen Begriff, ihrer Idee nach, so auch, wie sie ist eine gewordene und eine werdende in der Preußischen Landeskirche. Von diesem Standpunkte aus stehen wir im Folgenden der Stahlschen Doktrin gegenüber.

II. Die Väter der Reformazion.

Stahl beginnt sein eigentliches Werk, indem er uns die beiden Schweizer Reformatoren in seiner Weise zeichnet und ihnen gegenüber Luther gelegentlich im ganzen Glanze seiner Größe strahlen läßt. Das hat einen geschichtlichen und wissenschaftlichen Schein, ist aber im Gegentheil nur die mit kluger Berechnung gewählte vortheilhafte Stellung des Kämpen, der von hier aus schon den tödtlichen Streich auf den Gegner zu führen und den Sieg an sich zu reißen versucht. Ja den tödtlichen Streich — aber freilich durch nichts anders als einen moralischen Todtschlag. Alexander Schweizer hat Recht, wenn er einen seiner Artikel wider das Stahl'sche Buch überschreibt: Zwingli in Stahl's Händen. Wie haben Stahl's Hände ihn zugerichtet, was haben sie für eine Fratze aus dem wackern Mann seines Volkes und seiner Kirche gemacht! Ist es so mit Zwingli bestellt, wie Stahl vorgibt, freilich dann ist er todt, wo es sich um die Kirche, um das Seelenheil u. s. w. handelt. Wie kurz ist er dagegen bei Kalvin. Aber für Stahl's Zweck war weiter nichts nöthig. Ist Zwingli todt, so liegt auch Kalvin danieder; denn wo er nach Stahl eigenthümlich (reformirt) ist, da ist er zwinglisch, so weit er reine evangelische Heilslehre hat, ist er nicht eigenthümlich (nicht reformirt), sondern hat sich das Lutherische angeeignet. Darum nur darauf kam's an, Zwingli moralisch zu vernichten. Aber Alexander Schweizer hat auch darin Recht, daß, wer so den Zwingli ins absurde zeichnet, selbst absurd wird. So Stahl schon in seinen eignen Widersprüchen. Einmal erklärt er Zwingli's Reformazion an erster Stellung für Verneinung, für Kampf gegen Menschensatzungen. Diese Verneinung, dieser Kampf soll ihm religiöser Gehalt, ja oberster religiöser Gehalt sein. Später gibt er uns bei Zwingli als obersten Gedanken, der seine gesammte Auffassung beherrsche, das Heil allein aus Gott ohne das Mittel kirchlicher Akte an. Wie vereint sich beides? Geht sein Kampf, seine Verneinung auch von diesem Gedanken aus? Dann ist's ja nicht mehr bloße Verneinung, sondern eine solche, der eine mächtige Posizion zum Grunde liegt. Oder soll die reine Verneinung bleiben, dann kann ja offenbar der Gedanke das Heil allein aus Gott u. s. w. nicht mehr der sein, welcher als oberster die gesammte Auffassung Zwingli's beherrscht. Zwingli wird ferner als Prediger uns so gezeigt, daß wir in ihm nur den Moralisten sehen sollen. In den als Belag zitirten Worten aus einer Predigt heißt es aber am Schluß: „In der Todesstunde ruft einzig Jesum Kristum an, der mit seinem Blut euch erkauft hat, ihn, den einzigen Mittler zwischen Gott und Menschen.“ Klingt das „in der Weise der Moralisten?“ Oder hält Stahl dafür, daß dies nur eine Phrase ohne weitere Bedeutung und Zwingli also ein Phrasenheld sei? Oder ist ihm Zwingli so gedankenlos, daß der Heiland und einige Mittler ihm wohl etwas für die Todesstunde, aber nichts für's Leben sein soll? S. 23 wird geleugnet, daß wir nach Zwingli durch den Kreuzestod Jesu Kristi gerechtfertigt würden (vielmehr durch die Unschuld). S. 25 erscheint als zwinglische Lehre, Kristus habe uns in verschiedner Weise von der Sünde befreiet, von der Sünde als Uebertretung des Gesetzes dadurch, daß er die Strafe für uns bezählt hat, von der Sünde als Krankheit (Erbsünde) dadurch, daß er sie unschädlich, unwirksam gemacht hat. Aber freilich, S. 23 kam es darauf an, die Rechtfertigungslehre Zwingli's zu bemängeln, S. 25 galt es seiner Lehre von der Sünde und nicht ist es des Verfassers Absicht, eine wahrheitsgetreue Darstellung Zwingli's und seiner Lehre zu geben, sondern ihn und sie als dürftig, irrthümlich und unevangelisch zu kennzeichnen, den Lesern einen möglichst großen Horror gegen Zwingli und die Reformirten beizubringen. Solche Absicht führt denn die verdiente Strafe, sich selbst zu widersprechen, auch bei dem gewandtesten Dialektiker mit sich.

Nicht minder betrügt sich der Polemiker gegen Zwingli, wenn er letzterem zuschreibt, was theilweise jedenfalls diesem mit Luther gemein ist, theilweise als völlige Verdrehung seiner Lehre erscheint. Die Lehre von der Prädestinazion hat Zwingli auch, aber sicherlich in keiner schrofferen und härteren Weise als Luther, ja nicht in so weit, wie die Augsburgische Konfession. Der Wille des Teufels und aller Gottlosen hat sie, den Teufel und die Gottlosen, nach dem neunzehnten Artikel von Gott zum Argen gewandt, alsbald, so Gott die Hand abgethan. Also nicht eher, also auch nur in Folge des Abthuns der göttlichen Hand, sind die Teufel und Menschen von Gott abgewandt, mit andern Worten, durch die Vorherbestimmung Gottes, die Prädestinazion. Hier geht die Prädestination*) offenbar über den Fall hinaus, was sich bei Zwingli nicht findet. Wenn weiter Stahl den Zwingli seine Prädestinazion als ein Hülfsmittel seiner Abendmahlslehre, um seinem antimysterischen Zuge zu genügen, ersinnen läßt; so ist das eins der gewagtesten Kunststücke polemischer Sophistik und seine Entdeckung, daß Zwingli zuerst diesen Gegenstand in seiner Predigt zu Marburg behandelt habe, ist eine so schwache Begründung wie möglich. Wie ein feiner, gewandter Kopf dieser Zwingli, daß ihm nach dem heißen Kampf mit Luther so plötzlich, vielleicht im Traume, ein lutherischer Grundgedanke kommt (denn ein solcher ist es, wenn es auch Stahl leugnet), mit dem er die Lutherische Lehre vom Sakrament vernichtet. Wie beschränkt wird uns der arme Luther gezeigt, der die ganze Predigt mit anhört und so gar nicht merkt, daß sie schnurstracks gegen ihn gerichtet ist, um sein Heiligthum zu zerstören! Sicherlich, da ist die Polemik allzu fein und scharf, um nicht durch und durch schartig zu sein**). Als oberster Gedanke wird, wie schon erwähnt, bei Zwingli angeführt: „Das Heil allein aus Gott ohne Mittel kirchlicher Akte.“ Lassen wir die nähere Bestimmung zunächst fort. Das „Heil allein aus Gott“ das ist's in der That, was Zwingli durchdringt und erfüllt, von wo aus er alle Mißbräuche und alles götzendienerische Wesen bekämpft. Ist das nicht die offenbare Wurzel, woraus bei ihm die Lehre von der Prädestinazion erwächst, nicht der klare, vollständig zureichende Entstehungs- und Erklärungsgrund für diese Lehre? Ist dem aber unstreitig so, siehe der arme Zwingli ist abermals in gleicher Verdammniß mit Luther, denn aus derselben Wurzel erwuchs auch diesem diese Lehre. Doch weiter verdunkelt nach Stahl Zwingli, ja hebt auf die erst durch Luther gewonnene Lehre von der Rechtfertigung aus dem Glauben durch die Prädestinazion. Die Rechtfertigung komme aus dieser, nicht aus

*) Und zwar die Prädestinazion zum Bösen.

**) Ueber die Prädestinazion und das Verhältniß, in welchem beide Konfessionen zu dieser Lehre standen, folgt in einem späteren Abschnitt das Weitere.

jenem, sonst würde der Glaube zu einem Werke gemacht, das uns die Seligkeit verdiene, soll Zwingli lehren. Wie doch in seinen Anführungen der Mann immer sich selber schlägt! Wird nicht der Glaube oft sehr pelagianisch als ein selbsteigenes Werk des Menschen aufgefaßt? (Es werde nicht darauf Gewicht gelegt, wie verfängliche Aeußerungen der Verfasser in dieser Beziehung gelegentlich selbst thut; denn dergleichen passirt einem in der Hitze des Streites wohl wider Willen.) Wird da nicht der göttlichen Gnade entzogen und dem Menschen als Raub angeeignet das Verdienst der Erlösung? Wer würde mehr gegen eine solche Auffassung der Rechtfertigung aus dem Glauben eifern als Luther? Dagegen aber ist auch allein Zwingli's Eifer gerichtet, wie es sich selbst aus Stahl's Darstellung ergiebt. Wird Gnadenwahl Gottes und des Menschen Glaube an Kristum gegenübergestellt und gefragt, worin der eigentliche tiefste Grund der Rechtfertigung liege; so antwortet Luther unstreitig: In der Gnadenwahl; denn nicht der Glaube des Menschen, sondern die Gnade Gottes in ihrer Wahl ist auch nach ihm das bewirkende Prius, die erzeugende Ursach. Der Glaube an Jesum Kristum rechtfertigt nicht allein, weil er die Gnade Gottes ergreift und sich aneignet, sondern weil er selbst ein Gotteswerk im Menschen ist, ein Werk der Gnade und ihrer Macht. Gewiß Luther und der verketzerte Zwingli stimmen auch hierin zusammen. Was aber von der Bedeutung des Glaubens, von der Entbehrlichkeit desselben für die Rechtfertigung gesagt wird, das ist wohl Stahlsche Erfindung, aber nicht Zwinglische Lehre, wofür ich auf den von Stahl zitirten Ebrard verweise.

Zwingli sucht und lehrt das Heil allein aus Gott ohne Mittel kirchlicher Akte, er nimmt der Kirche allen selbsteignen Gottesglanz, schreibt allen äußern Ordnungen und Handlungen der Kirche keine Heilswirkungen zu, weil ihm die Mittelursachen nicht wirkliche Ursachen sind, er wehrt stets die Einwohnung und Einpflanzung Gottes in die Kreatur ab, ja er steigt (in der Prädestinazion) hinweg auf die kahle Höhe, da nichts ist als allein Gott u. s. w. Was thut er nicht Alles? Ist dem so, wie Stahl es darstellt, dann vernichtet er in der That nicht allein römische und lutherische, sondern auch jede kristliche Kirche und Gemeinschaft, dann hebt er nicht nur das geistliche Amt im lutherschen Sinn, sondern auch die reformirte Predigt, nicht nur die Beichte und Absoluzion hier, sondern auch die Ermahnung zur Buße und die Ankündigung der Sündenvergebung dort, nicht nur den lutherischen Sakramentsbegriff, sondern jede Feier eines Sakramentes, nicht nur diesen und jenen Festtag, sondern alle Feiertage und gottesdienstlichen Versammlungen auf, kurz alles menschliche Thun, was irgendwie den kristlichen Glauben darstellen oder erwecken und läutern will. Wem soll man es noch erst versichern, daß dem kräftigen, gotterfüllten Mann dergleichen nicht im Entferntesten in den Sinn gekommen ist? Was aber wahr an dem Gesagten ist, das findet sich bei Luther gewiß Alles wieder. Auch er kennt keinen selbsteigenen Gottesglanz der Kirche, sondern nur einen Glanz im Sinn jenes Verses: „Er (Kristus) das Licht und wir der Schein," er leitet das Heil auch nicht von den äußern Ordnungen und Akten der Kirche ab, sondern allein vom Herrn, der nach seinem Gefallen durch sie (allerdings auch ohne sie) wirkt, darum Mittelursachen sind ihm auch nicht eigentliche Ursachen, sondern allein die Gnade ist ihm z. B. die Ursach der Seligkeit, ja er strebt allezeit auch auf die kahle Höhe, da nichts ist als allein Gott, nach den psalmistischen Worten: Ich hebe meine Augen zu den Bergen u. s. w. oder Herr, wenn ich nur Dich habe, so frage ich nichts nach Himmel und Erde u. s. w. Wer aber den Glauben in Zwingli's Sinn kennt, der weiß, daß auch ihm wie Luther eine Einwohnung und Einpflanzung Gottes in die Kreatur bekannt war. Wenn dem Zwingli in dieser Gedankenverbindung wieder die Abschaffung der Bilder in den Kirchen und Aehnliches zur Last gelegt wird, so könnte sich der Ankläger dabei doch billig daran erinnert haben, was der fromme König Hiskias mit der ehernen Schlange that und aus welchem Grunde (2 Könige 18, 4) und ebenso, was Edrard, den er gelesen, über die Beschaffenheit jener Bilder berichtet.

In einer Anmerkung sagt Stahl: „Wo Zwingli eine noch tiefere Begründung der Satisfakzion sucht, findet er sie darin, daß der Teufel durch sein Unrecht an den unschuldigen Kristus sein wirkliches Recht an uns Schuldige eingebüßt, geht also weit ab von der evangelischen Wahrheit." Geben wir dies weite Abgehen von der evangelischen Wahrheit zu, so müssen wir abermals bedauern, daß Luther in gleicher Schuld sich findet und dem Stahlscher Richterspruch verfallen ist. Es ist eine echt lutherische Idee, daß der Teufel eben durch Gott betrogen sich hat mit Sünde und Tod bewegen lassen, sich an Kristo zu vergehen und daß er dadurch ein gewisses Anrecht an uns verloren habe. Wahrscheinlich, da „Zwingli's dämmernde evangelische Erkenntniß erst durch Luthers strahlendes Licht sich erhellte," hat er auch hier einfach von Luther gelernt. Selbst im Liede treffen wir bei Luther diese Idee, wenn es z. B. in „Nun freut euch, lieben Kristeng'mein" heißt:

„Gar heimlich führt er (Kristus) sein Gewalt,
Er ging in einer armen G'stalt,
Den Teufel wollt' er fahen."

Nur noch eine andere Stelle von Luther folge als Belag: „Also giebt Hiob auch ein Gleichniß von dem Leviathan, 41, 1. Meinst du auch, spricht er, daß du den Leviathan wolltest herausziehen mit einem Hamen und seine Zunge mit Stricken binden? Gregorius geht auch fein mit diesem Spruche um, als wollte er sagen: er wird dir viel zu groß sein, du mußt einen anderen Hamen dazu haben, dieser wird's nicht thun, du mußt eine gute Büchse haben. Dennoch hat Gott mit geredet; er nahm einen scharfen Angel und hängte ein Regenwürmlein daran, und warf den Angel ins Meer. Das Regenwürmlein ist nun Kristus, der scharfe Angel ist seine Gottheit; an der Angel ist das Regenwürmlein gebunden, nämlich die Menschheit Kristi und das Fleisch, das betreugt den Teufel. Er denkt: soll ich das kleine Regenwürmlein nicht verschlingen können? Versieht sich des scharfen Angels gar nicht, fährt zu und fällt in den Angel." Das ausführlichere über diesen Punkt bei Ch. H. Weiße: Die Kristologie Luthers u. s. w. §§. 96, 97, 98, 99, 100, dazu vergl. S. 151 u. f. die angeführten Stellen aus Luthers Werken, woher auch obige entnommen. Der übereifrige Polemiker hat also auch hier Luthern oder vielmehr sich selbst ins Angesicht geschlagen.

Wir übergehen weiteres der Art, alle die falschen, in eine gewisse Scheinbarkeit gekleideten Anklagen gegen Zwingli. A. Schweizer hat sie in der Protestantischen Kirchenzeitung schon aufs Trefflichste beleuchtet und zwar, wie er selbst sich darauf berufen darf, als einer, dem gewiß das Recht, darüber zu sprechen, zusteht. Hier nur noch die Frage: Stahl hat das Werk von Ebrard; „Das Dogma vom heiligen Abendmahl und seine Geschichte" gelesen, zollt demselben seine Anerkennung, wie hat er es über sich zu bringen vermocht, nach dem § 28 dieses Werkes, das treu nach den Quellen den Zwingli uns schildert, ein solch unwahres Bild von dem Manne zu entwerfen? Es ist das nur aus dem schlimmen Standpunkt erklärlich, den ein Polemiker um jeden Preis einzunehmen sich selbst verurtheilt.

Ist indeß dem Zwingli zuviel geschehen, dem Luther nicht weniger, nämlich zu viel des falschen, unbegründeten Lobes. Welcher evangelische Deutsche fühlt nicht heut noch bei dem Namen Luthers sich elektrisirt? Wer gesteht ihm nicht mit Freude und Dank gegen Gott zu, daß er nicht nur seine deutschen Mitarbeiter, sondern auch die Schweizer Reformatoren um eines Hauptes Länge überrage? Um so unwürdiger ist es, einen jener wackern Männer zur Karrikatur zu erniedrigen, um daran erst Luthers Größe recht erglänzen zu lassen, oder ihn, wir finden kein anderes Wort, in heidnischer Weise zu apotheosiren. So aber geschieht's bei Stahl. Luther gehört nach ihm rein und ungetheilt der Bewegung aus evangelischem Geiste. Seine Bildungs- und Anschauungsweise, seine Beweggründe waren rein kristlich religiös, rein evangelisch." In Luther ist „rein der evangelische Geist das Wirksame." Er war ein ganzer voller Mensch. „Es ist nichts Menschliches, was er nicht warm und lebendig in der Seele trug." Noch einmal, Luther ist uns ein Heros des Geistes im außerordentlicher Begabung, ein hochhervorragendes Werkzeug Gottes und seiner Gnade; aber zu solchen Worten über ihn müssen wir doch entschieden das Haupt schütteln. Nach ihnen wäre er der vollendete, vollkommene Mensch, der einzige vollkommen Heilige, den es je in der Kristenheit gegeben hat, ja nach solchen Worten ist in ihm der ganze, volle, ungetrübte Kristus wieder leibhaftig offenbar geworden.

Groß war er und zwar so groß, daß er mit gewaltigem Zürnen ein derartiges ihm zugemessenes Lob als Lüge würde verabscheut haben. Sollen wir unter dem Einzelnen, das allerdings vielfach wahr ist, auch noch Falsches hervorheben? Es wird ihm die „Anerkennung jedweder Individualität und ihrer freien, ureignen Regung" zugeschrieben. Wahrscheinlich hat er diese besonders im Kampfe gegen die Schweizer gezeigt. So weit fehlt sie ihm vielmehr, daß er sie nicht einmal den heiligen Verfassern einzelner biblischer Bücher gegenüber besitzt. — Da ist er auch groß in Marburg als ein Mann der rettenden That! Ja dem in den Bann der lutherischen Kirche als Institution gefangenen Polemiker mag er vielleicht so erscheinen, vom Standpunkt des Evangelii aus, gerade vom heiligen Abendmahl und dem Kreuze des Herrn aus betrachtet, wird es den Beschauer mit tiefer Wehmuth erfüllen, daß ein großer Mann auch so klein sein konnte! Selbst der Umstand, daß er Zwingli's Aeußerung (es wurde eben über Johannes 6, 48—63 verhandelt): „der Ort bricht euch den Hals" buchstäblich verstehen und in großen Zorn darüber gerathen konnte, zeigt schon, wie wenig er in jenen Stunden freien Geistes war. Doch wir lieben es nicht die Schwächen großer Männer, die uns so viel sind, aufzudecken. Daß man aber aus tiefster Anerkennung und in wärmster Liebe doch getreu Luthers Bild zeichnen kann, ohne der Wahrheit oder seiner Größe etwas zu vergeben, dafür zitiren wir im Gegensatz der Stahlschen Uebertreibungen Hase's Wort aus seiner Kirchengeschichte: „Der Zeiten Umschwung, an dessen Spitze er (Luther) stand, ist als schroffer Gegensatz in sein Leben gefallen. Er hat den Pabst für den allerheiligsten und allerhöllischsten Vater gehalten. In seiner leidenschaftlichen Erregung wechselten stürmisch die Gefühle, auch Widersprüche laßen sich nachweisen. Sein Leben galt der Freiheit des Geistes und er hat für den Buchstaben geeifert; er ist im Vertrauen auf die alleinige Macht des Geistes dem gewaltsamen Gange der Reformazion in die Zügel gefallen, und hat gelegentlich gerathen, den Pabst sammt seinem Gesinde im tyrrhenischen Meere zu ersäufen. Aber allezeit hat er in unbedingter Redlichkeit seine Ueberzeugung ausgesprochen und war jedem irdischen Interesse fremd. Mit kräftiger Sinnlichkeit war er festgewurzelt in die Erde, aber sein Haupt reicht in den Himmel. An schöpferischem Geiste war seiner Zeit keiner ihm gleich, seine Reden sind oft derber, als selbst seiner derben Zeit erlaubt schien, aber an volksthümlicher Beredtsamkeit ist nie seines Gleichen gewesen in deutschen Landen. Wo er einmal Unrecht erkannte, sah er nichts als Hölle. Seine Bedeutung besteht weniger in seinen losreißenden und zerstörenden Thaten, andere konnten sich leichter und entschiedener von der alten Kirche losreißen, vielmehr in seiner auferbauenden Macht, in seiner begeisterten Glaubens- und Liebesfülle. Zumal Gegnern gegenüber hat er sich gefühlt und unbefangen ausgesprochen, daß er ein auserwähltes Rüstzeug Gottes sei: aber mit seiner Persönlichkeit hatte das nichts zu schaffen, er wollte nichts wissen von lutherischer Lehre, und sein erhabenes Gottvertrauen galt nicht seiner eigenen Rettung aus Gefahren, sondern dem Glauben, daß Gott alltäglich zehn Doctor Martinus erschaffen könne. Abgeschmackte Vorwürfe und beschränkte Rechtfertigungen sind verschollen, solch ein Mann gehört nicht blos einer Partei an, sondern dem deutschen Volk und der Kristenheit." Ja der Mann gehört auch uns armen Unirten und wir wollen nach unsern schwachen Kräften dazuthun, daß er uns, daß er seinem Volke, daß er der Kirche des Herrn, der evangelischen Kristenheit nicht genommen werde. Letzteres wird aber erstrebt, wider Willen freilich, durch übertreibendes Lob, wie es Stahl ihm zollt, durch ungerechte Vergleiche zwischen ihm und andern treuen Bekennern des Herrn. Unstreitig gesteht Stahl zu, daß der Zeit der sogenannten Aufklärung und des herrschenden Razionalismus Luther, seine Lehre, sein Lied, seine Anschauung vielfach eine unbekannte Größe war, daß sie den Luther deshalb auch nicht besaß, wozu ihn Gott der Kirche deutscher Zunge geschenkt hatte. Wie ging das zu? Ja die Orthodoxie hatte ihn eben auch in ungerechter Weise wesentlich als den Grund der Kirche, als den Allerheiligsten und Alleinerleuchteten der That nach hingestellt, und um ihn recht gewiß zu haben, hatte sie das lebensvolle Bild des Mannes in ein Skelett eines sogenannten lutherischen Systems umgesetzt und das zum Kristus gemacht. Die natürliche Folge, daß ein folgendes Geschlecht diese Versündigung und Verirrung erkennend in seinem Eifer weit über das Ziel hinausschoß und den deutschen Luther auch da nicht mehr verstand, wo er der tiefsinnige und kindlich gläubige Dolmetscher des Evangelii war. Noch einmal werde an die eherne Schlange erinnert. Als Denkzeichen rettender Gottesgnade war sie im Heiligthum des Volkes aufbewahrt, um durch alle Zeiten auf die Gnade des lebendigen Gottes hinzuzeigen, dieselbige auch als eine zukünftige (die da kommen sollte) zu deuten. Das Volk mißbraucht dieselbe und macht sie zum Götzen. Da muß der reformatorische Geist dieselbe zertrümmern. Luther der mächtige Herold der Gottesgnade wird über die Gebühr von der Orthodoxie erhoben, thatsächlich hinauf auf die Höhe des Mittlers selbst, da muß auch ihn eine reformatorische Bewegung von dieser Höhe stürzen, und wie es in menschlichen Geisteskämpfen geht, auch die ihm mit vollstem Recht gebührende Stelle wird ihm eine Zeit lang versagt. Ja recht verstanden könnte man sagen: die lutherische Orthodoxie tödtete eigentlich durch ihre einseitigen Verstandesoperationen in übertriebener Verehrung Luther und balsamirte ihn ein, was Wunder, daß Aufklärung und Razionalismus ihn dann begruben! Männer der Vermittlungstheologie, zu denen wir unter den Todten auch Schleiermacher, unter den Lebenden auch Hase rechnen, haben, wie überhaupt den geschichtlichen Sinn geweckt, so Herz und Geist auch wieder für den lebensvollen und lebensfrischen Luther geöffnet und was in lutherischen Bewegungen Aechtes, Tiefes und Wahres etwa ist, dürfte zum guten Theil mit hier seine eigentlichen Quellen haben. Geht dagegen die Orthodoxie wie im Stahl wieder darauf aus, Luther zu apotheosiren, um dadurch mit ihre besondere Kirche zu retten, gleiches Thun dürfte wieder gleiche Folgen haben, sie graben ihrem Luther abermals ein Grab. Halten wir uns davon fern, gern Gott dankend, daß er Großes durch Luther und Zwingli und Calvin bewirkt, aber nicht vergessend, daß sie nicht der Grund des Heils und der Kirche sind, sondern nur diejenigen, welche die Kristenheit zuerst wieder mit gewaltiger

Kraft auf den einigen Grund (Jesus Kristus) hinwiesen und den Weg, der zu ihm führt, von dem hindernden Schutt und Geröll säuberten. Darum kommt es aber auch, wo sich's um Grundlage und Grenzen des Heils und der Kirche handelt, durchaus nicht auf ihre Personen an. Ob diese Männer größer oder kleiner waren, mehr oder weniger irrten, kann für evangelische Kristen keinen Grund abgeben, sich zu trennen oder zu vereinigen. Ja hier den Grund der Trennung oder der Vereinigung suchen, ist immer wenigstens mittelbare Verleugnung des Evangelii und dessen, von dem das Evangelium zeugt. Es ist schon der Name „lutherische Kirche“ ein schlimmes Omen, ein Name angenommen in offenbarstem Widerspruch gegen das göttliche Wort (1. Kor. Kap. 1 u. 3). Möchten das die Lutheraner bedenken und sich vor der Versuchung hüten, die für sie in der Verehrung für Luther ruht. In Stahlscher Wendung möchten wir ihnen zurufen: Die Kirche, sofern sie lutherisch sein will, ist nicht kristlich, sofern sie kristlich ist, ist sie nicht lutherisch. — Entschieden gegen die Gerechtigkeit, aber auch gegen jede evangelische Anschauung von der Kraft und Wirksamkeit des Evangelii und der Gnade Gottes ist auch das, daß Stahl Alles, was er an evangelischer Heilswahrheit dem Zwingli und Kalvin zuerkennt, stets vom Luther entlehnt sein läßt. Es findet ja unstreitig ein gegenseitiges Andienen der Gnade und Wahrheit in der Kristenheit, auch zwischen denen statt, die zu Zeiten als Säulen der Kirche dastehen. Es wird auch keiner als Krist dadurch geringer, daß ihm das Licht der evangelischen Wahrheit und wär's nach allen Seiten hin erst durch Mithülfe anderer Kristen aufgegangen wäre! Zwingli und Kalvin, wenn sie allein durch Vermittlung lutherischer Schrift und Rede die Erkenntniß des Evangelii gewonnen hätten, wären in gleicher Weise die Werkzeuge der göttlichen Gnade geblieben. Aber schon ihre Abweichungen geben Zeugniß, daß sie keineswegs allein gleichsam verdauten, was Luthers Zähne gekaut hatten, daß sie keineswegs allein Luthers Schüler, sondern unmittelbare Jünger Jesu Kristi gewesen, daß sie selbstständig in die Tiefen des göttlichen Wortes hinabzusteigen und so gut wie unser Bergmannssohn das edle Gold und die köstlichen Edelsteine aus den Schachten desselben an das Tageslicht zu fördern verstanden. Wie ungerecht, wenn Stahl den Zwingli, der sein selbstständiges Forschen und Finden von sich so treuherzig versichert, zum Lügner macht. Wie unternimmt er es, was mit Rechtfertigung und Versöhnung bei Zwingli zusammenhängt, allein auf Luther, als die Quelle, zurückzuführen, während Zwingli das Zeugniß geben kann, „Wyttenbach sei sein Präzeptor gewesen und von ihm zuerst habe er erlernet, daß der Tod Kristi die einige Bezahlung sei für alle unsere Sünde." Das brachte Zwingli schon 1506 mit in sein Pfarramt nach Glarus. Meint etwa Stahl, das hätte eben jeder römische Priester damals auch gewußt und gelehrt, so möge er sich nicht einmal von Luther, sondern selbst von den lutherischen Bekenntnißschriften eines Bessern belehren lassen. Wir wissen, mit welchem Eifer, mit welchem Fleiße Zwingli auch ferner die Bibel studirte, auch nicht etwa den Matthäus allein, den Stahl so spöttelnd neben den Seneka stellt und aus beiden dann Zwingli's reformatorisches Predigen ableitet, sondern mit recht besonderer Vorliebe gerade auch den Paulus. Wir wissen ein Gleiches vom Kalvin. Ist es lutherisch, anzunehmen, Gottes Wort habe nicht die Klarheit, nicht die Kraft, nicht die Genugsamkeit, diese Männer über Sünde und Gnade, Versöhnung und Rechtfertigung zu erleuchten? Konnten sie diese Erleuchtung nur gewinnen, wenn sie sich Luther als Führer und Lehrer nahmen? Steht etwa Luther für das Zeitalter der Reformazion und für die evangelische Kirche, so wie der Papst an der Spitze seines Klerus in der römischen Kirche, daß nur an ihn die erleuchtende, das Wort Gottes aufschließende Thätigkeit des heiligen Geistes gebunden wäre? Gewiß ein Lutheraner, der im Geist Luthers lebt und webt, muß weit entfernt von solcher Anschauung sein und sie als eine romanisirende von sich weisen. Das Wort Gottes hat Licht und Kraft zu erleuchten, die in ihm gewissenhaft forschen und Gott versagt den Beistand seines Geistes nicht denen, die denselben bei ihm suchen*). So auch bei

---

*) Nicht nur geschichtlich unbegründet ist, sondern gradezu lästerlich klingt, was Stahl S. 65 sagt: Von Luther allein und nicht von Zwingli oder von sich selbst hat Kalvin das, was evangelische Erkenntniß ist. Die „nach Gottes Wort

Zwingli und Kalvin, aber sie, und Luther steht darin ihnen keineswegs nach, weisen von ihren Persönlichkeiten allezeit die suchenden Seelen hin zu dem, der allein ist das A und das O, zu Jesus Kristus, gestern und heut und derselbige in Ewigkeit. — Nur noch dessen werde hier gedacht, wie Melanchthon bei Gelegenheit der Sakramentslehre mit auftritt. Stahl zeichnet ihn im Ganzen nicht übel. Auch das ist vollständig richtig, daß er ihn von 1535 (wohl schon von 1534 an) in der Abendmahlslehre wesentlich auf die reformirte Seite stellt.*) Selbst die Ableitung seiner Auffassung des Abendmahls aus seiner Persönlichkeit heraus läßt man sich gern gefallen, besonders, wenn mehr hervorgehoben wird, was Stahl so obenhin andeutet und durch seine Wendung fast als Leichtsinn zu stempeln scheint, daß eben ein nach Stahl ächtes lutherisches Moment Hauptmotiv für ihn war, das Moment der Tradizion. Weiteres Forschen in den Schriften der Kirchenväter hatte ihn zu der Ueberzeugung geführt, daß die lutherische Abendmahlslehre von der der alten Kirche abweiche. Gewiß die innre Entstehung und Ausbildung dieser Lehre bei Melanchthon läßt sich nicht als Sünde und Abfall darstellen; sie erfolgt vielmehr gewissermaßen aus einer von Gott in ihm angelegten Naturnothwendigkeit. Wie er später mit Mangel an männlichem Freimuth behaftet erscheint, ob da mehr Sünde sei auf seiner Seite oder auf anderer, das ist hier indifferent. Mit seiner wesentlich reformirten Abendmahlslehre ist er aber nach Stahlschen Doktrinen wesentlich aus der lutherischen Kirche geschieden und ist mit Unrecht in ihrem äußern Verbande geblieben und geduldet. Weshalb gehört der Mann nun nicht in die lutherische Kirche? Entweder weil er „der Mann „der vollen menschlichen Bildung, daher der Allseitigkeit und des „Maaßes, der Mann der philologischen Meisterschaft und des wissen„schaftlich klaren und präzisen Ausdrucks“ war, oder weil nach dem

---

reformirte Kirche“ ist (in Beziehung auf Heilslehre) lediglich eine nach Luthers Schriften bis 1520 reformirte Kirche, und nur dadurch ist sie eine wirklich evangelische Kirche.

*) Ob Melanchthon 1530 bei Abfassung der Augsburgischen Konfession oder früher die genuine lutherische Abendmahlslehre gehabt habe, ist eine Frage, die füglich auf sich beruhen kann.

„schönen und wahren“ Zeugniß von Nitzsch „an Ehrfurcht vor der „ältesten Ueberlieferung der Lehre und an Bereitwilligkeit, mit dem „Glauben der allgemeinen Kirche in Einklang zu bleiben, ihm kei- „ner der Reformatoren gleich kam,“ weil er, wie sich Stahl ausdrücken müßte, in diesem Punkte lutherischer als Luther war. Denn daß er nicht den entschlossenen, standhaften Muth, nicht „die Originalität,“ nicht „die Energie des Geistes“ wie Luther, Zwingli und Kalvin besessen, konnte ihn wohl veranlassen, seine Ansicht einmal aus menschlichen Rücksichten zu verschweigen, keineswegs bewirken, über das heil. Abendmahl kalvinisch und nicht lutherisch zu denken. Was ist nun im Melanchthon das für die lutherische Kirche Fremdartige und Feindselige, was ihn wie die Reformirten von ihr scheidet, so daß er wenigstens schon 1535 nicht mehr zu den „Unsern“ gehörte? die volle menschliche Bildung, die Allseitigkeit, die Mäßigung, die philologische Meisterschaft, oder ist es seine Ehrfurcht vor der Tradizion, der ältesten Ueberlieferung der Lehre? Eins oder das Andere; denn Eins oder das Andere, oder richtiger Beides, wenn Stahl richtig geschildert hat, ist die erzeugende Ursach seiner reformirten Abendmahlslehre. Ich dächte, wenn die lutherische Kirche sich auf sich selbst besinnen, wenn sie irgenwie dem Evangelio und der gesunden Vernunft gemäß handeln will, sie müßte mit allen Fingern zugreifen, den Mann grade wie er ist auch mit seiner Abendmahlslehre als einem Erzeugniß seines geistigen Wesens und Lebens festzuhalten und ihn um keinen Preis sich entreißen zu lassen. Ich dächte, wenn Stahl durch seine Doktrin hier ganz konsequent dahin gelangt, diesen „Lehrer Deutschlands“ (auch Lehrer Luthers) auf Seite der Reformirten zu finden und ihn von seiner, der lutherischen Kirche, auszuschließen, er müßte an der Richtigkeit und kristlichen Sittlichkeit seiner Prinzipien und Anschauungen irre werden. Das Irrige und evangelischer Sitte Widerstrebende bei ihm ist aber hier zunächst, was schon im Vorigen liegt, seine Menschenvergötterung, in welcher er Luther über alles Maaß hinaus hebt, ihn der That nach als Schöpfer und Grund evangelischer Kristenheit, und damit als den Meister, welcher derselben ihre Grenzen und Linien zieht, hinstellt. Wie groß er auch sei, der deutsch evangelische

Heros, doch ist er wer weiß wie viel zu klein der evangelischen Kirche Grund und Haupt zu sein, darum auch die Gemeinschaft, durch das Maaß seiner Persönlichkeit bestimmt, viel zu eng, um Kristi Jünger, um Melanchthon, Spener, Zinzendorf und andere Zierden und Säulen in ihrer Mitte zu dulden. Solcher Apotheosirung des herrlichen Mannes gegenüber muß man vom reformirten Eifer ergriffen werden, der die Krone der Herrlichkeit allein auf dem Haupte zu dulden vermag, welches für uns die Dornenkrone trug, und der auch Luther gegenüber geltend macht: „Kristo allein die Ehre!" Noch einmal also, wer und wie die ersten Zeugen der Reformazion in Deutschland und der Schweiz gewesen, das wird immer vom hohen Interesse für die evangelische Kristenheit sein, aber, wenn es sich um den Streit zwischen Union und Konfession handelt, fallen ihre Personen nicht ins Gewicht. Weder Reformirte noch Lutherische, sofern sie Evangelische sein wollten, haben jemals auf Luther oder Kalvin ihre Konfession gestellt, sondern stets auf Kristum, haben nie Luthers oder Kalvins Lehre für ihre Glaubensregel ausgegeben, sondern stets allein Gottes Wort. Ob sie in Einigung leben, ob sie in Trennung verharren sollen, kann für sie darum nie bei den Reformatoren, sondern allein bei Jesu Kristo, ihrem einigen Haupte, seinen Grund haben.

III. Die ursprüngliche Einheit zwischen lutherischer und reformirter Kirche.

Es wird von zwei Kantianern erzählt, daß sie einst nach dem Ablauf ihrer Studienzeit im eifrigen philosophischen Dispüt begriffen plötzlich von einander getrennt wurden. Eine lange Reihe von Jahren mit ihren mannichfachen Erlebnissen und allen ihren geistigen Bewegungen ist verflossen, da treffen beide unerwartet wieder zusammen. Sofort entbrennt an demselben Punkte zwischen ihnen der ehemals plötzlich unterbrochene Streit, wird mit denselben Gründen, Wendungen und geistigen Waffen geführt, hat dasselbe Resultat wie er ihn früher zu haben pflegte, daß jeder nämlich zu demselben Standpunkte zurückkehrend dasselbe behauptet und verneint und daß, wenn Gott Leben und Gelegenheit schenkt, es derselbe Streit bleibt in Ewigkeit. Die Geschichte (si fabula vera est) ist interessant. Vielleicht gibt sie einen Belag zu des Dichters Wort:

Ich sag' es dir: ein Kerl, der spekulirt,
Ist wie ein Thier, auf dürrer Heide
Von einem bösen Geist im Kreis herumgeführt,
Und rings umher liegt schöne grüne Weide.

Oder aber sie zeigt uns zwei Musterexemplare geistiger Individualitäten, die es vollständig zur Vollkommenheit eines mechanischen Kunstwerks, etwa einer Uhr, gebracht haben. Zugerichtet und aufgezogen sind sie von ihrem philosophischen Meister. Der Pendel wird durch die Gelegenheit angestoßen und los geht das Werk, mit einem immer gleichklappernden Getöne des Streites die Ohren erfüllend. Wieder tritt die Gelegenheit ein, hält an den Pendel und Stille und Ruhe des Todes. Wie lang aber auch der Stillstand währt, wird der Pendel wieder in Bewegung gesetzt, das ganz gleiche, uralte Geklapper belästigt von Neuem das Gehör. Oder auch zu dieser Kunst haben sich solche Individuen erhoben, sich aus lebenswarmen Menschen in kalte Automaten, in scheinbar lebendige Mumien umzugestalten. Wie gesagt, interessant mags sein, Menschen als solche aufgezogene mechanische Kunstwerke zu sehen und klappern zu hören. Aber wer möchte ein solches Individuum sein, oder wer ein solches lieben, wer einem solchen mit Verehrung sich hingeben? Siehe da, Stahl und ihm Gleichgesinnte stempeln uns lutherische und reformirte Kirche zu solchen Wesen um, machen aus lebendigen Organismen Mumien mit einem Scheinleben, oder mechanische Uhrwerke fort und fort durch dasselbe Geklapper uralter Polemik ermüdend und stellt sie uns so als Gegenstände unsrer Liebe und Verehrung auf, um uns so mit ihnen zu verschmelzen. Lutherische und reformirte Kirche sind, das ist die geltende Anschauung, hier von Luther dort von Zwingli und Calvin mit ihrem Inhalt erfüllt und sind nothwendig auch im Gegensatz gegeneinander daran gebunden. Was haben beide geistige Organismen in ihrem Innern für Bewegungen, für Kämpfe durchgemacht? Wie hat sich fortwährend ihr Wesen, wenn auch sich selbst festhaltend, doch immer anders gestaltet und entwickelt? Wie sind alle Lehren, die der Einheit und des Gegensatzes, in ihnen neu und mannichfach begründet, neu und mannichfach umgestaltet? Keine einzige Anschauung ist im Lauf der Jahrhunderte dieselbe geblieben. Da wie sie, die lebendige Organismen sind, wie jeder von ihnen, was er ehemals am andern verwarf, theilweise jetzt selbst in seinem Schooße birgt, wie sie, worauf sie ehemals gemeinsam feststanden, theilweise jetzt gemeinsam aufgegeben haben; so, wenn es sich um Einigung und Trennung handelt, sollte man meinen, müßten sie sich auch gegenseitig ins Auge fassen. Aber nein, Stahl durchstreicht diese ganze Entwicklung der Jahrhunderte und erkennt nichts davon als wirklich an. Wie in der launigen Märchenwelt der Tiekschen Dramen im Phantasus, so schraubt auch er mir nichts dir nichts beide Kirchen über ihre vergangne Geschichte bis dahin zurück, wo der Hader um das „Es ist" und „Es bedeutet" in wilder Gluth flammt und brennt. Was gehet es uns da noch an, was die Gegenwart in ihren Tiefen bewegt, warum es sich jetzt handelt, hinein müssen wir, wir mögen wollen oder nicht in das alte Geklapper orthodoxer Polemik über leibliche und geistige Nießung des Herrn im heiligen Nachtmahl u. dgl. m. Nun, so ungern es geschieht, folgen wir ihm und sehen uns die Einheit und den Gegensatz beider Kirchen an. Zuerst die Einheit.

Diese Einheit beruhte zunächst in einem Stücke, das Stahl theils nicht genug hervorhebt, theils selbst zu verdunkeln sucht. Es ist das die feste Ueberzeugung, daß die heilige Schrift in der kristlichen Kirche allein die Quelle, die Regel und Richtschnur kristlicher Wahrheit sei und daß sie und sie allein das Richteramt in der Kristenheit habe. Die reformirte Kirche „glaubt und bekennt, daß die kanonischen Schriften der heiligen Propheten und Apostel beider

Testamente, selbst das wahre Wort Gottes sind und daß sie ihre vollgültige Autorität von sich selbst und nicht von Menschen haben." „In dieser heiligen Schrift besitzt die ganze Kirche Kristi dasjenige vollständig auseinandergesetzt, was immer zur Bildung eines heilwirkenden Glaubens und eines Gott wohlgefälligen Lebens erforderlich ist*)." Sie erkennt diese Bücher (die biblischen mit Ausnahme der Apokryphen) als kanonische an d. h. „sie hat in ihnen die Norm und Regel ihres Glaubens und zwar nicht nur nach der gemeinsamen Uebereinstimmung der Kirche, sondern auch noch vielmehr nach dem Zeugniß und der innern Versicherung des heiligen Geistes**)." Diese Bücher alle nimmt sie als „heilige und kanonische" an, damit „nach ihnen, als nach der Regel der Glaube ergründet und auf ihnen als auf dem Fundamente gestützt und befestigt werde." Sie glaubt, daß „diese heilige Schrift den Willen Gottes vollkommen enthalte und daß vollständig in ihr gelehrt werde, was, um das Heil zu erlangen, irgend von den Menschen nothwendig geglaubt werden muß***)." „Alle Glaubenssachen müssen" nach ihr „einzig und allein auf das Wort Gottes gegründet sein, und Menschenschriften sollen und können nicht weiter angenommen werden als sie mit dem Worte Gottes übereinstimmen, wie Herr Lutherus selbst bekennet: Die Schrift allein ist der rechte Lehrer und Meister über alle Schrift und Lehrer auf Erden†)." Wenn Luther selbst „nicht nach menschlichem Urtheil die Schrift, sondern nach dem Urtheil der Schrift aller Menschen Schriften, Reden und Thaten verstehen will" und das oft öffentlich und im Besondern festiglich versichert; so fehlt ein gleiches Bekenntniß bekanntlich in den Symbolen der lutherischen Kirche nicht. In Augsburg überreichen 1530 die evangelischen Stände „ihrer Pfarrherrn, Prediger und ihrer Lehrer, auch ihres Glaubens Bekenntniß, was und welchergestalt sie aus Grunde göttlicher, heiliger

*) Zweite Helvetische Konfession I. Augusti: Corpus librorum symbolicorum et cet. p. 3.

**) Confessio Gallicana IV bei Augusti p. 111.

***) Confessio Belgica VII bei Augusti p. 172 u. 173.

†) Confessio Marchica III bei Augusti p. 372.

Schrift in ihren Landen, Fürstenthümern, Herrschaften, Städten und Gebieten predigen, lehren, halten und Unterricht thun*)." Wo Bischöfe „etwas dem Evangelio entgegen lehren, setzen oder aufrichten," heißt es in der Konfession selbst, „haben wir Gottes Befehl in solchem Fall, daß wir nicht sollen gehorsam sein." (Artikel 28.)**) Die Konfession schließt: Und ob jemand befunden würde, der daran (an dem Bekenntniß) Mangel hätte, dem ist man ferner Bericht mit Grund göttlicher heiliger Schrift zu thun erbötig***)." In der Vorrede zur Apologie bezeugt Melanchthon: „So haben wir auch hie klar angezeigt, wie sie (die Gegner) etliche Artikel wider die öffentliche helle Schrift und klare Worte des heiligen Geistes verdammet haben und dürfen nimmermehr mit der Wahrheit sagen, daß sie einen Tüttel aus der heiligen Schrift wider uns verantwortet hätten†)." Gegen den Schluß sagt er: „Diese Sachen soll man nach Gottes Wort richten." „Gottes Wort," lautet es in den Schmalkaldischen Artikeln††), „soll Artikel des Glaubens stellen und sonst niemand, auch kein Engel." Schließlich noch die Stellen aus der Konkordienformel†††): „Wir glauben, lehren und bekennen, daß die einige Regel und Richtschnur, nach welcher zugleich alle Lehren und Lehrer gerichtet und geurtheilet werden sollen, sein allein die prophetischen und apostolischen Schriften altes und neues Testamentes", . . . „bleibt allein die heilige Schrift der einige Richter, Regel und Richtschnur, nach welcher, als dem einigen Probirstein, sollen und müssen alle Lehren erkannt und geurtheilet werden, ob sie gut oder bös, recht oder unrecht sein." Doch wer trägt Wasser ins Meer und Eulen nach Athen? Man möchte auch hier mit Luther sagen, daß bei uns (so weit man evangelisch ist) ein Kind von 7 Jahren weiß, daß Lutherische sowohl wie Reformirte mit entschiedenstem Nachdruck an dem allein

---

*) So im deutschen Original. Bei Hase: Libri Symbolici et cet. 2. Auflage p. 6.

) Hase p. 39. *) Hase p. 46. †) Hase p. 48.

††) Pars. II Art. II. Bei Hase p. 308.

†††) Hase p. 570 u. 572.

richterlichen Ansehen der heiligen Schrift, an ihr als alleiniger, lauterer Glaubensquelle stets festgehalten haben und daß es ein Abfall nicht nur von der reformirten Kirche, sondern eben so von der lutherischen ist, eine andere Autorität, seien es Kirchenväter oder Tradizion überhaupt, neben die heilige Schrift zu stellen. Nicht die reformirte Kirche, sondern Stahl ist daher hier in einem Dissensus mit der lutherischen Kirche begriffen, wenn er sagt: die lutherische Kirche legt einen Werth auf die Tradizion, auf den Konsensus des Glaubens durch alle Jahrhunderte, daher namentlich auf das Zeugniß der Kirchenväter. Die reformirte Kirche erkennt nichts als bindend und leitend als die heilige Schrift, sie beruft sich wohl auch auf das Zeugniß der Väter als Beläge ihrer Schriftauslegung; aber sie räumt ihm nicht einen bestimmenden Einfluß auf sich ein." Es ist das recht in der Weise eines schlauen Wortkünstlers ausgedrückt, der mit trügerischem Pinsel Gegensätze malt, wo keine sind, und das Bild doch auch wieder so nebelhaft hält, daß die gewisse, feste Gestalt des Gegensatzes bei genauerer Ansicht gänzlich verschwindet. Es läßt sich nämlich, ohne der wirklichen Wahrheit zu nahe zu treten, das scheinbar Entgegenstehende beiden Kirchen beilegen, etwa so: Die reformirte (oder die lutherische) Kirche beruft sich auch wohl auf das Zeugniß der Väter als Beläge ihrer Schriftauslegung, legt einen Werth auf Tradizion und Konsensus des Glaubens durch alle Jahrhunderte, namentlich auf das Zeugniß der Kirchenväter, obgleich sie dem Allen nicht einen bestimmenden Einfluß auf sich einräumt, sondern allein die heilige Schrift als bindend und leitend anerkennt. Offenbar hat Stahl nicht so Ueberflüssiges und an diesem Ort geradezu Widersinniges sagen gewollt, sondern wirklich einen Gegensatz bezeichnen. Wir müssen ihn uns deshalb scharf herausstellen. „Die lutherische Kirche legt einen Werth auf die Tradizion, auf den Konsensus des Glaubens durch alle Jahrhunderte, daher namentlich auf das Zeugniß der Kirchenväter" heißt es. Der Gegensatz lautet: Die reformirte Kirche legt keinen Werth auf Tradizion, Konsensus und Kirchenväter. Stahl sagt: „Die reformirte Kirche erkennt nichts als bindend und leitend als die heilige Schrift, sie beruft sich wohl auf das Zeugniß der Väter als Beläge ihrer Schriftauslegung, aber sie räumt ihm nicht einen bestimmenden Einfluß auf sich ein." Der Gegensatz ist: Die lutherische Kirche erkennt außer der heiligen Schrift etwas als bindend und leitend an, nämlich das Zeugniß der Väter. Wie gesagt, nur so ist ein vernünftiger, logischer Sinn in Stahls Rede; aber wer sieht nicht, daß sie nun die gröbste Unwahrheit enthält. Einen Konsensus des Glaubens durch alle Jahrhunderte, der nicht immer wieder frisch aus der heiligen Schrift herausgenommen wird, sondern neben derselben besteht, kennt die lutherische Kirche nicht. Eiue Tradizion, welche ohne Grund der Schrift bindend wäre, hat sie stets verworfen. Von Verbindlichkeit der Zeugnisse der Väter hat sie nie gewußt. Es war ja eben, wie allbekannt, in den Tagen der Reformazion die Forderung der römischen Polemiker, daß sich die Evangelischen unter die Tradizion oder unter „die von der Kirche approbirten Schriften" oder unter die Autorität der Kirchenväter stellten. Damit, meinten sie, wollten sie Luther und seine Kampfgenossen schon überwinden und gewonnen Spiel haben. Es war eben so entschieden die Ablehnung dieser Forderung Seitens Luthers und der Evangelischen mit Berufung auf die alleinige Autorität der heiligen Schrift. So sagen auch die Schmalkaldischen Artikel*): „Es gilt nicht, daß man aus der heiligen Väter Werk oder Wort Artikel des Glaubens machet." Natürlich, denn die Apologie sieht in den Vätern*), „daß sie auch bisweilen Stroh und Heu auf den Grund gebaut haben." Wie sollte die lutherische Kirche wohl je dieser Väter Zeugnisse als solche schon als bindend und leitend für die Kirche angesehen haben? Auch die Lutheraner dulden es so wenig wie die Reformirten, daß „wir in Religionsstreitigkeiten und Glaubenshändeln durch die bloßen Aussprüche der Väter oder die Satzungen der Konzilien, viel weniger noch durch hergebrachte Bräuche oder durch eine übereinstimmende Menge, oder durch die Vorschrift des Alters gedrängt werden. Sie extra-

*) Hase p. 308.
**) Art. IV. Hase p. 148.

gen in Sachen des Glaubens auch keinen andern Richter als Gott selbst, der durch die heilige Schrift verkündigt, was wahr, was falsch, was zu erstreben, was zu fliehen sei*)." Wenn die reformirte Kirche damit in Uebereinstimmung behauptet, daß sie nur eine solche Erklärung der heiligen Schrift für eine rechtgläubige und lautere erkenne, welche aus der Schrift selbst genommen ist, so daß die Schrift unter der Leitung des Glaubens und der Liebe ihre eigne Auslegerin sei**); so spricht sich ja der Geist der lutherischen Kirche durch die evangelischen Stände auf dem bekannten Reichstag zu Speier (1529) ganz eben so aus, wenn diese es als das Sicherste oder allein Sichere festhalten, „Schrift durch Schrift zu erklären." Wenn Stahl dagegen versichert, daß die lutherische Kirche mit gleich ursprünglicher Gewißheit an der Untrüglichkeit der heiligen Schrift (dem formalen Princip) und an der Untrüglichkeit der Grundlehren, die sie als Inhalt der heiligen Schrift erkennt (die Lehren der ökumenischen Symbole und die über die Rechtfertigung aus dem Glauben) festhalte; so ist das eine ungerechtfertigte Behauptung. Jeder ächt lutherische Krist hat vor der heiligen Schrift einen viel zu großen Respekt, als daß er bei aller seiner Gewißheit über jene Lehren nach den Symbolen nicht wenigstens in thesi jene über diese stellen sollte. Es kommt ihm nie in den Sinn an diesen Lehren in ihrer symbolischen Gestaltung das Schriftansehen zu erproben und zu verbürgen, wohl aber umgekehrt sucht er stets die Verbürgung dieser Lehren aus der heiligen Schrift zu gewinnen. Er wird zu diesen Lehren in ihrer erlangten Ausbildung, wie auch zu den Zeugnissen der Kirchenväter wohl wesentlich dieselbe Stellung einnehmen, wie die reformirte Kirche in ihren Symbolen es über sich selbst etwa in folgenden Stellen ausspricht: „Wir verachten nicht die Auslegungen der heiligen, griechischen und lateinischen Väter, noch verwerfen wir ihre „Untersuchungen und Betrachtungen der heiligen Gegenstände, wenn „sie mit der Schrift übereinstimmen; wir weichen aber in aller Be-

*) Confessio Helvetica I b. Augusti p. 6.

**) Erste und zweite Helvetische Konfession. Augusti p. 6 u. 94.

„scheidenheit von ihnen ab, wenn wir finden, daß sie etwas der „Schrifft Fremdartiges oder Entgegengesetztes vorbringen. Auch „glauben wir nicht, daß ihnen hierin von uns Unrecht geschehe, da „sie mit Einem Munde verbieten, daß ihre Schriften den kano„nischen gleich gestellt werden, hingegen zu prüfen gebieten, wiefern „sie mit ihnen entweder übereinstimmen oder davon abweichen und „vorschreiben, das Uebereinstimmende anzunehmen, des Abweichen„den uns zu enthalten*).“ — „Sofern von dieser Art der Aus„legung“ (die in der heiligen Schrift selbst ihre Quelle und Regel hat) „die heiligen Väter nicht abweichen, nehmen wir sie nicht allein „als Ausleger der Schrift an, sondern verehren sie auch als „geliebte Werkzeuge Gottes**).“ — „Deshalb billigen wir auch „jene drei Bekenntnisse, nämlich das apostolische, nizänische und „athanasianische, weil sie mit dem geschriebenen Worte Gottes in „Einklang stehen***).“ — Die Confessio Bohemica, welche von Augusti unter den reformirten Symbolen mit aufgeführt wird, der That und Wahrheit nach aber zu den Unionsbekenntnissen gehört, spricht die Einheit und Einigkeit beider Konfessionen in diesem Punkte also aus†): „Von den Schriften der Kirchenlehrer, beson„ders der alten, sagen sie“ (die Unsern), „daß sie dieselben für „wahr und glaubwürdig halten, auch nützlich zur Unterweisung des „Volkes; jedoch in dem, worin sie von der göttlichen Schrift nicht „abweichen. So nämlich wollen sie selbst ihre Schriften angesehen „wissen, daß ihnen nur in so weit Glauben geschenkt und ihre An„wendung erlaubt wird, wie weit sie mit den göttlichen Schriften „übereinkommen.“ Weiter geht auch die lutherische Kirche nirgend in der Anerkennung der ökumenischen Symbole und der Kirchenväter als in diesen reformirten Zeugnissen ausgesprochen ist. Auf der andern Seite spricht die reformirte Kirche stets mit eben so großer Zuversicht über die Sicherheit und Gewißheit des Heilsweges, wie

*) Zweite Helvetische Konfession. Cap. II. Augusti p. 6.

**) Erste Helvetische Konfession III. Augusti p. 94.

***) Confessio Gallicana V. Augusti p. 112. Ebenso die Confessio Anglicana Artic. VII. Augusti p. 129.

†) Augusti p. 277.

es nur irgend die lutherische kann; aber beide leiten diese Gewißheit in gleicher Weise aus der heiligen Schrift her, so daß nichts von Zwiespalt zwischen ihnen hier ersichtlich wird. —

Noch führt Stahl als etwas Gegensätzliches der reformirten Kirche gegen die lutherische das an, daß jene die Apokryphen gänzlich beseitige, während diese sie in gewisser Weise noch anerkenne und behalte. Nun bekanntlich findet sich in den lutherischen Symbolen keine Bestimmung über diesen Punkt. Es bleibt uns nichts übrig, als unsre lutherische Bibelübersetzung, wie sie bei uns im Brauch ist, zur Hand zu nehmen, um daher etwa die lutherische Ansicht zu entnehmen. „Apokrypha: das sind Bücher," so lautet es hier, „welche der heiligen Schrift nicht gleich gehalten und doch gut „und nützlich zu lesen sind." Dem entspricht, was der lutherische Dogmatiker Hutterus sagt: „Die Apokryphen, wenn die Kirche sie „auch zur Erbauung des Volkes liest, werden doch nicht gebraucht, „um das Ansehen kirchlicher Glaubenssätze fest zu stellen." Vergleiche man damit, wie sich die reformirten Symbole darüber in folgenden Stellen erklären: „Indessen verschweigen wir nicht, daß „gewisse Bücher des alten Testamentes von den Alten Apokryphen „genannt wurden, von anderen Kirchenbücher, weil man nämlich „wollte, daß sie zwar in den Kirchen gelesen, aber nicht gebraucht „würden, um aus ihnen das Ansehen des Glaubens festzustellen." *) — „Andere Bücher aber (wie Hieronymus sagt) liest zwar die „Kirche als vorbildlich für das Leben und zur Festigung der Sitte, „jedoch wendet sie dieselben nicht an, um Glaubenssätze zu bestä„tigen." **) (Es folgt die namentliche Aufzählung der Apokryphen.) — „Wir behaupten ferner einen Unterschied zwischen diesen heiligen „Büchern (den kanonischen) und den Apokryphen" (werden aufgezählt) — — „diese (die Apokryphen) darf die Kirche zwar lesen „und über Gegenstände, welche mit den kanonischen Schriften über„einstimmen, Zeugnisse aus ihnen entlehnen. Aber keineswegs ist „ihre Kraft und ihr Ansehen der Art, daß schon aus einem ihrer

*) Zweite Helvetische Konfession. Augusti p. 5.
**) Confessio Anglicana Art. VI. Augusti p. 128.

„Zeugnisse irgend ein Satz über den Glauben und die kristliche Re„ligion mit Gewißheit festgestellt werden könnte, geschweige, daß sie „die Autorität jener göttlichen Bücher zu verringern vermöchten.“*) Gewiß diese Zeugnisse der reformirten Symbole sagen im Wesentlichen grade dasselbe über die Apokryphen aus, was wir von Luther und dem lutherischen Hutterus vernommen haben. Werden in neuerer Zeit namentlich von englischen und amerikanischen Baptisten die Apokryphen heftig bekämpft und Bibeln ohne dieselben verbreitet; so kann Stahl nach seinem Standpunkt, der immer auf die geschriebenen Urkunden zurückgehen muß, am wenigsten es der reformirten Kirche zur Last legen. Kurz, wie der Polemiker sich mit Künstelei auch abmüht, einen wirklichen Gegensatz über die heilige Schrift wird er zwischen der ursprünglichen reformirten und lutherischen Kirche niemals nachweisen.

Ein zweites Moment der Einheit zwischen beiden Konfessionen wird von Stahl so ausgedrückt: „Beide (lutherische und reformirte Kirche) bekennen sich gemeinsam mit der katholischen Kirche zu den ökumenischen Symbolen, da diese von der ganzen Reformazion nicht angefochten wurden, daher zu den allgemein kristlichen Lehren von Gott — Dreieinigkeit, Gottheit Kristi, Thatsachen der göttlichen Offenbarung.“ Wäre die Gemeinsamkeit mit der katholischen (d. h. römischen) Kirche nicht hineingeschoben, so könnten wir diesen Punkt ohne Weiteres annehmen. Nicht aber mit der römischen, sondern gegen die römische Kirche bekannten sich lutherische und reformirte Kirche zu den drei Symbolen und damit zu dem dreieinigen Gott, wie es denn überhaupt keine Stelle der Heilslehre (ob sie zwischen den beiden evangelischen Confessionen einig oder streitig ist, gilt gleichviel) geben dürfte, an der nicht ein beiden gemeinsamer Gegensatz gegen Rom statt fände. Aber nimmt Rom nicht feierlich die ökumenischen Bekenntnisse an und erklärt sie für die seinen, grade wie es in den Symbolen der Reformazion geschieht? Gewiß, indeß so ein offizielles, hergebrachtes Annehmen ist oft gar sehr verschieden von der thatsächlichen Wirklichkeit, von dem eigentlichen, lebendigen

*) Confessio Belgica VI. Augusti p. 172.

Thun. Die Pharisäer bauten der Propheten Gräber und schmückten die Gräber der Gerechten, nach des Heilandes Erklärung nur ein Zeugniß, daß sie die rechten (geistigen) Kinder derer seien, welche die Propheten getödtet hatten. Rom verwirft ja nicht die Bibel, sondern erklärt sie für eine (wenn auch nicht für die) Quelle kristlicher Glaubenswahrheit und doch hat es verschüttet und verschüttet noch heut den Zugang zu diesem Brunnen des lebendigen Wassers. Rom hat den Augustin heilig gesprochen und doch hat es verdammt und verdammt noch heute, was den Kern seines Glaubens und Lehrens ausmacht. Grade so bekennt sich Rom zu den ökumenischen Symbolen und verleugnet, was ihre eigentlichste, innerste Wahrheit ist. Herr Stahl wird doch auch die spitzen und scharfen Formeln des Athanasianischen Bekenntnisses über das Verhältniß zwischen Vater, Sohn und Geist nicht an und für sich für Kern und Wesen halten, sondern er sieht sie an als eine harte Schale, die einen süßen Kern umschließt, als einen „Zaun," welcher biblische Heilswahrheit umhegt. Welches ist der innere süße Kern? Der, daß die ewig schaffende Urmacht die Liebe ist, welche uns als Kinder nach ihrem Bilde schuf, erhält und regiert, daß die ewige Liebe die verlornen Kinder erlöst und versöhnt, indem sie sich gleichsam von sich selber trennend hingab in eine menschliche Persönlichkeit und das Gnadenwerk vollendete, daß diese ewige Liebe von dem Werk der Erlösung aus durch das Wort der Wahrheit sich in die Herzen senkt, sie erweckend, neugebärend, belebend, indem sie dieselben innerlich ihrem Heilande und Könige vermählt. Das ist das Wort vom Vater, Sohn und Geist, eins mit dem Worte St. Johannis: Gott ist die Liebe. Wie diese ewige Liebe als heiliger Geist Jesum als den Heiland der Seelen verklärt, wie sie als Sohn dieselben fort und fort zu sich ladet: Kommet her zu mir alle Mühseligen und Beladenen, wie sie das Kindesrecht ihnen schenkend nun als treuer barmherziger Vater sie zu Gegenständen der weisen ewigen Regierung sich erwählt; so will sie auch fortan allein als die Quelle und Ursach alles Heils und aller Seligkeit ihnen gelten, darum aber auch als der ewig eine und einzige Gegenstand für den sich hingebenden Glauben und für die anbetende Verehrung. Wer alle

Bestimmungen des Athanasianums für wahr hielte und nichts wüßte von dieser in Vater, Sohn und Geist offenbar gewordenen Liebe, oder neben dieselbe andere Ursachen des Heils und andere Gegenstände der Anbetung aufstellte, oder den freien Zugang zu derselben hemmte; der wäre sicherlich auch ein Abtrünniger von dem ökumenischen Bekenntnisse. So aber grade steht es mit Rom. Nach dem Tridentinum*) gebietet es den Bischöfen, „die Gläubigen über „Vertretung und Anrufung der Heiligen, über Verehrung der Reli„quien, über den gesetzlichen Gebrauch der Bilder, sorgfältig zu „unterweisen, indem sie dieselbigen belehren, daß die Heiligen, die „mit Kristo zugleich regieren, ihre Bitten für die Menschen Gott „darbringen, daß es gut und nützlich sei, sie flehentlich anzurufen „und um die Wohlthaten von Gott durch seinen Sohn Jesum „Kristum unsern Herrn, welcher unser alleiniger Erlöser und Hei„land ist, zu erlangen, zu ihren Bitten, ihrer Hülfe und ihrem Bei„stand seine Zuflucht zu nehmen.“ Was da auch von einzelnen Gelehrten der römischen Kirche für ein feiner Unterschied zwischen Anrufen und Anbeten gemacht wird, in der Praxis, im ganzen Leben der römischen Kirche, wie die Bischöfe und Priester lehren und wie die Laien verstehen, ist von solchem Unterschiede nichts Sonderliches zu spüren. Das ist auch dem Tridentinum gemäß; denn ein „sup„pliciter eos invocare,“ ein „ad eorum orationes, opem auxi„liumque confugere,“ „sie knieend anrufen,“ „zu ihren Fürbitten, „ihrer Hülfe und ihrem Beistand seine Zuflucht nehmen,“ wie es dort heißt, kann wahr und wahrhaftig nur auf Wesen bezogen werden, die durchaus göttlicher Natur sind und vermöge dieser Göttlichkeit nichts Geringeres als volle Anbetung für sich in Anspruch nehmen. Können sie auch nur die Bitten aller Kristen sofort hören, so ist das allein durch eine Theilnahme an göttlicher Allgegenwart und Allwissenheit möglich. Aber warum doch zu ihnen, warum nicht gradezu zu dem, der seinen Kindern in Kristo der treue, gnädige Vater ist, warum nicht zu dem treuen Hohenpriester, dem in Barmherzigkeit einst sein Herz auf Golgatha brach? „Bitte für

*) Sestio XXV.

uns" ist der Kern der Anrufung der Heiligen. Es gibt keinen andern vernünftigen Grund, sich erst an die Fürbitte der Heiligen zu wenden, als weil das Vertrauen zur Vaterliebe Gottes, zum ewigen Erbarmer Jesu Kristo fehlt, als weil man mehr Freundlichkeit und Leutseligkeit diesen Heiligen, vor Allem „der Mutter Gottes" zuschreibt als Gott, unserm Heilande selber. So lange deshalb Rom sich von der Anrufung der Heiligen nicht reinigt, so lange hat es weder ein lauteres volles Bekenntniß zu Gott unserm Vater, noch zu Jesu Kristo seinem eingebornen Sohn. Wenn Stahl dabei ferner erwägen wollte, was am a. O. das Tridentinum über den Gebrauch der Bilder in den Kirchen sagt, daß „ihnen die schuldige Ehre und Verehrung zu erzeigen sei," — — — „weil die Ehre, welche man „ihnen gewährt, auf die Urbilder bezogen wird, welche jene darstellen, „so daß durch die Bilder, welche wir küssen und vor denen wir das „Haupt entblößen und uns niederwerfen, wir Kristum anbeten und „die Heiligen verehren, deren Aehnlichkeit jene tragen;" so dürfte er gegen Zwingli's und der Reformirten Bilderstreit schon etwas milder gestimmt werden, wenigstens Rom gegenüber nicht Bedenken tragen, sich auf Zwingli's Seite zu stellen, wenn er vor der Bibel wahrhaften Respekt hat. Wenn Jerobeam und die Könige Israels nach ihm getadelt werden, daß sie auf ihren „Höhen" Stierbilder (goldene Kälber) aufrichteten, worin bestand ihr Thun und ihre Sünde, „die Sünde Jerobeams?" Der Stier oder das goldne Kalb galt dem Jerobeam, wie einst dem Aaron nicht nur, was es auch unter andern Völkern war, für ein Sinnbild der schaffenden Urkraft, wie sie in der Natur sich kund thut, sondern zugleich als Sinnbild Jehovahs, der sich dem Volke kund gegeben und ihm sein Gesetz verliehen hatte (Exodus 34, 5). Es konnte und sollte da auch heißen, „indem wir vor diesem Stier Opfer darbringen und uns anbetend „in den Staub werfen, verehren wir Jehovah selbst und beten ihn „an." Dennoch gilt's in der heiligen Schrift stets als ein Verlassen der Wege Jehovahs, als ein Abfall von ihm, als eine Uebertretung des göttlichen Gebotes und ein Zurücksinken in den Götzendienst. Mit Recht, denn wo man vor Bildern also thut, wie in Israel zu Jerobeams Zeit, wie heut in römischer Kristenheit, da, einzelne

Gelehrte und Erleuchtete mögen so fein scheiden, wie sie wollen, beim Volke und in seinem Brauche wird es der purste Götzendienst. So lange Rom diesen Brauch mit seinen Bildern, Reliquien u. s. w. hegt und pflegt, so lange es von besonders wunderthätigen und heilvermittelnden Gnadenbildern der Maria und anderer Heiligen zu rühmen versteht, so lange ist dort Abfall von dem Gott, der in den ökumenischen Symbolen bekannt wird, so lange ist ein Bekenntniß zu denselben grade dasselbe, was das Bauen der Prophetengräber bei den Pharisäern. Gewiß, was den Bildern oder den Heiligen an Anrufung und Heilserwartung zugeschrieben wird, das wird, darin sind Lutheraner und Reformirte einig, Gott dem Vater, Sohn und heiligen Geiste entzogen.

Wider den Glauben an den Vater, Sohn und heiligen Geist, welcher in den ökumenischen Symbolen bekannt und gewahrt werden soll, verstößt ferner, was Rom über die Kirche, über Priester- und Pabstthum in der Kirche, damit zugleich über Meßopfer und Ablaß und ebenso über den Gebrauch der heiligen Schrift festhält, abgesehen von Allem, was über Sünde, Rechtfertigung, Gnade u. s. w. gelehrt wird. Zunächst wird die Kirche in ihrer sichtbaren Gestalt und ihrem dermaligen Zustande gefaßt als wäre sie durch und durch ihrer vom Herrn ausgegangenen Idee entsprechend, darum ganz geeignet an die Stelle ihres ewigen Hauptes zu treten, ohne Irrthum, aller Gnaden Inhaberin und Spenderin und befähigt und betraut, ein unbedingt verbindliches Herrscheramt zu führen, wie der römische Katechismus ihr zuschreibt, daß sie „in Ueberlieferung der Glaubens- „und Sittenlehre nicht irren könne, da sie vom heiligen Geist re- „giert werde.“ In der Kirche aber erhebt sich der Klerus so weit, daß, wenn es auf Beschließen, Handeln oder irgend welche thatsächliche Bezeugung der Kirche ankommt, er allein als Kirche erscheint, wie es denn im römischen Katechismus ausdrücklich heißt: „Unter „dem Namen der Kirche werden auch ihre Vorsteher und Hirten „(praesides et pastores) bezeichnet.“ Der Klerus kann diese Stellung einnehmen vermöge der Weihe, welche er stufenmäßig empfängt und welche ein wirkliches Sakrament ist und den heiligen Geist und damit ein unzerstörbares heiliges Gepräge mittheilt.*) Steht er so da als „ein sichtbares äußeres Priesteramt, von unserm Herrn und „Erlöser eingesetzt" mit der Macht, „den Leib und das Blut des-„selben zu konsekriren, zu opfern und darzureichen, ja auch die „Sünden zu vergeben und zu behalten;"**) so ergiebt sich damit von selbst, daß er auch Stellvertreter des Herrn selber ist, wie es denn im Tridentinum ausdrücklich heißt: „Unser Herr Jesus Kristus, „als er von der Erde zum Himmel aufstieg, ließ die Priester als „seine Stellvertreter zurück, als Leiter und Richter."***) Es ist damit dieser Klerus, diese besonders mit dem heiligen Geiste und unverletzlicher Amtsgnade ausgerüstete Priesterschaft, „die kirchliche „Hierarchie, welche wie eine Schlachtordnung fest geordnet ist."†)

Wie aber die heilige Weihe eine siebenfache, aufsteigende ist, so natürlich erscheint auch der geweihte Klerus selbst in aufsteigendem Range, damit als über- und untergeordnet. Ueber alle andere Kleriker erheben sich die Bischöfe. Die heilige Synode von Trient erklärt, „daß sie, welche in die Stelle der Apostel traten, vorzugs-„weise zu diesem heiligen Herrscherstande gehören und vom heiligen „Geist gesetzt seien, die Kirche Gottes zu regieren."††) Aber ein solcher heiliger Herrscherstand, eine solche kirchliche Hierarchie, soll sie eine in sich geschlossene kräftige sein, bedarf eines Einheitspunktes, in dem sie gipfelt. Diesen hat sie in der Kirche zu Rom, im dortigen Oberpriester oder Pabst gefunden und beugt sich ihm mit dem Gehorsam tiefster Verehrung. Die Synode von Trient spricht nicht in abgesonderter Weise vom Pabste, wie auch nicht von der Kirche. Sie steht auf diesem Grunde und mag ihn nicht untersuchen, damit der Boden unter ihren Füßen nicht wankend werde. Dagegen vergißt sie es in den meisten Sitzungen nicht, ausdrücklich hervorzuheben, daß sie unter dem Vorsitz der Legaten des heiligen, apostolischen Stuhls tage. Am Schluß in ihrer letzten Sitzung beschließt sie,

*) Concilium Tridentinum Sessio XXIII. Cap. IV.

**) Ebendaselbst.

***) Sessio XIV. Cap. V.

†) Sessio XXIII. Cap. IV.

††) Ebendaselbst.

für alle unter dem Vorsitz der päbstlichen Legaten gefaßten Beschlüsse und Bestimmungen die Bestätigung des Pabstes selbst zu erbitten, damit sie so erst Kraft und Geltung gewinnen. In den sogenannten Ausrufungen der Väter am Schluß des Konzils heißt der Pabst „unser Herr,“ „der heiligste Vater der Kirche Gottes.“ Dem entsprechend drückt sich die Synode auch vorübergehend in ihrer vierzehnten Session*) dahin aus, daß „die Päbste vermöge der ihnen „in der ganzen Kirche übergebenen höchsten Gewalt“ schwerere Verbrechen ihrer besondern Gerichtsbarkeit mit Recht vorbehalten konnten. Als ergänzend mag angeführt werden, was der römische Katechismus sagt: „Der sichtbare (nämlich Leiter und Herrscher der „Kirche) ist der, welcher den römischen Stuhl als legitimer Nach„folger des Petrus, des Apostelfürsten inne hat.“ In gleichem Sinne lautet es in der Professio fidei: „Die heilige katholische „und apostolische römische Kirche erkenne ich an als die Mutter und „Lehrerin aller Kirchen und gelobe und schwöre dem römischen „Oberpriester, dem Nachfolger des Apostelfürsten, des seligen Petrus „und dem Statthalter Jesu Kristi wahren Gehorsam.“ In welchem Glanze heiliger Gnade, irrthumloser Wahrheit und darum fast unbedingter Macht strahlt so die herrschende Priesterschaft, vor allem der Oberste derselben, der römische Pabst! Diese heilige Priesterschaft bringt in der Messe ein „wahrhaftiges und besonderes (verum „et singulare) Opfer;“ denn, wie die h. Synode versichert, „Er „(Jesus) bestimmte sich selbst als ein neues Passah, von der „Kirche durch die Priester unter den sichtbaren Zeichen zu „opfern. Es ist jenes Opfer wahrhaftig ein versöhnendes und ge„schieht durch dasselbe, daß wir, wenn wir mit aufrichtigem Herzen „und rechtem Glauben, mit Furcht und heiliger Scheu, zerschlagen „und büßend zu Gott nahen, Barmherzigkeit erlangen und in er„wünschter (gelegener) Hülfe Gnade finden. Gott nämlich, durch „die Darbringung desselben versöhnt, erläßt, indem er Gnade und „das Geschenk der Buße gewährt, Verbrechen und selbst ungeheure „Sünden.“ Es entspricht dem, daß der Priester, wenn er in einer

*) De poenitentia Cap. VII.

Messe allein kommunizirt, nicht allein für sich, sondern für alle Gläubigen, welche zum Leibe Kristi gehören, (das heilige Werk) feiert. Vergleiche über dies Alles die zwei und zwanzigste Session, der hier nur noch der zweite und dritte Kanon entlehnt werden:

„Wenn jemand sagen sollte: In jenen Worten: „Das thut zu „meinem Gedächtniß" habe Kristus nicht die Apostel zu Priestern „eingesetzt, oder nicht angeordnet, daß sie selbst und andere Priester „Leib und Blut Kristi opferten, der sei verflucht."

„Wenn jemand sagen sollte, das Meßopfer sei nur ein Opfer „des Lobes und der Danksagung, oder eine bloße Vergegenwärtigung „des am Kreuze vollbrachten Opfers, nicht aber ein Sühnopfer, oder „daß es allein dem, welcher es empfängt, Nutzen bringe, aber nicht „für Lebende und Verstorbene, für Sünden, Strafen, Genugthuungen „und was sonst nothwendig ist, dargebracht werden müsse, der sei „verflucht."

Der römische Katechismus möge als treuer Verarbeiter des Konzils auch noch ganz kurz sich hören lassen. „Wie aber die „Eucharistie," sagt er, „ein Opfer ist, so hat sie nicht nur die wirk- „same Kraft zu verdienen, sondern auch genug zu thun. Denn wie „Kristus der Herr in seinem Leiden für uns verdiente und genug „that, so erwerben Verdienst und Genugthuung auch die, welche dies „Opfer darbringen, wodurch sie mit uns die Frucht vom Leiden des „Herrn theilen." (55. Frage.) Es ist dies Opfer „wahrhaftig auch „ein Sühnopfer, durch welches Gott uns versöhnt und geneigt wird. „Denn durch den Duft dieses Opfers wird der Herr so ergötzt „daß er, indem er uns das Geschenk der Gnade und Buße gewährt, „uns die Sünden vergiebt." (62. Frage.) „Das ist die Kraft „dieses Opfers, daß es nicht nur dem Opfernden und Empfangenden „nützt, sondern allen Gläubigen, ob sie mit uns noch auf Erden „leben, ob sie schon im Herrn entschlafen aber noch nicht völlig ent- „sühnt seien." (63. Frage.)

Ist die Kirche als herrschender Priesterstand so diejenige, welche das lebendigmachende Versöhnungsopfer, durch welches die Barm- herzigkeit Gottes und die Vergebung der Sünden erlangt wird, täg- lich opfert, so ist es selbstverständlich und eben nichts Großes mehr, daß ihr auch das Recht und die Gewalt des Ablasses zusteht. Sie hat es indeß auch hier für gerathen gehalten, in ihren öffentlichen Richtschriften auf die Lehre darüber nicht näher und tiefer einzugehen. In der ein und zwanzigsten Session gelegentlich, in der fünf und zwanzigsten in einem besondern Beschluß, wahrt die Synode den Ablaß und andere geistige Gnadengaben, als himmlische Schätze der Kirche und als der Kirche höchst heilsam wie gegen Abschaffung, so gegen Mißbräuche. Wir übergehen, was Autoritäten der römischen Kirche über diesen Punkt als Begründung und Ausführung aufgestellt haben und fassen es eben nur als einen Erlaß zeitlicher Sündenstrafen durch die Kirche, insonderheit durch die Vollmacht des Pabstes, welcher in der Sündenvergebung durch Kristum noch nicht mit inbegriffen ist, wie wir uns auch enthalten, das Fegfeuer und anderes hierher Gehörige mit heranzuziehen. Es genügt dies schon, um die Gnaden spendende Macht der Kirche d. i. der Priesterschaft, hauptsächlich des Pabstes uns klar zu machen.

Ebenso steht es in Beziehung auf die göttliche Wahrheit. Der heilige, herrschende Stand mit dem Pabst an der Spitze im Besitz besonderer Geistesmittheilung ist allein im Stande die heilige Schrift zu fassen und auszulegen, wie er auch nebenbei alleiniger Inhaber der Tradizion ist. Dem ist es gemäß, daß die Kirche (versteht sich, die Hierarchie, das Pabstthum) vollständigste Vollmacht hat, die heiligsten Ordnungen, die Mittel der Gnade, die der Herr selbst eingesetzt hat, wesentlich zu verändern. Die Synode zu Trient leugnet nicht, daß der Herr das heilige Abendmahl unter beiderlei Gestalt eingesetzt hat, aber in ihrer Kühnheit erklärt sie ganz naiv, „daß stets eine solche Gewalt der Kirche beigewohnt habe, daß sie bei Darreichung der Sakramente, ohne Verletzung ihres Wesens, „dasjenige festsetze oder verändere, was nach ihrem Urtheil dem „Nutzen der Empfänger oder der Verehrung der Sakramente nach „der Mannigfaltigkeit der Zeiten und Umstände entspricht.“ Ein solches Recht (im Besondern, die Feier des Abendmahls wider des Heilandes Einsetzung nur unter einer Gestalt zu gestatten) begründet sie auf eine wahrhaft exzellente Weise mit dem Apostolischen Wort: „Dafür halte uns jedermann, nämlich für Kristi Diener

„und Haushalter über Gottes Geheimnisse.“ Die Synode erklärt ferner feierlich, auch unter einer Gestalt werde der ganze und vollständige Kristus und das wahre Sakrament empfangen. Ueber die Gründe, weshalb man des Herrn heilige Stiftung so verändert (richtig verstümmelt) habe, ist die Kirche in keiner Weise verpflichtet Rechenschaft zu geben, sondern schleudert nur gegen zweifelnde Leugner guter Gründe für die Kelchentziehung den Bannfluch in folgendem Kanon: „Sollte jemand sagen, daß die heilige katholische „Kirche nicht durch triftige Ursachen und Gründe geleitet sei, den „Laien, ja auch den nicht spendenden Klerikern die Kommunion nur „unter der Gestalt des Brodes zu reichen, oder daß sie darin geirrt „habe, der sei verflucht*).“ — Ebenso wird eine lateinische Uebersetzung der heiligen Schrift (die so genannte Vulgata), deren große Fehler- und Mangelhaftigkeit bei allen, die ein Urtheil darüber haben, feststeht, als die allein ächte hingestellt, und „niemand soll sich „herausnehmen und wagen, sie unter irgend welchem Vorwande zu„rückzuweisen.“ Ueber die Auslegung der heiligen Schrift aber lautet es darauf: „Außerdem beschließt sie (die Synode), um muth„willige Geister in Schranken zu halten, daß niemand, seiner eignen „Klugheit vertrauend, in Angelegenheiten des Glaubens und der zum Aufbau kristlicher Lehre gehörenden Sitten, der heiligen Schrift „nach seiner Sinnesweise Gewalt anthuend es wage, die heilige „Schrift gegen den Sinn, welchen die heilige Mutter Kirche, der „allein das Recht zusteht, über den wahren Sinn und die Ausle„gung der heiligen Schrift zu urtheilen, bewahrt hat und bewahrt, „oder auch gegen die einmüthige Uebereinstimmung der Väter aus„zulegen, auch wenn dieser Art Auslegungen zu keiner Zeit für die „Oeffentlichkeit bestimmt wären.“ Ja die Synode geht so weit, daß sie den Bannfluch darauf setzt, wenn jemand irgend welche Bücher über diese heiligen Gegenstände (es sind Uebersetzungen und Auslegungen der heiligen Schrift gemeint), die nicht vorher vom Bischof geprüft und gebilligt sind, „druckt oder drucken läßt, ver-

*) Sessio XXI, Canon II, vorher Cap. II (natürlich der erste Theil De Communione cet.

„kauft oder selber behält," indem sie eine Festsetzung des fünften Lateranischen Konzils, unter Leo X gehalten, von Neuem bestätigt. Die praktische Folge von dem Allen ist, daß in den allergrößten Ausdehnungen der römischen Kirche die Laien nichts als sehr geringe Brosamen aus der heiligen Schrift durch den Mund ihrer Priester empfangen, welche diese mit den Sprüchen und Thaten der Heiligen vermengen und in wunderlichster Weise deuten. Wo der Protestantismus aber sein Licht in die anwohnende katholische Kirche hineinfallen läßt, nun da giebt man theilweise approbirte Uebersetzungen des göttlichen Wortes, in denen aber Propheten und Apostel schon mannigfach genöthigt sind, aus dem römischen System herauszureden und die außerdem in der spanischen Jacke klerikaler Auslegung eingeschnürt werden, so daß dem Worte Gottes selbst mitunter gleichsam völlig der Odem ausgeht.

Uebersehen wir nun dies Alles, wie es als römische Satzung mit den Aussprüchen der römischen Symbole belegt ist, so können wir nicht anders, wir müssen eine schwere Verdunklung des Glaubens an Gott den Vater, Sohn und heil. Geist darin erkennen. Schon eine Kirche, die als Gesammtheit eine solche Stellung dem Einzelnen gegenüber einnimmt, daß sie ihm die untrügliche Inhaberin und Meisterin der Wahrheit, die heilige und alleinige Vermittlerin der Gnade ist, daß sie eben schon als das erscheint, was sie am Ende der Dinge zu werden bestimmt ist, die vollendete; ist ganz und gar dazu gemacht, mit ihrem Glanze das Licht der Wahrheit und Gnade Jesu Kristi, des Sohnes Gottes zu verdunkeln, ihn, ihr ewiges Haupt, in den Hintergrund und Schatten zu stellen. Viel schlimmer wird's natürlich wenn ein heiliger Stand in ihr, (die Priesterschaft) an ihre Stelle tritt als in besondrer und einziger Weise mit dem Geiste Gottes und so auch mit Gnade und Wahrheit begabt und zur Hierarchie (Heiligherrschaft) sich erhebt. Am Schlimmsten, wenn mehr oder weniger das Alles zuletzt auf und in ein hochgeweihtes Haupt zusammenfließt und dieses, der Statthalter Kristi, damit der allerheiligste Vater und Herr der ganzen Kristenheit wird. Er, der Statthalter des Herrn mit seinem ihm ergebnen Klerus, der seine Gebote allenthalben konsequent und entschieden vollstreckt, tritt dem Volke wirklich an die Stelle seines Heilandes. Es vollzieht sich das weiter praktisch, daß die Priesterschaft unter ihm täglich und stündlich vermöge des ihr innewohnenden heiligen Karakters ein Sühnopfer vollzieht und durch die Darbringung Gott versöhnt und Gnade erwirbt, daß sie ferner in ihrer Machtvollkommenheit den Ablaß, eine Erlassung irgend welcher Sündenstrafen vollzieht und damit doch offenbar nichts anders thut, als das Eine Opfer Jesu Kristi am Kreuze verdeckt, von ihm die Gläubigen abzieht und in der Sündenangst nicht zu Kristo dem ewigen Hohenpriester, sondern zu Papst und Klerus die Seelen treibt. In der That ist in dem Allen nichts Anderes als Verleugnung des Glaubens an den Sohn Gottes, unsern einigen Mittler und barmherzigen Hohenpriester, als Abfall von dem wirklichen Inhalt der ökumenischen Symbole. — Wenn ferner die Priesterschaft unter dem Pabste in besonderer Weise für sich den heiligen Geist in Anspruch nimmt, vermöge dessen sie alleinige Inhaberin und Vermittlerin göttlicher Gnade und Wahrheit, ja selbst, im Gegensatz zu den Laien, die Kirche wird; so mag das ein eigner Geist sein, auf den sie sich beruft und den sie hat, nur ist es nicht der heilige Geist, den die ökumenischen Symbole bekennen. Dieser ist nach dem Zeugniß der heiligen Schrift in Gemäßheit prophetischer Verkündigung auf alles Fleisch, Knechte und Mägde, nicht aber auf einen besonderen Stand ausgegossen. So lange Rom für sein Priester- und Pabstthum eben besondre Ansprüche an den Besitz des heiligen Geistes macht, verleugnet es damit faktisch den heiligen Geist, von dem die heilige Schrift uns Kunde gibt und an den die Kristenheit der ersten Jahrhunderte glaubte und den sie bekannte. Endlich ist es für evangelische Kristen doch wohl über allen Streit hinaus, daß der heilige Geist sich nur mittelst des göttlichen Wortes und der in dem Lichte des göttlichen Wortes verwalteten Gnadenmittel den Seelen mittheilt („durch das Evangelium“ nach dem Katechismus.) So lange man das Wort Gottes den Völkern nicht frei und unumwunden gewährt, so lange im Gegentheil der Pabst die Bibelgesellschaften noch als „eine Pest des menschlichen Geschlechts“ verflucht und verdammt, so lange also auch die Gnadenmittel in römischer Kirche ohne die hinreichende Begleitung des göttlichen Wortes, dazu in schmählicher Verstümmelung dargereicht werden, so lange können wir dort keinen reinen und lebendigen Glauben an den heiligen Geist, kein liebliches und wohllautendes Bekenntniß dieses Glaubens, wohl aber Verleugnung und Verdunklung desselben entdecken. Ja wir fragen billig: Wo bleibt für die Gläubigen Gott der Vater, wenn er zu ihnen nicht selbst mehr aus seinem heiligen Wort reden darf? Wo bleibt den Gläubigen der eingeborne Sohn als einiger Versöhner und Mittler, wenn die Kirche die Gnadenspenderin wird, wo die Kraft seines allein sühnenden, einmaligen Opfers, wenn jeder fromme und gottlose Priester täglich Opfer bringt, die Gott versöhnen und Gnade erwerben? Wo bleibt für die Glieder der Kirche der heilige Geist, wenn das Hauptmittel seiner Mittheilung unter Schloß und Riegel gelegt wird? Es ist eine nicht wahre, weichliche Sentimentalität oder es ist schlaue Diplomatie, wenn hier der Gegensatz gegen Rom verdeckt wird, wenn man thut, als walte in diesem Punkte zwischen Evangelischen und römisch Katholischen der süßeste Friede. Unsre Väter wußten davon nichts und die Symbole beider evangelischen Konfessionen drücken oft genug das Bewußtsein dieses Gegensatzes aus. Wie die zweite Helvetische Konfession im dritten Kapitel (Augusti p. 11) von der Anbetung, Verehrung und Anrufung Gottes durch den einigen Mittler Jesum Kristum spricht; so stellt sie im Gegensatz die Anbetung, Verehrung und Anrufung der Heiligen als verwerflich daneben. Die Lehre von der Messe aber wird von der Schottischen Konfession und dem Heidelberger Katechismus als Lästerung wider Kristum und Götzendienst erklärt, indem es in ersterer lautet: „Zu welchem Zweck und „in welcher Meinung die Priester aber ihre Messe lesen, mögen ihre „Worte in der Messe selbst bezeugen, daß sie nämlich gleich als Mittler zwischen Kristo und seiner Kirche Gott dem Vater ein Sühn„opfer für die Sünden der Lebendigen und Todten darbringen.

„Von dieser Lehre, als welche die volle Genugsamkeit des einigen „Opfers Jesu Kristi, das einmal zur Reinigung aller, welche geheiligt werden, dargebracht ist, verkümmert und Jesum Kristum „selbst verlästert, schaudern wir zurück, verabscheuen und verwerfen „sie." (Augusti p. 165.) Im Heidelberger Katechismus aber lautet es bekanntlich: (in der achtzigsten Frage) „So ist die Grundlage der Messe nichts Anderes als eine Ableugnung des einigen „Opfers und des Leidens Jesu Kristi und eine vermaledeite Abgötterei." Wenn so die Reformirten Abgötterei in den Lehren der römischen Kirche fanden, konnten sie sich unmöglich über die drei Hauptsymbole mit ihnen in Einklang wissen. Häufiger und nicht weniger entschieden wird dasselbe in den lutherischen Bekenntnißschriften ausgesprochen. Zwar führen die Schmalkaldischen Artikel als ersten Theil die hohen Artikel der göttlichen Majestät, die „in „keinem Zank noch Streit sind, auf, weil wir zu beiden Theilen „dieselben bekennen". Allein das ist doch nur gesagt, weil eben die Römischen nicht offnen Widerspruch gegen dieselben erheben, vielmehr sie feierlich auch für ihren Glauben erklären. Wie weit aber der That nach in Lehre und Leben die römische Kirche von diesen Artikeln, vom Glauben an Vater, Sohn und Geist weicht, das heben gerade die Schmalkaldischen Artikel selbst wiederholt sehr nachdrücklich hervor. Im zweiten Artikel (des zweiten Theils) „von „der Messe" wird diese als der „größte und schrecklichste Greuel im „Pabstthum" als die „höchste und schönste über und vor allen andern „päbstlichen Abgöttereien" bezeichnet*). Weiter heißt es von ihr, daß „dieser Drachenschwanz, die Messe viel Ungeziefers und „Geschmeiß, mancherlei Abgötterei gezeuget" hat. Endlich wird uns daselbst gelehrt, daß die Anrufung der Heiligen, „einer der antikristischen Mißbräuche," „die Erkenntniß Kristi" tilge und „Abgötterei sei." Im vierten Artikel „Vom Pabstthum" figurirt der Pabst als der „rechte Endekrist oder Widerkrist, der sich so recht „eigentlich" „über Gott und wider Gott" setze**). Auch im sechs-

---

*) Hase p. 305 fg. **) Hase p. 314.

ten Artikel des dritten Theils werden diejenigen, welche nur eine Gestalt des Sakraments zulassen, „verdammt und verflucht", weil sie sich „damit wider und über Kristum, unsern Herrn und Gott" setzen*). Von den Klostergelübden heißt es im vierzehnten Artikel „das heißt Kristum verleugnen**)." Der Anhang „Von der Gewalt und Obrigkeit des Pabstes" u. s. w. führt gleiche Gedanken aus und schließt mit den Worten: „Die es aber mit dem Pabst „halten und seine Lehre und falschen Gottesdienst vertheidigen, die „beflecken sich mit Abgötterei und gotteslästerlicher Lehre „und laden auf sich alles Blut der frommen Kristen, die der Pabst „und die Seinen verfolgen, die verhindern auch Gottes Ehre und „der Kirchen Seligkeit, weil sie solche Irrthümer und Laster vor „aller Welt vertheidigen***)." Nicht säuberlicher fährt Luther im großen Katechismus, wenn er bei der Erklärung des ersten Gebots sich also vernehmen läßt: „Darüber ist auch ein falscher Gottes„dienst und die höchste Abgötterei, so wir bisher getrieben haben „und noch in der Welt regiert, darauf auch alle geistliche Stände „gegründet sind, welche allein das Gewissen betrifft, das da Hülfe, „Trost und Seligkeit suchet in eigenen Werken, vermisset sich, Gott „den Himmel abzuzwingen, und rechnet, wie viel es gestiftet, gefa„stet, Messe gehalten hat u. s. w., verläßt sich und pochet darauf, „als wolle es nichts von ihm geschenkt nehmen, sondern selbst er„werben oder überflüssig verdienen, grade als müßte er uns zu „Dienste stehen und unser Schuldner, wir aber seine Lehnherren „sein. Was ist das anders, denn aus Gott einen Götzen, ja „Apfelgott gemacht und sich selbst für Gott gehalten und auf„geworfen†)?" Nach dem dritten Artikel im großen Katechismus wird, wo das Wort Gottes nicht gepredigt wird, „wie unter dem Pabstthum geschehen ist" (und noch geschieht) Kristus von niemandem für einen Herrn erkannt, noch der heilige Geist für den, der heilig macht, da ist der heilige Geist gar nicht††). Auch die Konkordienformel setzt sich „besonders wider des Pabstthums und

*) Hase p. 330. **) Hase p. 336. ***) Hase p. 351.
†) Hase p. 408. ††) Hase p. 497.

dessen falschen Gottesdienst, Abgötterei, Aberglauben rc.*). Es wird Melanchthon stets neben Luther als der Mildere und Sanftere gerühmt auf Luthers Autorität, der bekennt, nicht so „leise treten“ zu können, wie Meister Philippus. Jedenfalls in den beiden Bekenntnißschriften, die von ihm herrühren, hat er das Bemühen, möglichst noch die Einheit mit der römischen Kirche festzuhalten. Wie stark hebt aber auch er einzelne römische Lehren als Gotteslästerung, Antikristenthum, Abgötterei hervor, womit wahrlich nicht zusammenstimmt, daß die Römischen die drei Artikel vom Vater, Sohn und Geist lauter und treu bewahrt hätten. Im achten Artikel der Apologie „Von Menschensatzungen“ wird gesagt, daß die Aufrichtung derselben und Bewahrung in römischer Kirche so viel sei als „über Kristum einen andern Mittler, einen andern Versöhner stellen und setzen**),“ daß sie damit Kristo seine Ehre nehmen und rauben,“ es wird als „großer Irrthum und Gotteslästerung“ bezeichnet, durch solche Satzungen Vergebung der Sünden erlangen wollen und gleichgestellt „aller Heiden Gottesdienst, aller Abgötterei aller gottlosen Könige in Israel, Jerobeams und anderer“ („das ist kein Unterschied“). Es wird gesagt: „Das Reich Antikristi ist eigentlich ein solcher neuer Gottes- „dienst durch Menschen erdichtet, dadurch Kristus verworfen wird“ und wird mit „Mahomets Reich auf eine Linie gestellt. Auch „das Pabstthum“ heißt „ein Stück vom Reiche Antikristi“ und als „greuliche Gotteslästerung“ erscheint es, „die Ehre Kristi unsern Menschenwerken zu geben.“ Im neunten Artikel „Von der Anrufung der Heiligen“ werden die Römischen beschuldigt, daß sie „aus „den Heiligen nicht allein Fürbitter sondern Mittler und Versöh- „ner machen,“ was gar nicht zu leiden sei, „denn da geben sie die „Ehre, so Kristo allein gebühret, den Heiligen,“ „sie erdichten „ihnen selbst einen Wahn, als sei Kristus ein strenger Richter und „die Heiligen gnädige, gütige Mittler, fliehen also zu den Heiligen, „scheuen sich vor Kristo wie vor einem Tyrannen, vertrauen mehr

---

*) Hase p. 571.

**) Wird dort des Weiteren ausgeführt. Hase p. 205 fg.

„auf die Güte der Heiligen, denn auf die Güte Kristi, laufen von „Kristo und suchen der Heiligen Hülfe*)“ so daß es folgerecht im vierzehnten Artikel „Von der Gewalt der Bischöfe“ heißt: Es „ist „doch ihr Heiligendienst eine öffentliche, heidnische Abgötterei**).“ Im zwölften Artikel endlich „Von der Messe“ wird die Lehre, daß „das schlechte Werk der Messen ex opere operato ein Opfer sei“ hingestellt als „die höchste Schmach und Lästerung des Evangelii „und Kristi,“ als eine „heidnische, gotteslästerliche Opinion.“ „Alle Kristen sollen lernen, daß solche papistische Messen eitel „schreckliche Abgötterei seien“ und wird um so mehr davor gewarnt, als „solche Abgötterei in der Welt bleibet, so lange der Anti- „krist (der Pabst nämlich) regieret und bleibet“ und wird dann mit dem Baalsdienst in Israel parallelisirt***). Da leuchtet es wohl aufs Klarste ein, daß nach ihren Symbolen die lutherische Kirche sich in dem Glauben und Bekenntniß zu Gott dem Vater, Sohn und heiligen Geist so wenig mit der römischen Kirche eins weiß, wie die reformirte, daß beide ein vollständiges, energisches Bewußtsein des gemeinsamen Gegensatzes gegen Rom auch in dieser Lehre in sich tragen. Sind beide Kirchen nämlich einig „über die Heilsordnung, nach ihrer innerlichen Seite, die Stellung der Seele zu Gott und Gottes zur Seele,“ über „die Lehren von Sünde, Buße, Glaube, Genugthuung, Rechtfertigung, Werken u. s. w.;“ so kommt das nicht allein von einer tieferen Erkenntniß des eigenen Wesens, der eigenen Heilsbedürftigkeit; sondern eben so von einer Vertiefung in das Wesen der Gottheit, von einer aus dem Evangelio wieder gewonnenen, klareren Erkenntniß Gottes des Vaters, des Sohnes und des heiligen Geistes. Beides hängt darum aufs Innigste und Engste zusammen. Wer in dem Einen irrt, dessen Weisheit läßt sich im Andern nicht empfehlen und werden bei dem Irrthum auf der einen Seite noch nach der andern Seite hin scheinbar richtige Formeln festgehalten, ja so sind's Formeln, todte

*) Hase p. 225 fg.

**) So in der deutschen Apologie nach Justus Jonas.

***) Nach der Uebersetzung von Jonas angeführt.

Formeln, aber von Glauben, von Bekenntniß darf vernünftiger Weise nicht mehr gesprochen werden, auch, richtig gefaßt, nicht von Erkenntniß. Wider Rom sind demnach lutherische und reformirte Kirche von Anbeginn an Eins gewesen im unverbrüchlichen Ergreifen und Festhalten

1) des Einen untrüglichen Gotteswortes in heiliger Schrift, als allein zuverlässiger Quelle aller Heilswahrheit, als der alleinigen Regel und Richtschnur des kristlichen Glaubens und Lebens,

2) der Einen und Alleinigen heilbringenden Gnade Gottes des Vaters, Sohnes und heiligen Geistes,

3) des Einen und Alleinigen Heilsweges, des Glaubens, der nichts des Guten in sich selbst, sondern alles Gute eben allein in Gott seinem Heilande, in der von ihm allein vollbrachten Erlösung und Versöhnung sucht, findet und empfängt und darum „seinen einigen Trost im Leben und Sterben" allein in Jesu Kristo hat.

Dies dreifache Allein ist wie die eherne, unerschütterliche Mauer gegen Rom, so das innige, lebendige Band zwischen beiden evangelischen Konfessionen. So lange Rom wider dies dreifache Allein seine Satzungen richtet, d. h. so lange Rom Rom und Pabstthum Pabstthum bleibt, kann von keiner Union nach der Seite hin die Rede sein, denn nicht nur unsre theuer erkaufte Freiheit müßten wir um ein schnödes Linsengericht verhandeln, sondern die ewige Wahrheit in heiliger Schrift, die Gnade Gottes in Kristo, den Weg des Heils verwerfen, „davor bewahre uns lieber himmlischer Vater." So lange dies dreifache Allein in den evangelischen Konfessionen irgendwie lebendig ist, so lange bleibt für dieselben, wenn und wie sie sich irgendwie in Bruderzwist verirrten oder verirren, nicht nur das Recht, sondern die heilige Pflicht, die Verständigung und Vereinigung im heiligen Eifer anzustreben, die Aufgabe der Union. Diese Aufgabe fallen lassen, schließt irgendwie eine Versündigung gegen Gottes Wort, gegen Gott Vater Sohn und heiligen Geist, gegen die rechte Stellung zu Gott, gegen den Heilsweg in sich. Doch blicken wir nun auch dem Gespenst des prinzipiellen Gegensatzes zwischen beiden Konfessionen, wie es jetzt wieder umgeht und Köpfe verwirrt und Herzen bestrickt, genauer ins Antlitz, um uns zu überzeugen, ob es wirklich mehr sei als ein Gespenst, ob es auch außer den Einbildungen erhitzter Schultheologie wirklich Fleisch und Bein und damit ein Recht der Existenz nachweisen kann.

IV. Der Gegensatz im Allgemeinen.

„Es ist ein andrer Geist in Euch," dies Lutherwort traurigen Andenkens nimmt Stahl zu seinem Ausgangspunkte, wie es alle fanatisirte Bekämpfer der reformirten Kirche und der Union zu thun gewohnt gewesen sind. Ein Wort traurigen Andenkens wird es genannt, viel weniger nach seinem ursprünglichen Entstehen bei Luther, als nach der Wirkung, die es auch später in evangelischer Kristenheit übte. Was war es Besonderes, daß auch der große Mann in Marburg, (wie auch sonst in diesem Punkte) eine Decke vor den Augen hatte und im schweren Irrthum steckte? Kräftige Geister fallen leicht, wenn sie namentlich in der Polemik ihren Gegnern gegenüberstehen, in mächtige Irrthümer. Aber daß die menschliche Autorität in der Kirche Kristi mittelst Luthers Wort und Thun eine solche Gewalt übte und die Geister in eiserne Fesseln eines magischen Bannes schlug, daß dem so wenige sich entziehen konnten, das ist das Große im Schlimmen.

Nun da hinein möchte Stahl uns wieder reißen, möchte uns wirklich vorspiegeln, daß ein anderer Geist in der reformirten, ein anderer in der lutherischen Kirche walte und herrsche und daß eben deshalb eine Union zwischen beiden unmöglich, ein Anstreben derselben Thorheit, Irrthum und Sünde sei. Hören wir, worin sich dieser andre Geist zeigt, lassen wir uns von ihm das Prinzip, was beide Kirchen trennen soll, aufdecken. Schon in der Karakteristik der Reformatoren, namentlich Zwingli's macht unser Autor verschiedene Ansätze, bei denen es scheint, als wolle er damit auf prinzipielle Eigenthümlichkeiten der reformirten Kirche aufmerksam machen. Er läßt aber nach dieser Seite späterhin Alles fallen und hält nur zweierlei fest, Eins als ursprünglich von Zwingli, das Andre als ursprünglich von Kalvin herstammend und das Wesen der reformirten Kirche begründend. Kalvin wird der „evangelisch theokratische Beweggrund" (die Verherrlichung Gottes in der Gemeine) zugeschrieben. Wenn die lutherische Kirche auch diesen Beweggrund bis jetzt nicht in sich aufgenommen, dagegen als Eigenthümlichkeit die gänzliche Hingebung an die göttliche Gnade, und die Versenkung in den Trost und Frieden des Glaubens, die Stille zu Gott, die Einkehr in die innerlichste Stätte der Seele u. s. w." nach Stahl in sich gewahrt hat; so sieht er darin doch keinen eigentlichen Gegensatz, vielmehr eine besondre Gabe, einen besondern Beruf. Hier wäre auch für ihn die Stätte, wo sich beide Kirchen ergänzen und sich gegenseitig bei einseitigen Uebertreibungen ihrer Grundtriebe berichtigen dürften. Hier also kein Hinderniß der Union *). Ganz anders aber soll es mit dem von Zwingli ausgegangenen Beweggrund für reformirte Kirchenbildung, den auch Kalvin, wenn auch hier und da verhüllt und gesänftigt, in sich aufgenommen hat, sich verhalten. Stahl nennt diesen den antimysterischen und als Princip drückt er es so aus: „daß es außer (praeter) „Gott nichts Heilwirkendes, daher daß es keine Heilswirkung durch „kirchliche Akte gebe." „Der innerste Gegensatz der beiden Konfes„sionen," sagt er, „ist kein anderer als der, daß die lutherische „Kirche an Gnadenspendung durch Mittel und Werkzeuge glaubt „und Trost daraus schöpft, die reformirte Kirche sie bestreitet und „das kann nicht gleich nothwendig und gleich wahr, sondern es „kann nur entweder jenes Wahrheit und dieses Irrthum sein oder „umgekehrt." Schluß: Nur keine Union! Aber was ist das doch

---

*) Späterhin erlischt freilich auch dies Fünklein von Unionsneigung wieder, indem auch die dem kalvinischen Beweggrunde entsprossene Presbyterialverfassung als ein Hinderniß der Union dargestellt wird.

für ein Satz; „die reformirte Kirche erkennt keine Heilswirkung durch kirchliche Akte?“ Nur eine neue Gestaltung des angeblich zwinglischen Grundsatzes, daß das Heil allein aus Gott ohne Zwischenursachen komme. Eben eine Stahlsche Behauptung ohne Wahrheit und Berechtigung. Der reformirten Kirche wohnt, wie man so häufig annimmt, eine besondere Energie und Folgerichtigkeit, noch mehr ein Erbe von Kalvin als von Zwingli, bei. Hätte sie wirklich ein solches Princip energisch und folgerichtig als lebendigen Beweggrund ihrer Kirchenbildung in sich, wohin könnte das führen, wohin hätte das geführt? Nicht nur die Bilder und der Gesang in den Kirchen, nicht nur die Schlüsselgewalt und diese und jene Festfeiern, die Sakramente, der Gottesdienst, das Predigtamt, jede kirchliche Ordnung und Leitung der Gemeine müßte längst gefallen sein. Ja selbst die Auferziehung der Kinder in der Zucht und Vermahnung zum Herrn Seitens der Eltern erschiene nicht nur als etwas Thörigtes und Ueberflüssiges, sondern auch als etwas Vermessenes und Frevelhaftes, sich anmaßend was Gott allein ohne Zwischenursachen, ohne kirchliche Akte (die fromme Kinderzucht im Hause ist auch und erst recht ein kirchlicher Akt) wirken will. Selbst das eigne Ringen nach Glauben, nach seiner Seelen Seligkeit könnte vor diesem Grundsatz nicht bestehen. Sogar das Wort Gottes und das ganze Versöhnungswerk in Kristo verlöre seine Bedeutung und seinen Werth. Uebrig bliebe zuletzt nichts als der unbedingte Rathschluß Gottes, wie er ohne Mittelursachen, ohne kirchliche Akte u. s. w. völligst unmittelbar ein „innerliches Licht“ in der Seele anzündet und sie mit Glaube und Gottseligkeit erfüllt. Uebrig bliebe für den Menschen nichts als im brütenden Quietismus zu harren, ob und bis etwa sich dieser absolute Rathschluß auch an seiner Seele vollziehen, auch seine Seele der Vollendung entgegenführen werde. Es ist aber grade der reformirten Kirche nichts ferner als dieser Quietismus, welcher allein der Anschauung, daß Gott ohne Zwischenursachen, ohne kirchliche Akte, ohne Mittel und Werkzeuge Heil wirkt und Gnade spendet, entspräche. Grade die reformirte Kirche in ihrer ebenso geregelten wie lebendigen Thätigkeit für das Reich Gottes drückt dadurch schon aus, daß nach ihrer Ansicht Gott keineswegs ohne Zwischenursachen, ohne Werkzeuge und kirchliche Akte das Heil wirkt, sondern eben durch diese. Woher hat denn auch Stahl seine Behauptung? Eigentlich weist er sie, mit wie vielem Rechte, bleibe unerörtert, als eine Ansicht Zwingli's nach, die er dann erst ableitungsweise auch dem Kalvin aufbürdet. Das aber ist ein vollständig ungerechtfertigtes Verfahren. Wie viel auch die reformirte Kirche ihren beiden großen Reformatoren verdankt, so ist doch deshalb noch keineswegs die Lehre dieser und jener identisch. Oder wollen wir z. B. sagen, welche Bücher nach der lutherischen Kirche zum Kanon der heiligen Schrift gehören, das zeigen uns Luthers Aussprüche über dieselben? Stahl am wenigsten darf die reformirte Kirche nach etwas Anderem messen als nach ihren Symbolen. Da mag er uns in denselben doch die Lehre nachweisen, daß Gott ohne Zwischenursachen, ohne Mittel und Werkzeuge, ohne kirchliche Akte das Heil wirke und Gnade spende? Wir sind völligst von der Unmöglichkeit solchen Nachweises überzeugt. Aber wenn er diese Lehre auch nicht gradezu ausgesprochen findet, so scheint er sie aus der Stellung und Bedeutung, welche dem kirchlichen Amt, den Sakramenten, der Absoluzion u. s. w. angewiesen wird, zu folgern. Prüfen wir das, wie sichs gebührt, nach den anerkannten Bekenntnißschriften. Die lutherische Kirche „verwirft nicht gottverordnete Träger und Leiter „und Werkzeuge der Gnade, als da sind Vollmachten des Amtes, „Sakramente u. s. w." — — — „Die reformirte Kirche verwirft „auch das Alles u. s. w." Hören wir nun beider Symbole über das Predigtamt oder den Dienst des Wortes. Die Augsburgische Konfession erklärt in ihrem fünften Artikel, daß Gott „Predigtamt, Evangelium, Sakramente" gegeben hat, „dadurch er als durch Mit- „tel den heiligen Geist giebt, welcher den Glauben wirkt*)" und in der Apologie wird im achten Artikel „das Wort Gottes predigen" als „der allergrößte, heiligste, nöthigste, höchste Gottesdienst" aufgeführt, es wird „das Predigtamt" „das höchste Amt**) in der

*) Hase p. 11.

**) Nach Jonas. Bei Hase p. 212.

Kirche" genannt. Weiteres beim Amt der Schlüssel. Lassen wir einige Aussprüche der reformirten Bekenntnißschriften folgen. In der Helvetica II, C. XVIII*) heißt es: „Zur Sammlung oder „Aufrichtung der Kirche, zur Regierung und Erhaltung derselben hat „sich Gott immer der Diener (der Kirche oder des göttlichen Wor„tes) bedient, bedient sich ihrer bisjetzt und wird sich ihrer ferner „bedienen, so lange die Kirche auf Erden sein wird. Der Ursprung „der Diener, ihre Einsetzung und ihre Beamtung ist daher keine „neue und menschliche Ordnung, sondern wie die älteste, so auch „die Gottes selbst. Gewiß könnte Gott durch seine Macht unmit„telbar sich die Kirche verbinden, aber er wollte mit den Menschen „lieber durch den Dienst der Menschen handeln. Daher sind „die Diener (der Kirche, des Wortes) nicht nur so als Diener an „sich, sondern als Gottes Diener zu betrachten, inmassen Gott „durch dieselben das Heil der Menschen wirkt. Daher erinnern „wir, daß man sich hüten müsse, dasjenige, was zu unsrer Bekeh„rung und Unterweisung gehört, so der verborgenen Kraft „des heiligen Geistes zuzuschreiben, daß wir dadurch „den kirchlichen Dienst (das kirchliche Amt) „seines Gehal„tes berauben." Wahrlich ein trefflicher Belag für Stahls „Behauptung, daß die reformirte Kirche keine Heilswirksamkeit Gottes durch gottgeordnete Träger und Leiter anerkennt, also auch die Vollmachten des Amtes leugnet. Doch weiter die Helvetica I nennt XV**) die Diener der Kirche „Mitarbeiter Gottes," durch welche jener „seine Kenntniß und die Vergebung der Sünden verwaltet, „die Menschen zu sich bekehrt, aufrichtet, tröstet, schreckt, ja „auch richtet, so jedoch, daß wir in diesem alle Kraft und Wirksam„keit dem Herrn, den Dienst jedoch den Dienern zuschreiben." Natürlich, wie auch jeder Lutheraner in gleicher Weise sprechen wird: „Dem Herrn allein die Ehre." Und wenn hinzugefügt wird, daß solche Wirksamkeit an keine Kreatur geknüpft, sondern nur nach der freien Würdigung Gottes dargereicht wird; so ist das dasselbe,

*) Augusti p. 55 fg.

**) Augusti p. 97.

was in der Augsburgischen Konfession in der vorhin angeführten Stelle (Artikel V) gesagt wird: „dadurch er als durch Mittel den „heiligen Geist giebt, welcher den Glauben, wo und wann er „will*), in denen, so das Evangelium hören, wirket.“ Ueber die Einsetzung der Diener aber sagt jene Konfession XVIII**): „Kristus „nämlich ist das wahrhaftige Haupt und der alleinige Hirt seiner „Kirche, welcher Vorsteher, Hirten und Lehrer giebt u. s. w.“ Nur noch aus den Beschlüssen der Synode zu Dortrecht I Art. III***): „Damit aber die Menschen zum Glauben geführt werden, sendet „Gott gnädiger Weise die Herolde dieser seiner frohsten Botschaft „zu welchen er will und wann er will, durch deren Dienst die „Menschen zur Besinnung und zum Glauben an den gekreuzigten „Jesum Kristum gerufen werden.“ Daß die deutschreformirte Kirche nicht anders denkt, geht schon daraus hervor, daß sich ihre Vertreter im Colloquium Lipsiacum ohne Weiteres den fünften Artikel der Augsburgischen Konfession gefallen lassen, als der „jederzeit „so in ihren Kirchen gelehrt“ worden†). Wo also bleibt die Stahlsche Differenz? Nach beiden Kirchen ist der Dienst oder das Amt des Wortes von Gott geordnet und eingesetzt, nach beiden das Werkzeug oder Mittel (Mitarbeiter) Gottes, nach beiden wirkt Gott durch dasselbe Heil, gibt den heiligen Geist oder wirkt den Glauben. Die Differenz behält nur Platz in der von antireformirter Polemik erhitzten Einbildung Stahls. — Die Vollmachten des Amtes soll, wie Stahl weiter behauptet, die reformirte Kirche leugnen, insonderheit die Schlüsselgewalt, während die lutherische Kirche sie anerkenne. Die Schlüsselgewalt kommt in den lutherischen Symbolen in einer weiteren und engeren Bedeutung vor. In der weiteren Bedeutung wird die ganze Thätigkeit des geistlichen Amtes darin befaßt, wie denn im acht und zwanzigsten Artikel der Augsburgischen Konfession auch kurz weg die Gewalt der Schlüssel mit der Gewalt der Bischöfe gleich gestellt und dahin bestimmt wird, daß

*) „Ubi et quando visum est Deo“ im lateinischen Original.

) Augusti p. 98. *) Augusti p. 202. †) Augusti p. 400.

es sei „eine Gewalt und Befehl Gottes, das Evangelium zu pre„digen, die Sünde zu vergeben und zu behalten und die Sakra„mente zu reichen und zu handeln*).“ Aller Nachdruck fällt dabei auf das Evangelium und seine Verkündigung, wie es denn ausdrücklich bald darauf lautet: „Dieselbe Gewalt der Schlüssel oder „Bischöfe übet und treibet man allein mit der Lehre und Predigt „Gottes Wortes, und mit Handreichung der Sakramente gegen „viele oder einzelne Personen, danach der Beruf ist.“ Nicht wesentlich anders dürfte im Ganzen sein, was in der Helvetica II C. XIV**) von dem Gebrauch der Schlüssel, den alle ordnungsmäßig berufene Diener haben und üben, gesagt wird, welcher darin besteht, daß „sie das Evangelium verkündigen, so daß sie das ihrer „Treue anvertraute Volk lehren, ermahnen, trösten und strafen und in der Zucht bewahren. So nämlich öffnen sie das Himmelreich den Gehorsamen und schließen es für die Ungehorsamen.“ — „Sie „handhaben also die Schlüssel, wenn sie den Glauben und die Buße „empfehlen. So erlassen sie Sünden. So öffnen sie das Him„melreich und führen die Gläubigen hinein.“ Im engeren und gebräuchlicheren Sinn wird aber unter der Schlüsselgewalt verstanden, was in den Schmalkaldischen Artikeln im dritten Theil Artikel 7 sich findet: „Die Schlüssel sind ein Amt und Gewalt der Kirchen „von Kristo gegeben, zu binden und zu lösen die Sünde***).“ Es hängt das zusammen mit der Beichte und Absoluzion. Während die lutherische Kirche die Ohrenbeichte, die zwangsweise Aufzählung aller seiner Sünden ins Ohr des Priesters hinein, als „eine Tyrannei über die Gewissen“ eben so verwirft, wie die reformirte, hat sie dagegen die sogenannte Privatbeichte im 11ten Artikel des Augsburgischen Bekenntnisses beibehalten. Wie danach die Sünden dem Diener der Kirche besonders bekannt werden, so verkündigt oder ertheilt derselbe auch besonders die Absoluzion, die Sündenvergebung. Es ist nicht zu leugnen, daß ein nicht geringes Gewicht auf diese Absoluzion gelegt wird. So sagt das Augsburgische Bekennt-

---

*) Hase p. 37. **) Augusti p. 38. ***) Hase p. 330.

niß im 25sten Artikel: „Dabei wird das Volk fleißig unterrichtet, „wie tröstlich das Wort der Absoluzion sei, wie hoch und theuer „die Absoluzion zu achten, denn es sei nicht des gegenwärtigen Men„schen Stimme oder Wort, sondern Gottes Wort, der da die Sünde „vergiebt; denn sie wird an Gottes statt und auf Gottes Befehl „gesprochen." Da scheint einige Verschiedenheit den Reformirten gegenüber zu bestehen; wenn z. B. in der Helvetica II C. XIV*) gesagt wird: „Wir glauben aber, daß diese lautere Beichte (Be„kenntniß der Sünden), welche gegen Gott allein geschieht, entweder „insgeheim zwischen Gott und dem Sünder oder öffentlich im Tem„pel, wo jenes allgemeine Sündenbekenntniß rezitirt wird, hinreiche, „und daß es zur Erlangung der Sündenvergebung nicht nothwendig „sei, daß man seine Sünden dem Priester bekennt, indem man sie ihm in die Ohren murmelt, und daß man dafür unter Auflegung „seiner Hände von ihm selbst die Absoluzion vernimmt." Danach ist die Privatbeichte überflüssig, ja der Beichte vor dem Geistlichen überhaupt und einer Absoluzion bedarfs nicht. „Es ist daher noth„wendig" (und zwar nur dies), „daß wir Gott unserm Vater unsre „Sünden bekennen und mit unserm Nächsten, wenn wir uns belei„digt haben, uns versöhnen." Allein es ist erstlich wohl zu beachten, daß die lutherische Kirche nie die Privatbeichte als ihr etwas Wesentliches und Nothwendiges betrachtet hat, sondern als etwas Heilsames, was sie, natürlich gereinigt, mit aus dem Pabstthum herübergenommen hat. Große Theile der lutherischen Kirche haben sie fallen lassen und werden deshalb keineswegs als vom Lutherthum abgefallen betrachtet. Nie gewiß, so lange sie sich selbst versteht, wird sie ihre Glieder an die Privatbeichte als an ein Gesetz zu fesseln unternehmen. Es wäre das auch ganz wider die lutherische Kirche, denn sie weiß und hat von je her gewußt, daß Privatbeichte und Privatabsoluzion keineswegs von Anfang an in der Kirche als göttliche Einrichtung im allgemeinen Gebrauch gewesen sind, daß sie vielmehr nur bei Gefallnen, die wenigstens theil-

*) Augusti p. 37.

weise als Gebannte gegolten, angewendet, daß erst in später Zeit sie als allgemein mit der heiligen Kommunion verbunden wurden. Es ist eine menschliche Tradizion, ein menschlich geordneter Gottesdienst, wenn sie ihn auch nach Möglichkeit festhält, es wäre durch und durch wider ihr auch in den Symbolen so stark sich aussprechendes Prinzip, denselben zu etwas Wesentlichem, die Gewissen Bindendem und die Kirchengemeinschaft davon abhängig zu machen. Ferner wenn auch das Bekenntniß vor dem Diener der Kirche empfohlen wird, so soll dasselbe auch nach lutherischer Anschauung nicht auf diesen bezogen, sondern ebenfalls so recht eigentlich Gott dem Herrn dargebracht werden. Das äußre Bekenntniß vor dem Diener des Wortes gilt höchstens als die Besiegelung des innern lautern Bekenntnisses, das allein Gott geschieht. Auch hat nie die lutherische Kirche die absolute Nothwendigkeit dieses äußern Bekenntnisses behauptet und sie müßte sich selbst auf den Kopf stellen, wenn sie sagen wollte, daß, wer durch das Evangelium zur rechten Buße gekommen, im Kämmerlein Gott herzlich gebeichtet und im Glauben aus dem Evangelio den Trost der Sündenvergebung ergriffen habe, der nicht absolvirt sei, ehe er auch vor dem Diener des Wortes sich beichtend gestellt habe. Hyperlutherisch aber ist es jedenfalls, wenn man vom geistlichen Amt rühmt, dasselbe verkünde nicht blos, sondern vergebe die Sünden wirklich und wahrhaftig vermöge einer besondern ihm innewohnenden Dignität und Machtvollkommenheit. Das ist in der That nicht mehr lutherisch, sondern römisch und hat zu seiner nothwendigen Voraussetzung, was das Tridentinum festsetzt, daß die Priesterweihe ein Sakrament sei und eine besondre Mittheilung des heiligen Geistes gewähre. Wenn die lutherischen Symbole sich so ausdrücken, als ob der Geistliche binde und löse, Sünden vergebe und behalte, so thun sie das nur, weil sie im Geistlichen den Träger und Verkünder des Evangeliums sehen und in der Absoluzion nichts anders als eine besondre Verkündigung des Evangelii. Das feste, gnadenreiche Wort des Evangelii, was bleibt, wenn Himmel und Erde vergeht, hat in sich die Sünden vergebende Kraft und weil dies der Geistliche bringt, so darf man sagen, er löst, er erläßt die Sünden*). Ausdrücklich heißt es im Augsburgischen Bekenntniß, daß man die Gewalt der Schlüssel „allein mit der Lehre und Predigt Gottes Wortes und mit Handreichung der Sakramente" treibe „gegen viele oder einzelne Personen danach der Beruf ist." Die Apologie in ihrem fünften Artikel sagt von der Gewalt der Schlüssel: „die verkündiget uns durch die Absoluzion das Evangelium," sie, die Absoluzion, sei „nichts anders „denn das Evangelium, eine göttliche Zusage der Gnaden und Huld „Gottes, darum man sie nicht haben noch verlangen kann, denn „allein durch den Glauben." Ausdrücklich wird es von ihr verneint, daß sie sei irgend „ein Urtheil" oder „Gesetz" oder „Richteramt." So lange deshalb die reformirte Kirche das Evangelium als Verheißung göttlicher Gnade in Kristo den Seelen bringt und davon ausgeht, daß, wer diese Predigt des Evangelii im Glauben ergreife, damit auch die Vergebung der Sünden empfange, so lange hat sie das Wesentliche von dem, was in der lutherischen Kirche auch im engeren Sinne das Amt der Schlüssel genannt wird. Hat sie die Privatbeichte aber nicht als kirchliche Einrichtung; so verbietet sie dieselbe doch keineswegs als Sache der Freiheit, die sie jedem überläßt, und es gilt auch bei ihr, daß, wenn dem Gläubigen der Diener der Kirche den Trost des Evangelii zuspricht, das ihm ist als Gottes unmittelbares Wort, darin er Gnade und Vergebung der Sünde empfängt. Sodann aber hat die reformirte Kirche das Wesentliche vom Amt der Schlüssel mit in der Handhabung ihrer Disziplin, die fortschreitet bis zum Ausschluß der Unbußfertigen und sich vollendet in der Wiederaufnahme derer, die zur Buße und zum Glauben sich zurückleiten ließen. Gewiß aber sieht sie eine ächte Handhabung der Kirchenzucht, da es ihr meistens als ein Merkmal wahrer Kirche selbst gilt, keineswegs, wie Stahl will, als so etwas Natürliches, Reinmenschliches an, sondern als bestehend aus kirch-

*) Es versteht sich von selbst, daß nach evangelischer Anschauung (bei Lutheranern und Reformirten) das Evangelium im Munde jedes frommen Gemeindegliedes dieselbe Kraft hat und damit hier nichts dem geistlichen Amte spezifisch Zukommendes in Rede steht.

lichen Akten, dadurch der Herr Heil in den Gemeinen und in den Seelen wirke. Ueber das Wesentliche der Privatbeichte, wenn man sie nicht blos in ihrer formellen oder offiziellen Einrichtung betrachtet, läßt sich die Helvetica II in dem betreffenden Kapitel vernehmen: „Wenn aber jemand von der Last seiner Sünden und von „verwirrenden Anfechtungen bedrückt von einem Diener der Kirche „oder von irgend einem andern Bruder, der in Gottes Wort erfahren ist, im Stillen Rath, Unterweisung und Tröstung zu erbitten wünscht; so mißbilligen wir das nicht." Keineswegs ist ja nämlich nur kirchlich, was an einem kirchlichen Ort, in kirchlicher Zeit und offizieller Form, sondern was im Namen Jesu Kristi geschieht, also hier im Namen Jesu gesucht und gewährt wird. Auch keineswegs hängt die Kirchlichkeit eines solchen Aktes von der Person eines ordentlichen Kirchendieners ab, da ja ausdrücklich nach den Schmalkaldischen Artikeln (Anhang) „man je bekennen „muß, daß die Schlüssel nicht einem Menschen allein, sondern der „ganzen Kirche gehören und gegeben sind" nicht zu gedenken, was über das allgemeine Priesterthum aller Gläubigen der Lutherischen und Reformirten gleiche Grundanschauung ist.

Der antimysterische und antilutherische Grundsatz, der eine Union beider evangelischen Konfessionen hindern soll, macht sich nach Stahl bei den Reformirten ferner darin geltend, daß sie die Sakramente verwerfen (so stellt er es an Stellen ausdrücklich dar), oder daß diese nach reformirter Anschauung doch keine Heilswirkung und Gnadenspendung in sich schließen. Die lutherische Kirche erkenne in den Sakramenten Gnadenmittel, die reformirte nur Gnadenzeichen. Nach reformirter Anschauung brächten die Sakramente uns nur Gnaden zum Bewußtsein, welche wir außerhalb derselben empfangen. Auch hier mögen wieder die Zeugnisse der beiderseitigen Symbole selbst sprechen und uns die Einheit oder Verschiedenheit klar machen. Zuerst die der lutherischen Kirche. Das Augsburgische Bekenntniß leugnend, daß die Sakramente nur äußere Erkennungszeichen für die Kristen sind, erklärt sie in seinem dreizehnten Artikel viel mehr für „Zeichen und Zeugniß göttlichen Willens

„gegen uns, unsern Glauben dadurch zu erwecken und zu stärken.“*) Ebenso nennt die Apologie im siebenten Artikel die Sakramente „kräftige Zeichen und gewisse Zeugniß göttlicher Gnade und Willens „gegen uns, dadurch Gott unsre Herzen erinnert und stärket, desto „gewisser und fröhlicher zu glauben,“ oder „äußerliche Zeichen und „Zeremonien, die da haben Gottes Befehl und haben eine ange„heftete göttliche Zusage der Gnaden.“ Weiterhin wird Folgendes ausgesprochen: „Dazu sind die äußerlichen Zeichen eingesetzt, daß „dadurch beweget werden die Herzen, nämlich durchs Wort und „äußerliche Zeichen zugleich, daß sie glauben, wenn wir getaufet „werden, wenn wir des Herrn Leib empfangen, daß Gott uns wahrlich „gnädig sein will durch Kristum, wie Paulus sagt: Der Glaube ist „aus dem Gehör. Wie aber das Wort in die Ohren gehet, also „ist das äußerliche Zeichen für die Augen gestellet, als inwendig „das Herze zu reizen und zu bewegen zum Glauben, denn das Wort „und äußerliche Zeichen wirken einerlei im Herzen, wie Augusti„nus ein fein Wort geredet hat: Das Sakrament, sagt er, ist ein „sichtlich Wort. Denn das äußerliche Zeichen ist wie ein Gemälde, „dadurch dasselbige bedeutet wird, was gepredigt wird, darum rich„tet beides einerlei aus.“**) Welches sind nun die Sätze der reformirten Symbole? Die Helvetica II sagt im neunzehnten Kapitel:***) „die Sakramente sind aber geheimnißvolle Symbole oder „heilige Gebräuche oder geheiligte Handlungen, von Gott selbst ein„gesetzt, welche aus seinem Wort, den Zeichen und bezeichneten Ge„genständen bestehen“ — — — „die Gläubigen erkennen an, in„dem sie die Sakramente empfangen, daß Gott in seiner Stif„tung wirke“ — — — „Kristus der einige Mittler und Heiland „der Gläubigen ist an beiden Orten (in beiden Sakramenten) jenes „Hauptstück und der wesentliche Inhalt der Sakramente.“ — Der Herr wollte nicht, — „daß die Gläubigen nur Brod und Wein „ohne das Mysterium empfingen, gleichwie sie in ihrem Hause das „Brod essen, sondern daß sie auch an den bezeichneten Gegenständen „geistiger Weise Gemeinschaft hätten und wahrhaftig durch den Glau-

*) Hase p. 13. **) Hase p. 200 seq. ***) Augusti p. 65 seq.

„ben von den Sünden gereinigt würden und an Kristo Theil hätten.“ — — „Die Sakramente, bestehend aus dem Wort, den Zeichen „und den bezeichneten Gegenständen, bleiben wirkliche und unverkürzte „Sakramente, nicht nur Bilder der heiligen Gegenstände, indem im „Gegentheil Gott auch die bezeichneten Gegenstände darreicht, wenn „gleich die Ungläubigen die dargebotnen Gegenstände nicht empfan„gen.“

In der Gallicana XXXIV*) lautet es: „Wir bekennen näm„lich, daß sie“ (die Sakramente) „solche äußere Zeichen sind, daß „Gott durch sie mit der Kraft seines heiligen Geistes wirkt, so daß „uns nichts daselbst“ (nur) „eitler Weise bezeichnet wird;“ und XXXVII: „Wir glauben, wie vorher gesagt ist, daß Gott sowohl „im Abendmahl als in der Taufe der That nach d. i. wahrhaftig „und wirklich das schenke, was er daselbst sakramentlich abbildet „und wir verbinden eben so mit den Zeichen den wahren Besitz und „Genuß der Sache, welche uns daselbst dargeboten wird.“ Die Anglicana nennt im Art. XXV**) die Sakramente „zuverlässige „Zeugnisse und wirksame Zeichen der Gnade und des gütigen Got„teswillens gegen uns, durch welche er selbst unsichtbar auf uns „wirkt.“ — „Daher verdammen wir vollkommen,“ sagt die Scotica Art. XXI***) „die Thorheit derer, welche behaupten, daß die „Sakramente nichts als leere und nackte Zeichen seien. Ja viel„mehr glauben wir, daß wir durch die Taufe Kristo eingefügt und „seiner Gerechtigkeit, durch welche alle unsre Sünden bedeckt und „erlassen werden, theilhaftig werden, ja daß auch im Mahle des „Herrn uns Kristus so verbunden wird, daß er selbst die Nahrung „und Speise unsrer Seelen ist“ u. s. w. Nach der Confessio Belgica (Art. XXXIII)†) sind die Sakramente „Sinnbilder und sichtbare „Zeichen einer innern und unsichtbaren Sache, durch welche (Zeichen) „wie durch Mittel Gott in der Kraft des heiligen Geistes in uns „wirkt. Die Zeichen sind also keineswegs eitel und leer oder ein„gesetzt, uns zu hintergehen und zu täuschen. Sie enthalten näm-

*) Augusti p. 123. **) Augusti p. 135. ***) Augusti p. 162.
†) Augusti p. 191.

„lich Jesum Kristum vermöge seiner Wahrhaftigkeit, ohne den sie „allerdings jedes Momentes entbehrten.“ In der Declaratio Thoruniensis VI, I*) heißt es: „Sakramente sind äußre in die Au„gen fallende Zeichen, Siegel und Zeugnisse des göttlichen Willens, „vermöge des dem Element hinzugefügten Wortes, von Gott selbst „eingesetzt, um die unsichtbare Gnade, welche durch das Wort des „Bundes verheißen wird, zu versiegeln und durch Vermittlung jener „Zeichen darzureichen.“ Gewiß, wer diese angeführten Stellen der lutherischen und reformirten Symbole über die Sakramente unbefangenen Geistes prüft, wird den Stahlschen Dissensus umsonst darin suchen. Die lutherischen Symbole reden so antimysterisch wie die reformirten und die reformirten so mysterisch wie die lutherischen d. h. die lutherische Kirche sieht keineswegs im Elemente des Sakramentes an sich und in seinem äußern Brauch die Kraft des Heils und die reformirte Kirche ist innigst überzeugt, daß Gott ihr das Heil auch durch die Sakramente vermittle und gewähre. Selbst die Behauptung, daß die lutherische Kirche das Heilspendende in den Sakramenten in engere Verbindung mit den Elementen derselben (Wasser und Brod und Wein) setze, die reformirte mehr mit der ganzen Handlung, hat mehr Schein als Wahrheit. Auch im heiligen Nachtmahl wird bei den Lutheranern nie die Durchdringung der Elemente mit dem Leibe und Blute Kristi so gedacht, daß sie etwa durch die Einweihung als eine bleibende geschähe, daß sie irgendwie stattfände, wenn nicht die ganze Handlung bis aufs Essen und Trinken vollzogen würde. Nur durch diese Vollziehung der ganzen Handlung haben auch die Elemente ihre Kraft und ihren Inhalt. Auf der andern Seite sind bei den Reformirten die Elemente durchaus nichts Gleichgültiges; sondern, wenn auch nur äußere Zeichen, doch Mittel, durch welche Gott in dieser Handlung das Heil wirkt, allerdings kraft des heiligen Geistes. Nicht viel anders verhält es sich damit, daß nach lutherischer Ansicht auch den Ungläubigen und Unwürdigen der eigentliche Gegenstand und Inhalt des Sakramentes gewährt werde, nach reformirter nur den Gläubigen. Es hat

*) Augusti p. 428.

das höchstens beim heiligen Abendmahl seine Geltung und ist auch von den Lutheranern mehr als nothwendige Konsequenz ergriffen, um die Vereinigung von Brod und Leib Kristi und die mündliche Nießung nicht aufgeben zu müssen. Wenn es aber auf den Inhalt des Sakramentes als auf die heilsame Frucht ankommt, so weiß die lutherische Kirche auch da es nicht anders als die reformirte, daß er nämlich nur von den Gläubigen empfangen wird. Inhalt der Taufe ist nach dem lutherischen Katechismus „Vergebung der Sünden, Erlösung vom Tode und Teufel und die ewige Seligkeit" und des Abendmahls, was wesentlich dasselbe sagt, „Vergebung der Sünden, Leben und Seligkeit;" gewiß nur, weil in beiden Sakramenten eine Vereinigung mit Kristo angenommen wird. Bei dem ersten Sakrament heißt es ausdrücklich, die Taufe gewähre solches „allen die es glauben, wie die Worte und die Verheißungen Gottes lauten," und nicht das Wasser thut solches, sondern „das Wort Gottes, so mit und bei dem Wasser ist und der „Glaube, so solchem Wort Gottes im Wasser traut." Ebenso wird bei dem zweiten Sakrament gesagt: „Wer denselben Worten „glaubet, der hat was sie sagen und wie sie lauten, nämlich „Vergebung der Sünden." Nimmt die lutherische Kirche auch für's Nachtmahl an, daß die Ungläubigen den Leib und das Blut Kristi empfangen, so leugnet sie jedenfalls, daß sie darin auch die innre Vereinigung und Gemeinschaft mit Kristo, daß sie irgendwie die Güter des Heils gewinnen. Umgekehrt hat die reformirte Kirche stets behauptet, daß in den Sakramenten allen Empfängern der eigenthümliche Gnadeninhalt derselben wirklich und wahrhaftig dargeboten werde und daß es nur an ihnen liege, wenn sie dennoch keiner um ihres Unglaubens willen nicht theilhaftig würden. Völlig auf Schrauben oder vielmehr auf Erdichtetes gestellt, ist überhaupt, was Stahl als dreifachen karakteristischen Unterschied in der Lehre über die Sakramente zwischen beiden Konfessionen im zweiten Kapitel des zweiten Buchs aufstellt, völlig ungerechtfertigt, daß er bei der versuchten Begründung allein auf Zwingli und Kalvin, aber gar nicht auf die Symbole zurückgeht*). Hinreichend haben uns aber erstlich

*) Drei Stücke sollen es sein, auf die es nach lutherischer Lehre für Be-

die reformirten Symbole belehrt, daß auch in reformirter Kirche die Sakramente nicht nur Gnadenzeichen, sondern auch Gnadenmittel sind. Die zweite Behauptung, daß nach lutherischer Lehre die Wirkung der Sakramente durch das sinnliche Element erfolge, daß eine gewisse Verwandlung geschehe (denn nicht anders klingt die Stahlsche Rede), kann nur aufgestellt werden, wenn man die Kinderbibel, den kleinen lutherischen Katechismus, nicht gelernt oder wieder vergessen hat. „Wasser thuts freilich nicht, sondern das Wort Gottes, so „mit und bei dem Wasser ist und der Glaube u. s. w.“ „Essen und „Trinken thut's freilich nicht, sondern die Worte so da stehen: für „euch gegeben und vergossen zur Vergebung der Sünden.“ Nicht durch das sinnliche Element, sondern durch das Wort erfolgt die eigentliche Wirkung des Sakramentes nach lutherischer Lehre, daß aber die Elemente durch Wort und Handlung mitwirkend werden, leugnet man bei den Reformirten keineswegs. Die dritte Behauptung endlich, daß nach lutherischer Auffassung der Mensch durch das Sakrament eine Gnade empfange, die er vorher nicht hatte, und die er außer dem Sakrament — durch den Glauben allein — nicht erhält, gehört gleichfalls zu den Stahlschen Erfindungen. Es ist schon eine ganz ungehörige und falsche Entgegensetzung „durch das Sakrament“ und „durch den Glauben allein.“ Wirklich gegenüberstehen „Wort“ und „Sakrament,“ und soll ein Gegensatz zu dem „durch den Glauben allein“ gemacht werden, so ist es die äußere Besprengung mit Wasser und das leibliche Essen und Trinken im Abendmahl, oder auch die Elemente allein: Wasser, Brod, Wein. Bei beidem aber, dem Wort und dem Sakrament, ist der Glaube allein nach lutherischer Auffassung gleich wesentlich, nämlich zum Empfang des in beiden dargebotenen und gegenwärtigen Heils.

---

griff und Wesen der Sakramente ankomme und die sich alle drei in der reformirten Lehre nicht finden. 1) Die Sakramente sind Gnadenmittel, Werkzeuge, durch welche Gott eine Gnade, ein himmlisches Gut wirklich mittheilt. 2) Die Wirkung der Gnade erfolgt durch das sinnliche Element. 3) Der Mensch empfängt durch das Sakrament eine Gnade, die er vorher nicht hatte und die er außer dem Sakrament — durch den Glauben allein — (regelmäßig) nicht erhält. — So Stahl.

Luther selbst aber sagt wiederholt, daß das Sakrament dasselbe gewähre, was die Predigt des göttlichen Wortes und daß der Unterschied nur darin bestehe, daß es hier allen dargeboten, dort den einzelnen zugeeignet werde. Gewiß ist nach lutherischer Lehre der Herr Kristus in seinem Worte gegenwärtig und wem der heilige Geist das Herz aufthut, der gewinnt im Glauben ihn, den Herrn und Heiland selbst (Kristum als den Weg, die Wahrheit und das Leben), empfängt die Gnade, welche Sünden vergiebt, das Herz und Leben heiligt und mit der Hoffnung des ewigen Lebens beseligt. Was aber Taufe und Abendmahl nach lutherischer Lehre, namentlich nach dem Katechismus gewähren, ist wesentlich dasselbe, dort „Vergebung der Sünde, Erlösung vom Tode und Teufel und ewige „Seligkeit," hier: „Vergebung der Sünden, Leben und Seligkeit." „Erlösung vom Tode und Teufel" wird dem „Leben" parallel gebraucht als synonym, dasselbe negativ ausdrückend was hier positiv gesetzt ist. In der That, nicht blos nach lutherischer, sondern eben so nach reformirter, weil nach evangelischer Lehre überhaupt, braucht und sucht der Kristenmensch in allen Gnadenmitteln (Wort und Sakrament, auch in der Absolution) den Einen Heiland und von ihm die Eine Gnade und in dieser Gnade wieder das Eine „die Vergebung der Sünden," aus der alles Andre als göttliche Frucht hervorwächst, „denn," sagt der Katechismus, „wo Vergebung der „Sünden ist, da ist auch Leben und Seligkeit."*) Niemand, der mit dem Geist lutherischer Lehre vertraut ist, leugnet, was nur Kalvinisch sein soll, daß Gott beständig aus dem Leibe Kristi nährt," daß das Sakrament abbildet, was Gott überhaupt dem Glauben gewährt, wie hingegen die Reformirten nicht leugnen, daß diese Gnadenmittheilung des Herrn im Sakramente und mittelst des Sakramentes in besonders gewisser und energischer Weise sich vollzieht. Niemand, der ächter Lutheraner ist, kann Kalvins Worte verwerfen: „Ich leugne, daß die Menschen mehr aus dem Sakrament empfan„gen, als sie mit dem Gefäß des Glaubens sammeln." Nicht luthe-

*) Die Stelle aus der Apologie (Artikel 8), welche ausdrücklich sagt, daß „Wort und Sakrament einerlei ausrichtet," ist vorhin schon angeführt.

risch sondern römisch ist, was bei Stahl so manchmal anklingt, als würde durch das Sakrament über, neben, außer dem Glauben etwas gewährt. Wohl sind nach lutherischer und reformirter Anschauung die Sakramente erzeugend, weckend, belebend für den Glauben; aber sie haben, wie dies mit dem Worte, so auch das gemein, daß die darin enthaltne Gnade rein und allein durch den Glauben, rein und allein nach dem Maaße des Glaubens empfangen wird. — Wenn Stahl endlich auch darin ein Zeugniß für den antimysterischen Karakter reformirter (kalvinischer) Sakramentslehre sieht, daß über die natürliche (didaktisch-psychologische) Einwirkung derselben auf uns sich dort eine so sorgsame Auseinandersetzung findet: so möge er sich auf das Gebiet der orthodoxen lutherischen Lehre begeben, er findet sie dort nach Verhältniß noch viel mehr vorwaltend und so recht in den Vordergrund gestellt, wie die vorhin angeführte Stelle der Apologie (die einzige, wo über die Sakramente im Allgemeinen etwas ausführlicher gehandelt wird) aufs Beste bezeugt*). Kurz Stahl verurtheilt als allein reformirt, was zugleich lutherisch und evangelisch ist, deckt nicht etwa den Dissensus auf, sondern spiegelt ihn uns nach der Weise der Fata Morgana vor!

Auch in der Auffassung der Kirche soll der mysterische Zug der lutherischen, der antimysterische der reformirten Konfession, also der prinzipielle Gegensatz beider zu Tage kommen. Nach lutherischer Auffassung soll die Kirche eine göttliche Gnadenanstalt, eine Institution, eine gegebene sächliche Macht, eine heilige Stiftung, welche den Menschen umfängt 2c. sein, nach reformirter Auffassung sei sie und Alles was sie zu bieten habe, fortwährend nur das Erzeugniß der eignen That der Menschen. Beides ist wieder halb wahr, darum beides ganz falsch. Nimmt man das Richtige von jedem Theile des Gegensatzes heraus, so machen beide Konfessionen darauf Anspruch, faßt man das Irrige, das sich auf beiden Seiten hinter

---

*) Wer aber, der nicht gedankenlos ist, sollte nicht das Didaktisch-psychologische, wie es der Herr in der Wahl der Elemente ausdrücken wollte, sich klar zu machen suchen, wer z. B. mit Luther nicht fragen: „Was bedeutet solch Wassertaufen?"

den gewählten Ausdrücken verstecken kann, ins Auge; so protestiren beide Konfessionen mit gleicher Entschiedenheit dagegen. Woher hat es Stahl, daß nach reformirter Auffassung die Kirche fortwährend das Erzeugniß der eignen That der Menschen sei? Umsonst liest man wieder und wieder die Richtschriften der Reformirten, nirgends auch nur ein Anklang davon. Umsonst dürfte man selbst den so sehr verketzerten Zwingli studiren, ohne eine Spur dieses horriblen Gedankens zu entdecken. Es ist das gerade so keck ersonnen, wie der Satz, daß die reformirte Kirche sich als eine völlig neue Kirche nach dem Vorbild der apostolischen, die lutherische sich als die Fortsetzung der apostolischen Kirche betrachte. Wenn in der Apologie gelehrt wird, daß „die Kirche wahrhaftig auf Erden ist und bleibet" und darin auch die Stetigkeit, die geschichtliche Kontinuität derselben angedeutet ist; so wird das gleiche von den reformirten Symbolen mit viel größerem Nachdruck hervorgehoben und ausdrücklich auf die Vergangenheit Bezug genommen. Dem unveränderlichen Gnadenrathschluß Gottes gemäß, erklärt die Helvetica II, daß „die Kirche „nothwendig immer gewesen sei, jetzt sei und bis an das Ende „der Zeit sein werde, daß sie sich über alle Zeiten ausdehne, von „keinem Ort und keiner Zeit eingeschlossen sei."*) Ganz eben so die Scotica, die Belgica u. a. — Nach lutherischer Erklärung ist die Kirche „die Versammlung aller Gläubigen," „die Gemeinschaft „des Glaubens und des heiligen Geistes in den Herzen."**) Allerdings aber gibt Gott „durch Evangelium und Sakrament den heili„gen Geist, welcher den Glauben, wo und wann er will, in denen, „so das Evangelium hören, wirket" und so können wir demnach das eine Glied des Stahlschen Gegensatzes scharf und klar aussprechen und sagen: Nach lutherischer Ansicht ist die Kirche nicht nur eine göttliche Gnadenanstalt und Institution, u. s. w.; sondern sie ist auch durch und durch und fortwährend ein Erzeugniß des göttlichen Thuns. Aber wie ist es denn bei den Reformirten anders? Allenthalben gilt auch bei ihnen die Kirche für die Gemein-

*) Augusti p. 47 u. 48 (C. XVIII).
**) Augsburg. Konfession Artikel 7 u. Apologie Artikel 4.

schaft der Gläubigen oder Heiligen.*) Wird, wie in der Confessio Scotica, die Kirche eine Gemeinschaft „der Erwählten“ genannt, so geschieht das allerdings so recht aus dem reformirten Geist heraus; aber zu vergessen ist nicht, daß die Erwählten auch die Gläubigen und die Gläubigen auch die Erwählten sind und daß auch nach lutherischer Lehre niemand zum Glauben kommt, der nicht durch die göttliche Gnade erwählt ist. Indem aber so auf die Erwählung Gottes die Reformirten bei der Definizion der Kirche zurückgehen, ergiebt sich schon aufs Allerklarste, daß auch bei ihnen die Kirche gar nichts anders als ein Produkt des Wollens und Wirkens der göttlichen Gnade sei, ja vielleicht noch entschiedener als bei den Lutheranern, sofern sie selbst schärfer und schneidender Erwählung, Glaube, Heiligung allein auf die allwirkende Gnade Gottes zurückführen. Ausdrücklich wird in den reformirten Bekenntnißschriften hervorgehoben, daß die Kirche von Gott gesammelt und erbaut werde, daß Kristus sei ihr lebengebendes Haupt, von dem sie als Leib allein ihr Leben schöpft, daß sie allein vom Geiste Kristi regieret werde und nur von ihm ihren Wachsthum erhalte. Gewiß Wunderlicheres ist auf diesem Gebiet noch nicht erdacht, als was Stahl uns hier zum Besten giebt. Mit großem Freimuth gewaltthätigster Willkür wird gerade das, was die Reformirten am Entschiedensten verwerfen, ihnen aufgebürdet. Es versteht sich von selbst, daß danach den Reformirten die Kirche auch eine „heilige Stiftung,“ eine „Institution“ (und zwar Kristi), eine „göttliche Gnadenanstalt“ ist, dadurch Gott, namentlich der heilige Geist in Wort und Sakrament die Menschen beruft, erleuchtet, bekehrt und die Bekehrten fördert, nährt und der Vollendung entgegenführt, wie das auch schon hinlänglich im Vorigen bei Besprechung des geistlichen Amtes dargelegt wurde. Aber freilich in den Stahlschen Dedukzionen liegen noch ihm eigenthümliche Hintergedanken verborgen. Ihm ist die Kirche eine Institution

*) Beide Ausdrücke wollen bei Lutheranern und Reformirten wesentlich dasselbe besagen, indem die Kristen als „Gläubige“ nach dem bezeichnet werden, was den innersten Quell ihres geistigen Lebens ausmacht, als „Heilige“ nach dem, wie aus diesem Quell nun ihr Leben sich gestaltet.

nicht unter, sondern neben und damit auch wesentlich über Kristo, darum die Kirchenlehre nicht die Heilslehre unter Gottes Wort, sondern neben und damit auch wesentlich über Gottes Wort. Ihm gilt es, wenn wir mit Schleiermacher reden, daß wer sich der Kirche, als der realen, geschichtlichen Institution unterwirft, daß der in demselben Maaße Theil habe an Kristo, oder um Twesten, der sich auf einen Ausspruch des Irenäus stützt, zu folgen, daß, wo die Kirche, die reale, geschichtliche Institution sei, da auch der heilige Geist walte. Ihm ist die Kirche als geschichtliche Institution die infallible, heilige Spenderin aller Gnaden, die für ihre Glieder glaubt, denkt, liebt, oder eigentlich längst geglaubt, gedacht, geliebt, kurz ihnen alles zurecht gemacht hat, daß diese Glieder nichts bedürfen, als gehorsamst unbesehen und ungeprüft Alles annehmen, was ihnen von den Trägern der Autorität in dieser geschichtlichen Institution dargeboten wird. Soll es doch reformirter Irrthum sein, daß der Mensch sich den Inhalt der biblischen Lehre selbst erforschen, die ganze Gnade des Sakramentes durch den Glauben sich erringen, in der eignen Zuversicht zu Gott die Absoluzion sich selbst erholen, sich den Segen erflehen muß." Danach ergäbe sich als lutherische Wahrheit: Der Mensch bedarf keiner eignen Bibellesung und Schriftforschung, keines Prüfens und Denkens, die Institution, die Kirche thut's und giebt ihm die Lebensspeise nicht nur zubereitet, sondern wo möglich auch schon verdaut. Kein Ringen, kein Flehen, kein Begehren des Glaubens (ein geistiges Begehren ist auch schon ein Ringen) ist nöthig, um die Gnade des Sakramentes sich anzueignen, Gott giebt es den Seinen im Schlaf oder mit dogmatischem Kunstausdruck ex opere operato. Die eigne Zuversicht zu Gott, zu dem Heiland ist überflüssig, will man Absoluzion, Sündenvergebung haben, die Kirche spendet es durch ihr Priesteramt und fordert für sich allein die Zuversicht. Das ist das Stahlsche Lutherthum, höchst bequem für alle Gewalthaber in der Kirche, für den herrschenden Lehrstand, nicht weniger bequem für die Laien, für die Masse des beherrschten unmündigen Volkes. Gegen solches Lutherthum müssen allerdings die Reformirten mit eben so großer Energie protestiren, wie gegen „papistischen Aber=

glauben," darin werden sie freilich nur ein „Sichzurücksehnen nach den Fleischtöpfen Egyptens" erkennen. Wohl gilt die Kirche den Reformirten als göttliche Gnadenanstalt, als Säule der Wahrheit, welche die Wahrheit bietet, das Heil darreicht, die Vergebung zusagt; aber das Alles nicht, als außer oder neben Kristo, als vielleicht erst von ihm erfüllt und vollendet, nun aber von ihm gelöst und selbstständig (wie etwa der mündige Sohn vom Vater), sondern nur in der vollen, realen und lebendigen Abhängigkeit von ihrem „lebendigmachenden Haupte, das allein die Wahrheit ist." Sie will nicht für sich den Gläubigen etwas sein, auch in ihrer Gesammtheit weiß sie sich in ihr selbst vollständig arm am Geist, sondern zu ihrem ihr gegenwärtigen Haupt führt sie dieselben, daß sie in dieses sich versenken, dem sich vermählen, von ihm nehmen Gnade um Gnade, Wahrheit um Wahrheit. Nicht stellt sie etwas zwischen ihre gläubigen Glieder und den Heiland, auch sich selbst nicht, sondern das ist ihre Aufgabe, durch Lehre, Warnung, Mahnung, Tröstung Alles hinwegzuräumen, was den unmittelbaren Gnadenverkehr zwischen dem Haupte und den Gliedern des Leibes stören und trüben könnte. Sie verkündet deshalb die Wahrheit, wie sie dieselbe zur Zeit erforscht hat und glaubt, aber sie fordert ausdrücklich, diese Verkündigung selbst an Gottes Wort, an Kristo, der ewigen Wahrheit, zu prüfen und nur das darin sich immer von Neuem Bewährende festzuhalten. Sie spendet die vom Herrn verordneten Sakramente und sagt zu die von ihm daran geknüpfte Gnade; aber wer nicht glaubet, der empfängt nach ihr auch nicht, hungrig und durstig genommen, im Glauben errungen will nach ihr die Gnade sein. Sie verkündigt Vergebung der Sünden, aber wie sie dieselbe nur von der göttlichen Gnade ableitet und nur mit der Versöhnung Jesu Kristi verknüpft, so fordert sie, die volle Zuversicht allein auf die Gnade, auf die Versöhnung zu setzen und ohne diese Glaubenszuversicht auf Gott allein kann nach ihr von Absoluzion nicht die Rede sein. Die Kirche weiß sich als erzeugt und gesetzt durch das Thun göttlicher Gnade, welche allein erwählt und den Glauben wirkt; aber der gewirkte Glaube ist ihr wie das tiefste und wahrste menschliche Leben, so auch die höchste, menschliche Thätigkeit, das energische Ergreifen Jesu Kristi, das Wirken seiner Werke. Wer diesen Glauben nicht hat, nicht in dieser Thätigkeit des Ergreifens Jesu Kristi, des Vollbringens seiner Werke steht, der kann äußerlich wohl zur Kirche gerechnet werden, ist aber nicht ein eigentliches, wirkliches Glied derselben. Wenn demnach die Kirche auch nicht das Erzeugniß der That der Menschen ist, so doch die Gemeinschaft derer, in denen Gott die lebendige Thätigkeit des Glaubens erweckt, da die Reformirten wissen, daß „der Mensch" wie die Helvetica II sich ausdrückt, „weder geschaffen noch durch „den Glauben wiedergeboren sei, daß er ruhe, sondern vielmehr „daß er unaufhörlich thue, was gut und nützlich ist." Auch ist den Reformirten die Kirche nicht etwa in den Instituzionen, auch nicht Bekenntnissen auf dem Papier, abgesehen von ihrem Zusammenhang mit und ihrem Leben in der Gemeine gesetzt; sondern allerdings wesentlich in der Gemeine, in dem lebendigen Leibe des lebendigen Hauptes Jesu Kristi besteht sie und nur so weit Bekenntnisse, Instituzionen in dieser wirklichen Gemeine wurzeln, Leben und Kraft haben, sind sie mit, an und in der Kirche. Aber das ist Alles eben so wesentlich lutherisch wie reformirt. Luther hat in angestrengtester Thätigkeit, an keine Autorität der geschichtlichen Instituzion der Kirche gebunden, sich selbst den Inhalt der biblischen Lehre erforscht, Kirchenväter, Konzilien, Päbste entschieden als bindende Autoritäten verworfen. Er hat sich in den heißesten innern Kämpfen *seinen* Glauben errungen und es ist bekannt, welchen Einfluß für seine innre Entwicklung, für sein Leben das Wort gewann: Der Gerechte wird *seines* Glaubens leben, nicht des Glaubens eines andern, auch nicht des der geschichtlichen Instituzion, die sich Kirche allein zu sein anmaßte und die er mit solcher Anmaßung in den Schmalkaldischen Artikeln so kurz abfertigte. Nur in *seinem* selbsteigenen Glauben (freilich wie von der Gnade gewirkt, so auch die Gnade Gottes umfassend) errang er Frieden und nur aus ihm gestaltete sich seine ganze, mächtige Lebensthätigkeit. Ja den Frieden der Vergebung hat er auch nicht etwa von den priesterlichen Autoritäten der Instituzion, der Kirche, genommen; sondern allein aus Gottes Wort, allein durch die volle Zuversicht auf die

Gnade seines Heilandes, hat auch nicht so mir nichts dir nichts die Gnade im Sakrament empfangen, sondern nur im Glauben, um den er fort und fort, wie er so vielfach bis ans Ende bezeugt, gerungen. So gibt er auch der Kristenheit seines Volkes die Bibel in der Muttersprache in die Hand, in keiner andern Absicht, als daß jeglicher selbst komme und forsche und sehe und jegliche Verkündigung, unter welchem Namen sie ihm auch gebracht werde, daran prüfe, richte und sichte. So dringt er stets darauf, unter dem Hören und Lesen des Wortes im beständigen Gebet um den selbsteigenen Glauben zu ringen, so nur verheißt er dem Ringen im Glauben die Sättigung durch das Sakrament und der vollen, festen Zuversicht auf Gott, auf Kristi Gnade allein die Vergebung, auch mittelst der Absoluzion, wenn und so weit diese nichts ist als das dem einzelnen zuzueignende Evangelium. So kann auch ihm die Kirche nicht eine in besondern Personen, Ständen, Institutzionen u. s. w. herrschende Autorität sein, die ihre Glieder aufs Sorgfältigste und Strengste bevormundet, für sie forscht, denkt, glaubt, Gnade ex opere operato spendet; sondern die gottberufene, gottbegnadigte Gemeine derjenigen, die ihres Glaubens leben. Und das geht denn durch die lutherischen Bekenntnißschriften wie im Buchstaben, so im Geiste hindurch. Eine Institution im Sinne Stahls, eine Autoritätskirche außer und über der Gemeine, wie sie ihm in Fleisch nnd Blut liegt, ist hier eine völlig unbekannte Größe. Wie schon erwähnt, kennt die Augsburgische Konfession und die Apologie die Kirche nur als die „Versammlung „aller Gläubigen," die nicht stehet „in Gesellschaft äußerlicher „Zeichen, sondern vornehmlich in Gemeinschaft, inwendig der ewi„gen Güter im Herzen, als des heiligen Geistes, des Glaubens, „der Furcht und der Liebe Gottes, als das geistliche Reich Kristi, „darin Kristus inwendig die Herzen regieret, stärket, tröstet, den „heiligen Geist und mancherlei geistliche Gaben austheilet." Der kleine Katechismus weiß im dritten Artikel des zweiten Hauptstückes für den einzelnen und für die Gemeine nur Vergebung der Sünden und Beseligung, wenn der heilige Geist durch's Wort den eignen Glauben gewirkt hat. Nach den Schmalkaldischen Artikeln aber

„weiß ein Kind von sieben Jahren, was die Kirche sei, nämlich „die Heiligen, Gläubigen und die Schäflein, die ihres Hirten Stimme „hören." Allenthalben ist die Kirche hier die Gemeinschaft der Gläubigen, nirgend eine über der Gemeine schwebende Instituzion nach Art „der obersten Monarchie, der größten, mächtigsten Hoheit in „der ganzen Welt, darin der römische Pabst als das Haupt der „Kirchen, aller hohen und niedern Sachen und Händel — — — „durchaus ganz mächtig ist" u. s. w. . . . Ueberhaupt ist die Uebereinstimmung lutherischer und reformirter Symbole in diesem Lehrstück so mächtig, daß man nicht begreift, wie auch hier der prinzipielle Gegensatz gefunden werden konnte. Gemeinschaftlich wird, um noch einmal den Konsensus zusammen zu fassen, die Kirche die Gemeinschaft der Erwählten, Gläubigen, Heiligen genannt, gemeinschaftlich findet man den Grund der göttlichen Wahl nur in der Liebe und Gnade Gottes, den Grund des Glaubens in dieser Wahl und in der Wirksamkeit des heiligen Geistes, den Grund des Heiligseins oder Heiligwerdens im Glauben oder in der Gemeinschaft mit dem allein Heiligen, dem Heiland Jesu Kristo. Gemeinschaftlich erkennt man als äußre Zeichen der kristlichen Kirche das lautere Gottes-Wort verkündet durch das Predigtamt und die einsetzungsmäßige Verwaltung der Sakramente, und wenn bei den Reformirten bald noch die kirchliche Zucht, bald das gottselige Leben ausdrücklich hinzugefügt*), aber in der Definizion der Augsburgischen Konfession und der Schmalkaldischen Artikel weggelassen wird, so deuten andre Stellen der lutherischen Symbole doch auf dasselbe hin. Gemeinschaftlich unterscheiden beide die innere, wahre Kirche von der Kirche in ihrer äußern Erscheinung, die sichtbare von der unsichtbaren Kirche**). Gemeinschaftlich wird damit zu-

*) Die Confessio Belgica giebt als Zeichen der Kirche außer den beiden an, daß Alles nach der Norm des göttlichen Wortes geschehe und Jesus Kristus als das einige Haupt der Kirche anerkannt werde. Gewiß stellt die lutherische Kirche an jeden, der ihr wahres Glied sein will, in gleicher Weise beide Forderungen.

**) Findet sich der Ausdruck „unsichtbare" Kirche, den schon die Helvetica II hat, auch in den lutherischen Symbolen noch nicht; so liegt die Anschauung doch z. B. der ganzen Auseinandersetzung des vierten Artikels in der Apologie zu Grunde.

gleich wie aller Grund des Heils, so auch alle Autorität der Wahrheit in das alleinige Haupt der Kirche, in Jesum Kristum gelegt. Wir übergehen hier was Stahl noch im Einzelnen über den Gegensatz des Mysterischen und Antimysterischen beibringt, als theils schon berührt, theils vielleicht noch später zu besprechen. Jedenfalls ist der rein antimysterische Karakter der reformirten Kirche weniger Wirklichkeit als Dichtung der Phantasie, welche nur durch einen mehr verstandesmäßigen Zug derselben einigen Schein gewinnt. Daß aber die reformirte Kirche keine Gnadenwirkung anerkenne, als die unmittelbar vom heiligen Geist gewirkt wird (also nicht vermittelt, durch Gottes Wort, Predigt, Sakrament, kirchliche Zucht u. s. w.), das ist nicht Dichtung sondern Erdichtung sehr schlimmer Art, von der es fast unmöglich scheint, sie irgend einer Art von Unwissenheit oder Unklarheit zuzuschreiben. Einen mehr verstandesmäßigen Karakter erkennen auch wir im Ganzen in der reformirten Kirche, wonach sie sich lieber der Reflexion als der Kontemplazion zuwendet, eher im logisch fortschreitenden Denken als im mystischen Sinne Ruhe findet, daher allerdings auch mehr für energische Thätigkeit als für stille Versenkung geeignet ist. Ja eine gewisse Nüchternheit waltet von Anbeginn an in ihr und wendet sich entschieden gegen Manches, was wir mit Stahlscher Terminologie als zum Mysterischen gehörig ansehen müssen. Das Mysterische im Priesterorden, im Opfer der Messe, im Ablaß aus dem Gnadenschatz der Kirche, in Anrufung der Heiligen und im Bilderdienst, in der Heiligkeit des Klosterlebens, in der ganzen heiligen Hierarchie, in dem allerheiligsten und untrüglichen Statthalter Kristi hat sich ihr an Gottes Wort als schnöde Menschensatzung ergeben. Dadurch mißtrauisch geworden prüfte sie und prüfte wieder, wo das Mysterische überhaupt ihr entgegentrat, ob's auch ächt, oder ob's Menschenfündlein und Menschensatzung sei. Damit steht nun in Verbindung die heilige Scheu, nicht im Kreatürlichen als solchem das Heil zu suchen, nicht in menschlich ersonnenen Vermittlungen sich zu beruhigen, sondern rein und allein auf Gott zu bauen, rein und allein ihm zu dienen, wie es seinem heiligen Worte gemäß ist und Vermittlungen der Gnade nur anzuerkennen, die diesem Wort nicht widerstreiten, auch bei diesen Vermittlungen nicht stehen zu bleiben, sondern mit durch sie sich zu der „kahlen Höhe zu erheben, da nichts als allein Gott ist,“ welches letztere Streben sie aber mit allen frommen Lutheranern, ja mit allen frommen Kristen gemein hat. Sollte nun diese Scheu, nicht irgendwie ins Götzendienerische zurückzufallen, dieser Ernst, das Heil nur durch solche Vermittlungen zu suchen, die gewiß dem Worte Gottes entsprechen, diese entschiedne Hingabe allein an Gott und sein Wort für die lutherische Kirche wirklich ein Grund zu der Behauptung sein: Ihr habt einen andern Geist (nicht den heiligen Geist) als wir, ein Grund zur Versagung der Kirchengemeinschaft, zur Ankämpfung wider die Union? Gewiß nicht. Ist die reformirte Kirche auch mehr von verständigen, die lutherische mehr von mystischen Elementen tingirt und durchzogen, so hat ja doch die reformirte Kirche auch kontemplative und mystische Karaktere aus ihrem Schooße geboren und das Element verständiger Reflexion hat nicht nur nicht in der lutherischen Kirche gefehlt, sondern zu Zeiten in erschreckender Weise Alles überwuchert, wofür die auf ihrer Höhe stehende Orthodoxie vollständig eben so viele Beläge bietet, wie der spätere Razionalismus. Abgesehen aber von der menschlichen Sünde sind die Menschen von Gott bald mehr als praktisch verständige, bald mehr als am Gemüth reichbegabte Naturen angelegt, denen dort der Zug zur Kritik, hier der zur sinnigen Kontemplazion beiwohnt. Für beide ist ein und derselbe Erlöser gegeben, ein und dasselbe Evangelium. Von beiden wenn auch in verschiedner Färbung ist in den verschiednen Zeitaltern die evangelische Wahrheit mit gleichem Ernste aufgenommen, der Heiland mit gleicher Entschiedenheit des Glaubens verehrt worden, wofür selbst ein Luther und Kalvin Zeugniß ablegen. Sollte es Gottes Wille sein, daß so verschieden gerichtete Naturen nicht in einer und derselben Kirche Frieden, Leben und Seligkeit finden sollten? Gewiß nicht. Vielmehr gerade um ihrer verschiednen Eigenthümlichkeit willen, sollen sie in dem Einen Heiland und der Einen Kirche Eins sein und werden, um sich gegenseitig zu dienen, zu reinigen, zu ergänzen und zu vollenden.

So lange Gott der Herr aus seiner Schöpferhand die Menschen in verschiedner geistiger Eigenthümlichkeit hervorgehen läßt, so lange es aber nur den Einen Heiland giebt, so lange wir nur Eine, heilige, kristliche Kirche glauben und bekennen können; so lange ist kirchliche Trennung um solcher verschiedener Richtungen willen, Sünde wider den Einen Gott und Einen Heiland, Verrath an des Einen Gottes Kindern, Verleugnung der Einen, Allgemeinen Kirche, der allumfassenden Gnade, so lange ist und bleibt die Union heilige Pflicht für alle Gläubige in reformirter und lutherischer Konfession.

V. Der Gegensatz in einzelnen Lehren.

Man sollte meinen, Stahl hätte seinem Gelüsten, die Spaltung zwischen Reformirten und Lutheranern als unheilbar darzustellen, schon im vierten und fünften Kapitel seines ersten Buches, wo er den Dissensus beider Konfessionen behandelt, völligst genügt. Es ist das aber nur ein schwacher Anfang, dem, um seine Lust gründlich zu büßen, er ein zweites Buch mit vierzehn langen Kapiteln folgen läßt. Wie einzelne Bataillone werden die einzelnen Unterscheidungslehren beider Konfessionen gegen einander ins Feld geführt, müssen im heißen Kampf gegen einander liegen und Stahl, wie Zeus auf dem Olymp die Waage in der Hand, gewährt jedesmal der lutherischen Schaar den Sieg und den Reformirten das Unterliegen. Recht gründlich auseinander zu reißen und auf immer auseinander zu halten, dahin geht sein Sehnen und Streben, zu dem Zweck wird die beiderseitige Lehre vom Sakrament, vom Abendmahl, von der Person Kristi, von der Prädestinazion, von der Schlüsselgewalt, von der Verfassung und von der Gottesdienstordnung in beliebter Weise entwickelt. Es wäre zu viel verlangt, alle Windungen und Schwenkungen dieser Polemik zu verfolgen, ihr in alle Schlupfwinkel und Hinterhalte nachzugehen. Nur um die Kampfesweise besser kennen und würdigen zu lernen, stehen wir bei einzelnen Ausführungen ein wenig still, nämlich bei denen über die Prädestinazion, die Person des Herrn und das heilige Abendmahl.

A. Die Prädestinazion.

Stahl widmet diesem Gegenstande zwei Kapitel. Zunächst wird uns die Lehre Zwingli's und Kalvins über die Prädestinazion gegeben, nach der Gott zu seiner eignen Verherrlichung durch grundloses Dekret von Ewigkeit her einen Theil der Menschen zur Frömmigkeit und Seligkeit, einen andern Theil zur Gottlosigkeit und Verdammniß vorherbestimmt habe, so daß seiner Vorherbestimmung weder die Gottlosen noch die Frommen je durch Gewinnen oder Verlieren der Gnade widerstehen können, und in Gott allein die Ursächlichkeit des Guten wie des Bösen falle. Daran schließt sich sofort eine Art der Kritik. Zuerst ist diese Lehre etwas ganz Neues in der Kirche. Augustin habe sie nie in der Gestalt wie Kalvin gelehrt, abgesehen davon, daß er mit seinen Ansichten gewechselt, habe er sie auch nie zu einem Hauptdogma gemacht. Allerdings hat Augustin gewechselt; aber wohl gemerkt, er hat sich nach seiner eignen und der lutherischen Symbole Ansicht von früherem Irrthum durch die Ergreifung dieser Lehre zur Wahrheit gewendet. Freilich hat er sie nicht in derselben Gestalt wie Kalvin gelehrt, weil beide zu eigenthümliche, kräftige Naturen sind; aber der ganze, volle Inhalt ist bei beiden Männern wesentlich derselbe. Für den damaligen Zustand des Menschengeschlechtes liegt auch nach Augustin die Ursach für die Nichtbekehrung, für das Beharren in der Sünde, für die Verstockung in Gott, dient die vorherbestimmte Verdammniß derselben dem Zwecke der Verherrlichung Gottes, wirkt die Gnade Gottes in den Erwählten unwiderstehlich und ist durch das Geschenk der Beharrlichkeit unverlierbar. Auch Hauptdogma ist sie ihm, ein nothwendiges Glied in der Verkettung seiner Lehre über den Zustand der Menschen, die Gnade Gottes, den Glauben, und fällt hierher der ganze Schwerpunkt seiner Lehre und Wirksamkeit im Gegensatz zu allen pelagianischen Anschauungsweisen. Gewiß Augustin hat in seiner späteren Zeit diese Lehre nie als unwesentliche Nebenlehre, die im System kristlicher Wahrheit auch fehlen könnte, angesehen. Es kehrt dann bei Stahl die Fabel wieder, daß bei Zwingli diese Lehre aus dem Bestreben, die Heilswirkung der Sakramente in der Wurzel zu vernichten, hervorgetrieben sei, was wir so lange für Fabel halten, bis wir eines Bessern belehrt werden. Bei Zwingli, heißt es weiter, ruhe diese Lehre auf dem philosophischen Gedanken von der Alleinursächlichkeit Gottes, eben so bei Kalvin, bei dem aber als zweiter positiver religiöser Beweggrund die vollkommene Demuth hinzutrete, daß unser Heil allein aus Gottes unverdienter Barmherzigkeit fließe, und die Zuversicht des Heils, daß es allein auf Gott und nicht auf uns gestellt sei. Es ist ein eigen Ding um diese Unterscheidung zwischen dem philosophischen Gedanken und dem religiösen Beweggrund. Es will uns scheinen, daß eben nur der eine religiöse Beweggrund: „Gott allein die Ehre und in Gott „allein das Heil“ bei beiden waltet, der in dem Gedanken von der Alleinursächlichkeit Gottes eine gewisse Verkörperung gesucht und gefunden hat. Ob bei Kalvin die Exegese das Ergebniß seiner Lehre oder umgekehrt, seine Lehre das Ergebniß seiner Exegese sei, ob diese Lehre die Gnadenmittel, den Glauben, das Erlösungswerk des Herrn ihres Inhalts entleere, darüber schweigen wir für jetzt, ebenso soll über das Verhältniß der reformirten Symbole zu denselben erst später Einiges beigebracht werden. Stahls Hauptschlag aber gegen die Prädestinazion, daß sie gegen die Gerechtigkeit, Wahrhaftigkeit, Heiligkeit, Liebe und Allbarmherzigkeit und Allmacht Gottes, gegen unser kristliches Gottesbewußtsein verstoße, daß sie nicht in den angeführten Schriftstellen sich finde, haben wir hier kein Interesse zu bestreiten oder zu billigen. Nur so viel ist klar, daß Luther den Stahl nicht säuberlicher nach Hause schicken würde, als er weiland dem Erasmus gethan, daß er ihn in der Bestreitung der Prädestinazion nicht nur der Schwäche des Gedankens, sondern auch der Schwäche des Glaubens bezüchtigt und auch ihn gefragt haben würde: „Wenn wir nun könnten durch die Ver„nunft begreifen, wie Gott gütig, barmherzig und gerecht ist, der „doch einen solchen gräulichen Zorn und Ungerechtigkeit beweiset, „was wäre denn des Glaubens von nöthen?“ Gar sehr würde er Stahls kühne Behauptung verspotten, nach welcher ihm (dem Luther) die Prädestinazion kein Hauptdogma, sondern nur so eine Nebenlehre sein soll, indem Luther es ausdrücklich dem Erasmus Dank weiß, daß er nicht wie seine andern erbärmlichen Gegner „in Nebensachen wider ihn gebellt,“ sondern auf „die Hauptsache „selbst eingegangen sei.“ In der That aber, wenn Luther auch diese Lehre in seiner Weise entwickelt, kein Moment, insonderheit keine Härte fehlt bei ihm, die sich bei Kalvin allein fände. Luther lehrt und behauptet mit größtem Nachdruck nach beiden Seiten die unbedingteste Vorherbestimmung Gottes. Gott verstockt nach ihm so sehr und so allein durch seinen unerforschlichen Willen, daß „Alles umsonst ist, Gott zu entschuldigen und den freien Willen zu „beschuldigen, daß an uns der Fehler sei.“ Pharao konnte nach ihm nicht vermeiden, daß „er nicht verstocket werde, so wenig er „vermeiden oder ändern konnte, daß er nicht böser Art sei oder „daß nicht in ihm, wie in andern Kreaturen die allmächtige Macht „Gottes wirke.“ Der „böse Wille Pharao's wäre von sich selbst „nicht bewegt oder verhärtet worden.“ Gott hatte dabei „die Ab„sicht, dem Pharao sein Reich zu nehmen,“ deshalb „reizte er ihn „und verhärtete ihn je mehr und verstockte sein Herz und griff ihn „hart an durch die Predigt Mosis, gleich als wollte derselbige ihm „sein Reich nehmen und ihm das Volk entziehen, und gab nun dem „Pharaoni inwendig nicht Geist und Gnade.“ „Gott war“ dabei „ganz gewiß, daß Pharao's Wille der allmächtigen Wirkung nicht „widerstehen könnte, noch seine Bosheit weglegen, noch Mosis Pre„digt annehmen.“ Ebenso ist an Judas nach Luther „das Wollen „Gottes Werk,“ er „hat müssen verrathen,“ weder „in Judas „noch in einiger Kreatur Gewalt ist es gewesen, das anders zu „machen oder den Willen zu ändern.“ So „muß“ überhaupt unser Wille „nach ewiger Vorsehung und Gottes Willen thun, wie „es und was Gott versehen hat.“ Wenn sich Erasmus auf das verschiedne Land in der Menschheit nach des Erlösers Gleichniß berufen hat; so schlägt das Luther mit der Behauptung zu Boden, daß an und für sich die ganze Menschheit gleich sei, nämlich alle „Koth“ und daß erst durch die Wirkung der göttlichen Gnadenwahl ein Theil der Menschheit in ein gut Land (mit Empfänglichkeit für das Heil) verwandelt werde. Zwar macht Luther einmal scheinbar einen Ansatz, in Gott nicht die Ursach der Sünde, sondern nur die Ursach der Kraft und des Lebens, so die Sünde bedarf, zu legen, Gott soll nicht das Böse so in den Menschen bringen, wie man etwa „in ein Faß Wein Gift gieße.“ Es erscheint demnach die Menschheit als ein böser Stoff, als eine böse Masse und wenn Gott schaffend, bildend, erhaltend seine Lebenskraft dieser Masse, diesem Stoffe gewähre, so müßten die Individuen nach der bösen Natur sich zum Bösen wenden und ihr Leben im Bösen bethätigen. Allein das ist nur Schein. Auch Adams erste Sünde läßt Luther in eben dem Maaße prädestinirt sein, wie alle andre Sünde in der Welt. Es ist Gottes Wille, der dem Adam den Beistand seines Geistes entzieht, so daß er fallen muß. Gott will dadurch uns zeigen, was Menschen ohne seine Gnade sind und vermögen, wenn auch der noch sündlose Mensch bei Entziehung der göttlichen Gnade alsbald fallen muß. Hiernach ist Gott völligst, rein und allein Erzeuger alles menschlich Bösen, indem er einmal die menschliche Natur so geschaffen hat, daß sie ohne den Beistand seines Geistes gar nicht anders kann, als sündigen muß und sodann dieser ohnmächtigen, menschlichen Natur seinen Geist wirklich entzieht. Luther ist weit entfernt, das zu leugnen, oder nur zu mildern. Wenn andre verzagen und verzweifeln, daß Gott Sünde und Verdammniß wirke, so sagt er, es gehe ihm ganz eben so, aber es mache ihn nicht mehr irre, er habe sich beruhigt, indem er erfahren, daß eben hinter solchem Verzagen und Verzweifeln Trost und Frieden wohne. So läßt er auch einst nicht allein die Erwählten ohne Verdienst selig werden, auch die Verworfenen werden nach seiner Lehre „ohne Verdienst“ verdammt. (Gleich Hartes findet man sicherlich nicht bei Kalvin). Wenn man sich das Erste, so solle man sich auch das Zweite gefallen lassen und solle um so mehr von Gottes Güte, Gerechtigkeit u. s. w. glauben, je mehr man das Gegentheil davon sehe. Die Frage, warum Gott die Gottlosen nicht ändre, verweist er lediglich an „den heimlichen Rath im Himmel und der göttlichen „Majestät.“ Dieser heimliche Rath ist bei ihm eben so grundlos willkürlich wie bei Kalvin, denn Luthern ist Gott ein Gott, des Willen man „kein Gesetz, noch Grnnd, noch Ursach“ geben kann. Was er will, ist nach ihm nicht darum recht, daß er es hat sollen oder müssen also wollen, sondern darum ist es recht, daß er es also will. Das innerste, bewegende Motiv seiner Anschauung aber ist für Luther auf der einen Seite „die allmächtige Gewalt und „ewige Vorsehung“ Gottes, die „den freien Willen zu Grund vertilgen, daß nicht ein Härlein da bleibet.“ Es wird ihm ohne die unbedingteste Prädestinazion Gott zu einem Götzen, zu einem „schlafenden und schnarchenden Gott“ des Aristoteles, zu dem Jupiter des Homer, „der ins Mohrenland zur Zeche gezogen ist.“ Auf der andern Seite erscheint ihm durch Leugnung der Prädestinazion in voller Ausdehnung „Kristi Kommen und Werk völligst „umsonst.“ Seine Lehre, daß die Schuld des Bösen nicht die „des „armen Menschen,“ sondern die „des ungerechten Gottes“ sei, ist ihm eben so gewiß durch das Licht der Gnade, wie durch das Licht der Natur gegeben und wie gesagt, er spottet sowohl über die Schwäche der Vernunft, wie des Glaubens beim Erasmus, daß er solches nicht einsehe und fasse. Wo ist da noch eine Differenz von der Kalvinischen Lehre? Luther soll nach Stahl als eigenthümlichen Beweggrund für die Prädestinazion die Abwehr von der Willensfreiheit und Verdienst des Menschen, daß der Mensch nicht in sich das Vermögen des Guten habe“ u. s. w. gehabt haben. Wahrlich, wer irgendwie sich einmal um die Kalvinische, oder reformirte Prädestinazionslehre gekümmert hat, weiß, daß auch hier dieser Beweggrund stets und allenthalben ihre erzeugende Wurzel war. Sagt es nicht Stahl selbst, wenn er als zweiten bestimmenden Beweggrund bei Kalvin anführt „die vollkommene Demuth, daß unser „Heil allein aus Gottes unverdienter Barmherzigkeit fließe und die „Zuversicht des Heils, daß es allein auf Gott und nicht auf uns gestellt sei?“ Für Luther soll ferner darin nur ausgedrückt sein

„die innewohnende Wirksamkeit (Immanenz) Gottes in Allem, was „der Mensch Gutes will und vollbringt, die auch wir noch heute „bekennen." Das ist eine der vielen sophistischen Unwahrheiten, deren sich Stahl in seinem Buche schuldig macht. Nicht die Immanenz Gottes in dem Guten, sondern die Immanenz Gottes in Allem, was der Mensch thut, dem Bösen grade so wie im Guten, wird von Luther in seinem Buch vom knechtischen Willen behauptet und durchgeführt. Nicht anders steht es damit, daß bei Luther die zwiefache Prädestinazion nicht zur Verherrlichung Gottes diene. Denselben Ausdruck hat er freilich nicht wie Kalvin, aber sein Hauptinteresse in dieser Lehre gegen den Erasmus ist, wie schon angeführt, daß der allmächtige und allregierende ihm nicht in einen schlafenden und schnarchenden Gott, in einen Apfelgott, in einen Götzen gleich dem in der Ferne bei den Aethiopen zechenden Jupiter des Homer umgewandelt werde, also, daß Gott und seine Ehre und Herrlichkeit unangerührt bleibe. Ueberhaupt sieht Luther in der Verstockung und Vorherbestimmung zur Verdammniß ein Wirken und Thun Gottes, so auch ein solches, das seiner Verherrlichung dient, da ihm ein andres völlig undenkbar und unmöglich erschiene. So ist ihm also auch solch Thun nothwendig zur Verherrlichung Gottes, nur daß er es nicht faßt und begreift, wie? und deßhalb diese Frage lediglich in demselben Sinn wie Kalvin ins Geheimniß verweist. Wenn Stahl die Abstoßung der Prädestinazion lutherisch nennt, weil diese mit der Rechtfertigung aus dem Glauben nach lutherischem Sinn unvereinbar sei, so straft ihn weiter nichts als eben die ganze Geschichte Lügen. Ist doch nach ihm selbst die reformirte Kirche in der Heilsordnung nach ihrer innerlichen Seite einig mit der lutherischen, also auch in der Lehre von der Rechtfertigung, hat doch Kalvin, wie er sagt, einfach und rein die Lehre Luthers angenommen in den Grundlehren von Erbsünde, Buße, Glauben, Werken, Rechtfertigung. Bleibt, wie Stahl sagt, aber ein ungelöster Widerspruch zwischen Rechtfertigung und Prädestinazion, so giebts manche andre Widersprüche, die auf beiden Seiten ungelöst stehen, so steckt wenigstens Luther eben so tief in diesem Widerspruch wie Kalvin. Luther aber, Kalvin und alle die in lutherischer und reformirter Konfession die Prädestinazion behauptet, haben auch gemeint, sie mit der Lehre von der Rechtfertigung durch den Glauben vereinigen zu können. Es ist schon erwähnt, daß wenn Kalvin die Rechtfertigung in ihrem letzten Grunde auf die Gnadenwahl Gottes zurückführe, daß dies Luther und die Theologie der lutherischen Symbole in gleichem Maaße thut. Weil Gott in seiner Gnade den einen Theil der Menschen erwählt hat, so wirkt er als heiliger Geist in ihnen den Glauben. Der Glaube, sagt Stahl, ist nach der Prädestinazionslehre freilich nur die Bezeugung der Erwählung, was Luther mit Entrüstung zurückgewiesen haben würde. Allein diese Entrüstung Luthers ist eine Einbildung Stahls. In dieser innern Bezeugung durch den heiligen Geist, daß man erwählt, daß man ein Kind Gottes sei, ruht auch bei Luther wesentlich die Bedeutung des Glaubens und seiner Wirksamkeit. Freilich begründet sich ihm diese Bezeugung durch Versenkung in Kristum, besonders in seinen Sühnetod, allein das ist bei Kalvin und den Reformirten nicht weniger der Fall. Noch einmal, der letzte Grund der Rechtfertigung und Beseligung liegt auf beiden Seiten in dem grundlosen Willen der göttlichen Barmherzigkeit, also in der Gnadenwahl. Dieser Wille Gottes, in der Gnadenwahl gefaßt, vollzieht sich in der Wirkung des Glaubens durch den heiligen Geist. Dieser vom heiligen Geist gewirkte Glaube ist ein solches Ergriffensein von Kristo, namentlich von seinem Sühnetode, daß es als feste Bezeugung der Sündenvergebung, der Kindschaft, des ewigen Lebens sich darstellt. Diese feste Bezeugung, diese selige Gewißheit ist es nach beiden Seiten, welche die guten Werke hervortreibt, oder tiefer, die Liebe und Dankbarkeit im Gemüth, d. h. das neue Leben aus sich gebiert. Wenn Stahl aber den Glauben eine That des Menschen und als solche einen Faktor des Heils nennt, so verwirft das nicht Kalvin allein; sondern Luther und die lutherischen Symbole vielleicht noch stärker. Die Stahlsche Behauptung, daß in den lutherischen Symbolen keine Spur der Prädestinazion sich finde, muß man mit dem zusammenstellen, was er hier in Glaubenseinfalt von Krummacher annimmt, daß nämlich im Heidelberger Katechismus die Fragen 21.

52. 53. 54. 60. 63. auf die Voraussetzung der Prädestinazion gegründet sind. Wir lassen diese verfänglichen Fragen mit ihren Antworten wörtlich folgen.

21. Was ist wahrer Glaube?

Es ist nicht blos eine Erkenntniß, dadurch ich Alles für wahr halte, was uns Gott in seinem Worte geoffenbaret hat, sondern auch ein herzliches Vertrauen, welches der heilige Geist durch das Evangelium in mir wirket, daß nicht allein Anderen, sondern auch mir Vergebung der Sünden, ewige Gerechtigkeit und Seligkeit von Gott geschenkt sei, und zwar umsonst, aus lauter Gnade, lediglich um des Verdienstes Kristi willen.

52. Welchen Trost gewährt uns die Wiederkunft Kristi, zu richten die Lebendigen und die Todten?

Daß ich in aller Trübsal und Verfolgung mit aufgerichtetem Haupte, aus dem Himmel eben des Richters gewärtig bin, der sich zuvor dem Gerichte Gottes für mich dargestellt und allen Fluch von mir hinweggenommen hat. Derselbe wird alle seine und meine Feinde in die ewige Verdammniß werfen, mich aber sammt allen Auserwählten zu sich in die himmlische Freude und ewige Herrlichkeit aufnehmen.

53. Was glaubst du von dem heiligen Geist?

Erstlich, daß er wahrer und gleich ewiger Gott mit dem ewigen Vater und Sohne ist. Sodann, daß er auch mir gegeben ist, um mich durch wahren Glauben Kristi und aller seiner Wohlthaten theilhaftig zu machen, mich zu trösten und bei mir zu bleiben bis in Ewigkeit.

54. Was glaubst du von der heiligen, allgemeinen, kristlichen Kirche?

Daß der Sohn Gottes aus dem ganzen menschlichen Geschlechte vom Anbeginn der Welt bis ans Ende durch seinen Geist und sein Wort sich eine auserwählte Gemeine zum ewigen Leben in Einigkeit des wahren Glaubens sammle, schütze und erhalte, und daß ich ein lebendiges Glied derselben bin und ewig bleiben werde.

60. Wie wirst du gerecht vor Gott?

Allein durch den wahren Glauben an Jesum Kristum. Obschon mich mein Gewissen anklagt, daß ich wider alle Gebote Gottes schwer gesündiget und derselben keines je gehalten habe, auch noch immerdar zu allem Bösen geneigt bin, so wird mir doch von Gott ohne all' mein Verdienst aus lauter Gnaden, wenn ich nur solche Wohlthat mit gläubigem Herzen annehme, die vollkommene Genugthuung, Gerechtigkeit und Heiligkeit Kristi geschenket und zugerechnet, als hätte ich nie eine Sünde begangen, noch an mir gehabt, sondern selbst allen Gehorsam vollbracht, den Kristus für mich geleistet hat.

63. Woher verdienen denn unsre guten Werke Nichts, da doch Gott uns um ihretwillen in diesem und in jenem Leben Belohnung verheißt?

Diese Belohnung wird nicht um des Verdienstes willen, sondern aus Gnaden verliehen.

So viel ich sehe, ist in allen diesen Antworten nicht eine Behauptung, die sich ein ächter Lutheraner nicht gefallen ließe, ja die nicht ihrem vollen Sinne nach in den lutherischen Symbolen sich wieder fände. Auch fürchte ich, wenn Stahl diese Fragen antiprädestinazionistisch beantwortete, die Antworten würden so unlutherisch sein, wie seine Behauptung, der Glaube sei eine That des Menschen, so daß alle wirkliche Lutheraner bitten müßten, Gott bewahre uns vor diesem unsern Freunde, denn bis dahin hat sich doch niemals der von uns verdammte Synergismus verloren. Ich mag mich zwar Auslegern wie dem Herrn Stahl und Krummacher nicht an die Seite stellen und will nicht wissen, ob ihre Auslegung, die der Heidelberger Katechismus hier gefunden, richtig sei. Aber das weiß ich, ist sie richtig, nimmermehr läßt sich ableugnen, daß die kalvinische Prädestinazion mit ihrer ganzen Härte unwiderleglich gewiß in den gewöhnlich dafür angeführten Stellen der heiligen Schrift begründet ist. Das weiß ich dann, daß die lutherischen Symbole allenthalben, wo sie über diese Gegenstände sprechen, unbedingt von der Prädestinazion als ihrer Voraussetzung ausgehen.

So ist es denn auch mit den von Luther und Melanchthon verfaßten in der That, wie steif auch Stahl behauptet, daß keine Spur der Prädestinazion sich in ihnen finde. Luther und bei der Abfassung der Augustana und Apologie auch Melanchthon, das steht bei allen Kundigen fest und geht aus dem Buche vom knechtischen Willen und aus Melanchthons locis unwidersprechlich hervor, sind durch und durch Prädestinazianer. Was darum in den fünf ersten Bekenntnißschriften vorkommt von dem Entstehen der Sünde in dem Teufel und in dem Menschen, als Gott „die Hand von ihnen abzog," von dem Wesen der Erbsünde, von dem völligen Unvermögen der Vernunft und des freien Willens in geistlichen Dingen, von der Mittheilung des heiligen Geistes, von der Wirkung des Glaubens durch den heiligen Geist (es werde noch einmal an das „Wo und wenn er will" im 5. Artikel der Augsburgischen Konfession erinnert) u. s. w., das wird Alles authentisch und richtig allein verstanden unter und aus der Voraussetzung der vollen unbedingten Prädestinazion, so daß diese Lehre bis zur Konkordienformel hin nicht allein für eine reformirte, sondern auch wesentlich lutherische gelten muß. Dagegen dürfen wir nicht verschweigen, daß die reformirten Symbole Alles, was an dieser Lehre anstößig erscheinen will, sich abzustreifen bemühen. Im neunzehnten Artikel der Augsburgischen Konfession liegt es für jeden, der folgerichtig denkt, mit eingeschlossen, daß auch die erste Sünde Adams von Gott prädestinirt und verursacht war, wie das den Anschauungen Luthers und auch den damaligen des Melanchthon entsprach. Kein reformirtes Symbol führt die erste Sünde, die Entstehung derselben auf Gott zurück (keins ist supralapsarisch). Aufs entschiedenste leugnen sie durchweg, daß irgendwie in Gott die Ursach der Sünde liege. Wenn sie die Erwählung der Gerechten von Anbeginn festhalten, auch behaupten, daß die Verworfnen von Ewigkeit für die Verdammniß bestimmt sind, so verlegen sie den Grund für das Letztere doch nicht in Gottes, sondern in der Menschen verkehrten Willen. Ebenso ist ihr fortwährendes Bestreben ersichtlich, die Gnadenwahl nur in engster Verbindung mit der in Kristo gegebenen Gnade und Heilsordnung zu fassen und sie überhaupt nur in Kristo als in dem rechten Spiegel zu betrachten*). Von den deutschreformirten Bekenntnißschriften endlich schweigt der Heidelberger Katechismus ganz und gar über die Prädestinazion, das Märkische Bekenntniß sagt sich geradezu von ihr los**). Aber weil der Heidelberger Katechismus sich nicht auch ausdrücklich von dieser Lehre lossagt***), ist sie Herrn Stahl selbst ein noch weit stärkeres Hinderniß der Union als der Gegensatz über die Sakramente und dem Aehnliches. Das ist gewiß stark, nur dem möglich, der eine Stärke des Hasses gegen die Union besitzt wie Herr Stahl. Selbst die Konkordienformel, wie sehr sie sich müht, ist nur dem Buchstaben, nicht aber der That nach über das Wesen der kalvinischen oder lutherischen Prädestinazionslehre hinaus oder von ihr los gekommen. Wohl leugnet sie ausdrücklich eine Prädestinazion der Gottlosen zur Verdammniß; aber ihre anderweitige Lehre schließt dieselbe eben so gewiß in sich. Wenn nach der Apologie Vernunft und freier Wille in geistlichen Dingen nichts vermögen, so drückt die Konkordienformel das positiver dahin aus, daß der freie Wille allein zu dem thätig und kräftig sei, was Gott mißfällig und zuwider ist. Nach ihr ist der geistlich todte Mensch (und alle Menschen betrachtet sie vor ihrer Bekehrung als geistlich todt) ganz gleich dem leiblich todten und kann sich nicht zur Erlangung der geistlichen und himmlischen Gerechtigkeit und Lebens schicken oder wenden. Sich anschließend an Kraftausdrücke Luthers bezeichnet sie den natürlichen Menschen als Salzsäule, Klotz und Stein, als ein todtes Bild, das weder Augen noch Mund, weder Sinn noch Herz brauchet. Ja der Mensch ist vor seiner Bekehrung noch viel ärger denn ein Stein

---

*) Es ist überflüssig einzelne Symbole anzuführen, da dergleichen in jedem bei den betreffenden Artikeln sich findet.

**) Augusti p. 382 u. f.

***) Man muß dabei bedenken, wie Stahl den Heidelberger Katechismus rühmt, daß er „über die Rechtfertigung durch das Verdienst Kristi, über den Werth des Glaubens, über die heilwirkende Kraft des Wortes Gottes wesentlich lehrt, wie die lutherische Kirche.“ Und doch! — ja und doch! auf Widersprüche kommts nicht an, wenn so geistreiche Männer vom Feuer der Polemik entzündet sind!

und Block, denn er widerstrebet dem Wort und Willen Gottes. Es gehört zu dem Wesen des natürlichen Menschen, dem Worte und Willen Gottes feindselig zu sein und der Gnade zu widerstreben, und kann er deshalb ganz und gar nichts zu seiner Bekehrung thun. Dies Widerstreben wird erst aufgehoben, wenn Gott vom Tode der Sünde erwecket, erleuchtet und verneuert. Gott der Herr „zeucht den Menschen, welchen er bekehren will, und zeucht ihn also, „daß aus einem verfinsterten Verstande ein erleuchteter Verstand „und aus einem widerspenstigen Willen ein gehorsamer Wille wird.“ „Das thut er aber in denen, die er von Ewigkeit erwählt hat.“ Thut er es nun in den andern nicht und haben es die wesentlich an sich, daß sie der Gnade widerstreben müssen, so prädestinirt Gott sie damit auch in der Sünde zu bleiben und verloren zu gehen. Ist die Erwählung, wie die Konkordienformel lehrt, die Ursach, welche die Seligkeit und was dazu gehört wirkt und schafft, so ist die Nichterwählung eben so die wenigstens negative Ursach, wodurch ein Theil der Menschen ewig verdammt wird. Dasselbe geht aus den Anschauungen der Konkordienformel über das Vorherwissen Gottes hervor. Weiß Gott alles Böse vorher, so ist es vor ihm auch eine razionale Größe, so hat es auch seine innere Nothwendigkeit, nach der es verläuft, beharrt oder überwunden wird, so hat es in sich seine unbedingte Vorherbestimmung und, in die göttliche Weltregierung von Ewigkeit her aufgenommen, kann diese seine Vorherbestimmung auch nur in Gott ihren Platz und ihre Ursach haben. Das ist es, weshalb Luther in seiner angeführten Schrift behauptet, daß diese Lehre auch schon aus dem Licht der Vernunft folge. Darum wo Anschauungen und Begriffe wie die der Konkordienformel über des natürlichen Menschen Zustand und über Gottes Regierung und Gnade walten, da werden Geister, die nicht an Schwäche des Denkens oder Glaubens, oder an jenem Denkglauben, der nach bekanntem Witzwort zu glauben denkt und zu denken glaubt, leiden, immer wieder mit Nothwendigkeit in die Prädestinazion zurückgetrieben und wir müssen, wenn wir recht urtheilen wollen, sagen, auch die Konkordienformel hat trotz ihrer entgegengesetzten Behauptung noch wesentlich den prädestinazionistischen

Karakter festgehalten. Stahl hat uns demnach über diesen Gegenstand allerdings mit Meisterhand ein ziemlich lebhaftes, dogmengeschichtliches, symbolisch-polemisches Bild mit karakteristischen Zügen und prächtigen Farben gemalt; aber es ist sehr zu bedauern, daß diese Züge nicht wahr und die Farben in falschen Verhältnissen und an falschen Orten aufgetragen sind. Das Lutherthum der Symbole ist und bleibt wesentlich der Prädestinazion verfallen, und will Stahl die Ehre der lutherischen Kirche in seiner Weise hier herstellen, so sollte er lieber seiner sonstigen Behauptung sich bedienen, Zwingli und Kalvin hätten auch hier nur von Luther entlehnt und gelernt. Die Lehre von der Prädestinazion hat ihre Härten und Bedenklichkeiten, wer will das leugnen? Der heilige Gott wird nach ihr der Grund und die Ursach der Sünde. Die ewige Liebe, denn Gott ist die Liebe, schafft und bestimmt einen Theil der Menschen zu den ewigen Qualen der Verdammten. Der gerechte Gott erwählt aus den an sich ganz gleichen Menschen „ohne jeden Anlaß in den Erwählten“ (so drücken sich die Lutheraner noch im Leipziger Gespräch aus) einen Theil zur Seligkeit aus, den andern überläßt er der Verdammniß, so daß er, wie der geisteskräftige Luther zu sagen sich erkühnt, beide ohne ihr Verdienst selig macht und verdammt. Welche Antinomieen! wirklich, wie Luther bezeugt, geeignet, daß man ob ihnen verzagt und verzweifelt. Wir wollen es darum Herrn Stahl nicht verdenken, wenn er denselben sich zu entwinden versucht, ja wenn er in solchem Versuch dahin kommt, von einer „absoluten Selbsturſächlichkeit der Kreatur“ zu sprechen, wenn er bald einmal die Erwählung Gottes durch ein vorhergesehenes Verhalten der Menschen bedingt sein läßt, die Erwählung mit abhängig macht vom Menschen, bald den Grund der Entscheidung (für Bekehrung oder Nichtbekehrung) des Menschen in diesen selbst legt, wenn er den Glauben zu einer That des Menschen macht. Nur führt er da seine eigne Sache und nicht die der lutherischen Kirche, ist, wenn ein —aner, ein Stahlianer aber kein Lutheraner, vertheidigt nicht das lutherische Zion, sondern bekämpft es als ein verkappter und deshalb desto schlimmerer Feind. In der That nur wenn Grundanschauungen der ursprünglich lutherischen und reformirten Kirche recht wesentlich modifizirt werden, wie die von dem Verhältniß des Schöpfers zu den mit Vernunft begabten Geschöpfen, von dem dermaligen Zustande der Menschen vor ihrer Bekehrung, von der Weise der göttlichen Weltregierung und von einzelnen göttlichen Eigenschaften, wie nach solcher Richtung hin Theologen und Philosophen heutiger Zeit verschiedene Pfade einschlagen, ist es möglich das in dieser Lehre zu vermeiden, wogegen das kristliche Bewußtsein sich allerdings immer von Neuem wieder erhebt. Dazu aber giebt es auf dem Boden einer lutherischen Kirche, die sich unter ihre Symbole als ihre Gesetze und Normen des Glaubens und Denkens stellt, keine Berechtigung; sondern allein auf dem der evangelischen Union, welche die Freiheit des Evangelii wieder gewährt. Diesem Ziele drängt Stahl hier wider seinen Willen zu.

B. Die Person des Herrn.

Neben der eben behandelten Lehre und der über das Abendmahl ist besonders die über die Person des Erlösers zwischen beiden Konfessionen streitend hin und herbewegt, auch in den beiderseitigen Symbolen nicht völlig übereinstimmend fixirt worden. Doch ist stets zu beachten, daß dieser Dissensus nur durch den Streit über das Abendmahl hervorgerufen wurde und ohne diese Veranlassung im Jahrhundert der Reformazion nie entstanden wäre. Schon um deswillen ist es ein Punkt von höchst untergeordneter Bedeutung und hat als ein solcher auch stets im Gemeindebewußtsein auf beiden Seiten gegolten. In der Streittheologie des sechzehnten und siebzehnten Jahrhunderts, der Stahl und Genossen das Talitha kumi*) zurufen, ist es freilich anders. Ihr ist jeder im Wege liegende Strohhalm ein unübersteigliches Hinderniß, über das in Glauben und Liebe sich die Bruderhand zu reichen unmöglich bleibt. — Doch wir wollen uns die alte Uebereinstimmung und Abweichung beider Konfessionen vergegenwärtigen. Mit den Fest-

---

*) „Mägdlein stehe auf!“

setzungen der Konzile des vierten und fünften Jahrhunderts übereinstimmend und sich deren Formeln buchstäblich aneignend, behaupten beide Konfessionen: In Kristo sind zwei Naturen, die göttliche und menschliche zu einer Person vereinigt und zwar „unvermischt „und unverwandelt, unzertrennt und ungesondert.“ Jede dieser beiden Naturen behält in Ewigkeit ihr eigenthümliches Wesen und ihre wesentlichen Eigenschaften, jedoch kann, was der einen Natur zukommt, vermöge der Vereinigung von der ganzen Person ausgesagt werden und hat dieselbe Person alle Eigenschaften der beiden Naturen gemein. Nur in dieser Einheit der Naturen ist Kristus unser Erlöser und Mittler und vollbringt das Werk unsrer Beseligung. Die menschliche Natur ist in der Himmelfahrt aufgenommen in die Herrlichkeit und sitzet zur Rechten des Vaters. Bis hierher sind beide Konfessionen ursprünglich einig. Jetzt zur Verschiedenheit. Nach lutherischer Lehre ist die Rechte des Vaters als ein Allenthalben der ewigen Macht Gottes zu verstehen, die reformirte Kirchenlehre sieht darin, wenigstens in diesem Zusammenhange, einen bestimmten über die Erde und ihre Endlichkeit erhabnen Raum der Herrlichkeit. Nach lutherischem Lehrbegriff hat die menschliche Natur seit der Erhöhung völligst Theil an den Eigenschaften der göttlichen Natur, der „göttlichen Allmächtigkeit, Kraft, Majestät und Herrlichkeit, ja der Mensch Jesus hat von Anfang seines Lebens an die volle Gottesmacht und Weisheit und Allwissenheit empfangen, aber während seines irdischen Lebens „heimlich gehalten.“ Vermöge dessen ist auch die menschliche Natur Kristi jetzt allgegenwärtig, ja auch der Leib Kristi nimmt an dieser Allgegenwart in so weit Theil, daß er allenthalben ist, wo der Herr es will. (Dies bekanntlich die Stütze der lutherischen Abendmahlslehre.) Die Reformirten haben einen solchen Mitbesitz der göttlichen Eigenschaften Seitens der menschlichen Natur stets für irrig angesehen und diese namentlich in ihrer Leiblichkeit auch nach ihrer Verklärung für endlich und an den Raum gebunden erklärt, haben in keiner Weise sich eine Omnipräsenz des Leibes Kristi aneignen können. Wenn nun die Lutheraner von den Reformirten beschuldigt wurden, daß sie die Naturen in Kristo vermengten, indem sie die menschliche vergotteten und so in den Irrthum des Eutyches gefallen wären; so klagten die Lutheraner wieder die Reformirten an, daß sie sich in die Ketzerei des Nestorius verloren hätten, die beiden Naturen zertrennten und eigentlich zwei Personen hätten. — Stahl versucht nun die lutherische Lehre nach allen Seiten hin zu rechtfertigen selbst auch in Beziehung auf die Omnipräsenz des Leibes Kristi, obgleich er gesteht, daß dieser Lehre kein religiöses, sondern nur ein spekulatives Interesse zukomme und daß die reformirte Lehre hierin ein wohlbegründetes Moment vertrete, nämlich die wirklich menschliche Natur in Kristus zu wahren. Wir wollen den Scharf- und Tiefsinn, den Stahl in der weiteren Ausführung der Lehre, die aber mannichfach aus einer Lutherischen eine Stahlsche wird, gern anerkennen. Auch wissen wir, wie im Hintergrunde dieser kirchlichen Doktrinen es sich um das Wesentlichste im kristlichen Glauben, um den einigen Trost im Leben und Sterben handelt. Gott in Kristo, will sagen, in dem wahrhaftigen, wesentlichen Menschen, der als Jesus von Nazareth lebte und starb, oder nach Johannes: „Jesus Kristus in das Fleisch gekommen und dieser Jesus Gottes Sohn“ ist der wesentliche Inhalt des Evangeliums und damit der wesentliche Gehalt des Kristenglaubens. Der Glaube bedarf des lebendigen Gottes nicht nur, wie er welterfüllende und weltregierende Allmacht, sondern auch wie er schaffende, erlösende und versöhnende Liebe ist und als solche sich hingibt und mittheilt. Nur in der Menschwerdung Gottes erscheint die Liebe Gottes als wirklich und lebendig, nur in der Menschwerdung Gottes wird die Vergebung der Sünden wirklich und gewiß, nur in der Menschwerdung Gottes gewinnt uns die Hoffnung des Heils als Heiligung und Beseligung Bestand und Zuverlässigkeit. Dazu ist ebenso erforderlich, die ganze, volle, wirkliche Menschheit in der Person des Erlösers zu haben, als des Inwohnens der Gottheit in dem Erlöser gewiß zu sein. Ohne das haben wir keinen wirklichen, sondern nur einen eingebildeten Mittler, ohne das dürfen wir aber auch von keiner wirklich lebendigen und sich bethätigenden, sondern nur von einer gemalten Liebe Gottes reden. Gern wollen wir zugeben, daß in Aufstellung aller hierher einschlagenden Formeln das

Bestreben waltete, diesen wesentlichsten Gehalt und Kern des Evangelii auszuprägen und, wie man sich einbildete, auch dadurch gegen grundstürzenden Irrthum zu schützen. Aber ein Anderes ist dieser Kern und dieses Wesen des evangelischen Glaubens, ein Anderes (um einen Stahlschen Ausdruck zu gebrauchen) dieser Zaun des kirchlichen Bekenntnisses, mit dem jener umgeben wurde. Das frische Gottes-Land des Heiles bleibt schon, der menschlich aufgerichtete Zaun mag eine Zeit lang als Schutz erscheinen, aber seine Pfosten faulen und stürzen zusammen. Beweist doch selbst das Holz der frischesten Stahlschen Umzäunung sich als wurmstichig und morsch, wie nicht auch das aus viertem und fünftem Jahrhundert? — Wie ingeniös ist z. B. Stahls Doktrin, daß die menschliche Natur in Kristo Theil habe an den Eigenschaften der göttlichen, die göttliche an den Zuständen und Begegnissen der menschlichen, während die menschliche Natur nicht an den Zuständen und Begegnissen der göttlichen und die göttliche Natur nicht an den Eigenschaften der menschlichen sich betheilige. Aber sehe man das doch genauer an. Ist es auch möglich in Zustände einzugehen, ohne daß entsprechende Eigenschaften dafür vorhanden sind? Umgekehrt ist es möglich in den Besitz bestimmter Eigenschaften zu gelangen und nicht die diesen entsprechenden Zustände zu gewinnen? Ja betrachte man sich, was Stahl Eigenschaften nennt, wie oft ist darin selbst schon ein Zustand eingehüllt, was er Zustände nennt, wie oft ist darin schon eine Eigenschaft gesetzt! „Die göttliche Natur," sagt er, „ging ein in den ganzen Prozeß der Entwicklung, des Leidens, des Todes des Menschensohnes." Muß sie dann nicht irgendwie entwicklungsfähig, leidensfähig, sterblich sein? „Die menschliche Na„tur kann nicht an Zuständen und Begegnissen der göttlichen Theil „haben, weil diese in ihrer Unwandelbarkeit eben keine Zustände „und Begegnisse hat." Das ist freilich ein kurzer und bündiger Schluß. Aber warum sollen wir denn von keinem Zustande in der Gottheit sprechen*)? Zu einem Zustande gehört es so wenig we-

*) Weshalb stellt Stahl die Ausdrücke „Zustände und Begegnisse" den Eigenschaften gegenüber neben einander, als wären sie völlig synonym, da sie

sentlich wie zu einer Eigenschaft, daß er wandelbar sei. Jedenfalls wird die Seligkeit Gottes mit mehr Recht ein Zustand als eine Eigenschaft genannt. Und die menschliche Natur in Kristo sollte nicht an diesem Zustande Theil nehmen? — Nach Stahl und nach der lutherischen Lehre bleibt die menschliche Natur ewig in ihrem eigenthümlichen Wesen und ewig im Besitz ihrer wesentlichen Eigenschaften. Welches ist das Wesen, welches sind die Eigenschaften der menschlichen Natur gegenüber der göttlichen? Jedenfalls gehört zum Wesen und zu den Eigenschaften der menschlichen Natur gegenüber der göttlichen das Moment der Beschränkung, während nach der orthodoxen Dogmatik alle göttliche Eigenschaften das Moment des Unendlichen, Unbeschränkten an sich tragen. (Allwissend, Allmächtig, Allgegenwärtig u. s. w.) Die menschliche Natur nimmt nun Theil an diesen göttlichen Eigenschaften mit ihrem Moment der Unendlichkeit, Unbeschränktheit, wo bleiben da die menschlichen Eigenschaften, zu deren Wesen die Schranken mitgehören? — Stahl gibt als Gehalt der lutherischen Lehre an: „Es besteht eine Durchdrin„gung der beiden Naturen zu der Einen ungetheilten Person des „Erlösers und seinem Einen ungetheilten Mittlerwerk." Sehr gut. Also die Gottheit ist von der Menschheit Jesu, seine Menschheit von seiner Gottheit durchdrungen. Messen wir das an dem Maaßstab der orthodoxen Bestimmungen selber, nach denen die Naturen „unvermischt" vereint sind, sine confusione, wie die Konkordienformel aus früherer Kirchensprache aufnimmt. Wie möchten wir das „durchdrungen" ins Latein übersetzen? Ich dächte „perfusus" wäre nicht so übel gewählt und wir bekämen den Satz: naturae sunt perfusae sine confusione, in welchem sogleich das sich total Widersprechende laut wird. Ja ein Durchdrungensein ohne Vermischung geht eben so gut über unsre Gedanken wie über unser Vorstellen hinaus! — Wenn der Herr in sich klare und zusammenhängende Heilsgedanken dem Volke lebendig und anfaßlich mit-

---

doch sehr verschiedner Bedeutung sind? Es kehrt dies Verfahren häufig wieder. Will man dabei auch an keine Absicht denken, so muß man doch gestehen, daß ein solch Verfahren vortrefflich als Blendwerk der Sophistik zu dienen vermag.

theilen will, dann braucht er seine herrlichen Gleichnisse. Wenn unsre kirchlichen Dogmatiker es mit unvorstellbaren Vorstellungen und undenkbaren Gedanken zu thun haben, dann soll in ihrer Unklarheit ihnen ein Gleichniß Klarheit gewähren, oder vielmehr ihre Dunkelheit und Verworrenheit vor Lesern und Hörern verhüllen. Sieh hier muß auch ein Gleichniß helfen, Stahl nennt es das „klassische." Wie im glühenden Eisen das Eisen vom Feuer durchdrungen ist, wie das Eisen seine Eigenschaften behält und doch die Eigenschaften des Feuers (Leuchten und Wärmen) mit annimmt, so sei es mit der Einigung der beiden Naturen in Kristo. Wenn alle Gleichnisse hinken, so liegt dies, und wenn es noch so alt ist und als klassisch gepriesen wird, mit zwei zerbrochnen Füßen am Boden. Warum erscheint im glühenden Eisen Feuer und Eisen geeint? Weil das Feuer für sich gar keine Existenz hat, sondern in solcher sich nur zeigt als Zustand (mit Stahl zu reden) oder als Prozeß in einem andern Gegenstande. Leuchten und Wärmen sind danach wirkliche Eigenschaften des Eisens, wenn es in diesen besondern Zustand oder Prozeß versetzt ist. Wohin führt uns also das Gleichniß? Das Feuer soll die göttliche Natur in Kristo deuten, demnach hätte auch diese gar keine Existenz, wenn nicht in einem andern Gegenstande, hier also in der menschlichen Natur. Gewiß mit das Schlimmste, was dem orthodoxen System am Härtesten widerspräche. — Stahl führt als lutherisch rechtgläubig den Satz auf: „Gott hat durch sein eignes Blut die Kirche erlöst." Er hat Recht. Die Konkordienformel eignet es sich vollständigst von Luther mit dessen Worten an: „Wo es nicht sollte heißen Gott „ist für uns gestorben, sondern allein ein Mensch, so sind wir ver„loren; aber wenn Gottes Tod und Gott gestorben in der Wag„schüssel liegt; so sinket er unter und wir fahren empor" — „nun „Gott und Mensch vereinigt ist in einer Person, so heißet's recht „Gottes Tod" u. s. w. So ist es denn auch lutherische Rechtgläubigkeit, zu singen: „O große Noth! Gott selbst liegt todt" u. s. w., um so mehr als selbst seiner Zeit Hegelsche Philosophie sich zur Rechtfertigung desselben hergab. Aber auch das ist gewiß, daß dieses Stück lutherischer Rechtgläubigkeit, weit entfernt von dem Vorbilde gesunder, evangelischer Lehre, nur ein Auswuchs dogmatischer Ueberspannung ist. — Die Kirche bedarf nach Stahl nicht der Bejahung oder Verneinung der Lehre von der Allgegenwart des Leibes Kristi; aber wenn es Aufgabe der Theologie ist, eine Vorstellung darüber zu bilden, so könne es keine andre sein als die lutherische. Da faßt er denn den Leib Kristi mit Luther als einen solchen, „der nicht Raum gibt und nimmt,“ sondern dem nach seiner Einheit mit Gott alle Kreaturen gegenwärtig sind und er ihnen, der volle Herrschaft über den Raum hat, der nicht den Bedingungen und Schranken des Raums unterworfen ist. Er scheint Gefallen daran zu haben, daß Ebrard ein Fündlein des großen Leibnitz aufnehmend den verklärten Leib als die sich im Raume projizirende Kraft der Seele definirt. O ist dem so, was habt ihr Reformirten doch wider den mündlichen Genuß des Leibes Kristi? Ja, wenn dem so wäre, würden sie wirklich wenig dagegen haben. Nur dagegen haben sie viel, sehr viel, daß mit Worten und Begriffen Taschenspielerkünste getrieben, d. h. daß sie unter den Händen einem entzogen und in ihr Gegentheil verkehrt werden. Was gehört nach allgemeinem, vernünftigem Sprachgebrauch als Merkmal wesentlicher dem Worte und Begriffe Leib an, als daß er eben einen Raum nimmt und gibt, daß er Ausdehnung hat. Ein Wesen ohne Räumlichkeit und Ausdehnung als Leib bezeichnen ist eben so gut als wenn man den babylonischen Thurm eine schöne Rose und eine alte, eingefallene Wand eine duftige Erdbeere nennt, oder vielmehr nicht einmal so gut. — Wie schon erwähnt, hält die Konkordienformel mit Luther dafür, daß die communicatio idiomatum in dem Herrn vom ersten Anfang seines irdischen Daseins statt gefunden, daß also die menschliche Natur auch vom ersten Athemzuge an in den Mitbesitz der göttlichen Allmacht, Allgegenwart, Allwissenheit u. s. w. gesetzt sei. Es hat sonst vor und nach in der Kirche die sogenannte κένωσις gegolten d. h. es wurde angenommen, daß Kristus im Stande der Erniedrigung sich der Eigenschaften der göttlichen Majestät entäußert habe, wobei man sich besonders an Phil. 2, 6—8 anlehnte. Nach lutherischer Lehre findet also auch während des irdischen Lebens für Jesum eine solche

Entäußerung nicht statt, sondern die sogenannte κρύψις (Verhüllung). Demnach hat der Herr nach dieser Lehre während seines irdischen. Lebens die ganze göttliche Allmacht, Allwissenheit u. s. w. besessen, aber sie verborgen, sie „heimlich gehalten." Man denke sich den Gedanken nur recht durch und alle Realität und alle Wahrheit ist aus dem ganzen Leben des Herrn getilgt, über die ganze angebliche Vereinigung Gottes mit dem Menschen ist ein giftiger Nebel des Truges und der Lüge ausgegossen, der schlimmste Doketismus hat in der Kirchenlehre seinen Herrschersitz aufgeschlagen. Das fühlt und weiß Herr Stahl gewiß sehr gut und hat deshalb diese Vorstellung sorgfältig vermieden. Ja wenn er bei Darstellung des Gehaltes der lutherischen Lehre auf die „Erniedrigung der göttlichen Natur" zu sprechen kommt, so setzt er zu diesem Ausdruck exinanitio, κένωσις in Parenthese, zu deutsch: Entleerung oder nach der lutherischen Bibelübersetzung Entäußerung. Ist das auch eine würdige Weise, den Streit zu führen? Ist das nicht in der That ein Kunststück, dessen sich nur ein Sophist rühmen könnte? — Gewiß schon nach diesen kurzen Bemerkungen leuchtet es hinreichend ein, wie wenig die lutherische Theologie sich ihrer dogmatischen Bestimmungen über die Person Kristi als unfehlbarer Wahrheit zu rühmen, auf Grund derselben die reformirte Konfession anzuklagen und damit die Union als einen Verrath an der Wahrheit abzuweisen, Ursach hat. — Aber auch mit den alten Lehrformeln, wie sie beide Konfessionen im Reformazionsalter unbesehen aufgenommen haben und wie sie vorher dargestellt sind, steht es nicht viel sicherer. Jede neue lebendige Darstellung des Gegenstandes verstößt so oder anders gegen dieselben, wie denn selbst Stahls gegenseitiges Durchdrungensein der beiden Naturen mit dem „Unvermischt" der alten Kirche nach Vorigem sich schlecht verträgt. Wie mißlich es überhaupt um die alten Termini in diesem Dogma steht, das weist Schleiermachers Kritik derselben in seiner Dogmatik auf das Schlagendste nach. Hätte doch Stahl versucht, diese Kritik zu entkräften und ihr gegenüber jene Bestimmungen zu retten, ehe er sie ohne Weiteres als Grundlagen der Kirche wieder aufnahm, um auch von ihnen aus die Union zu bekämpfen! Wir begnügen uns nur noch eine kurze Bemerkung zu machen, damit daran auch hier das Bedenkliche jener alten heilig gepriesenen Formeln erhelle. Eine Person, so heißt es, in der Vereinigung beider, voller unverkürzter Naturen, der göttlichen und menschlichen! Wie, ist die göttliche Natur, der ewige Logos nicht schon vor der Vereinigung mit der menschlichen vollständig persönlich? Ich dächte, die Orthodoxie behauptete nichts entschiedner als grade die ewige Persönlichkeit des Logos, also der göttlichen Natur in Kristo. Die volle menschliche Natur wird auf der andern Seite angenommen und dieser nicht etwa nur Leiblichkeit, sondern das menschlich Geistige im vollsten Umfange zugeschrieben, so daß sie besondern menschlichen Verstand, menschliche Vernunft, menschlichen Willen, also doch auch menschliches Selbstbewußtsein für sich besitzt. Ich frage, woraus wird der Begriff der menschlichen Persönlichkeit sich konstruiren, wenn nicht aus Verstand, Vernunft, Willen, Selbstbewußtsein? Ich frage, wenn in Jesu die volle menschliche Natur mit diesem Allen angenommen wird, wie ist es möglich, sie nicht persönlich zu denken? Kurz ist die volle göttliche und die volle menschliche Natur nach den kirchlichen Bestimmungen in Kristo zusammengetreten, so auch eine göttliche und eine menschliche Person, und sind die beiden Naturen „unvermischt und unverwandelt," so bestehen in dem Mittler auch die göttliche und die menschliche Person „unvermischt und unverwandelt" in Ewigkeit fort. Nicht nur zum Nestorius, sondern auch zu der sogenannten Nestorianischen Irrlehre, die sie so entschieden verdammt, ist also die Orthodoxie selbst zurückgekehrt, grade wie sie mit der communicatio idiomatum im lutherischen Sinn, wenn sie irgendwie mit ihren Bestimmungen Ernst macht, dem nicht entgehen kann, was sie als Eutychianische Ketzerei verwirft. Man wird freilich hier mit Stahl sagen: „Die ganze Sache liegt über unserm Begriff" oder mit andern Worten: Das tiefe Geheimniß göttlicher Liebe und ihres Thuns findet nicht nur in unsrer menschlichen Aussprache keine adäquaten Ausdrücke, sondern wird auch von unserm Vorstellen und Denken nimmer umfaßt. Niemand gesteht das bereitwilliger zu als wir. Aber um so weniger läßt es sich rechtfertigen, Formeln und Bestimmungen, wie sie die menschliche Denkthätigkeit im Streit erzeugte, die eingestandener Maaßen die Sache selbst nicht decken, zu einem Palladium und Maaßstab kirchlicher Rechtgläubigkeit zu machen. Es soll der Werth solcher Formeln keineswegs abgeleugnet werden, nur ist zu behalten, sie haben nur Werth, wo sie durch eigene Denkthätigkeit im Glauben entweder erzeugt oder lebendig reproduzirt werden, wo man zugleich dabei nicht vergißt, daß sie doch nur menschliche Zuthat des vom heiligen Geist gewirkten Heilsglaubens sind. Sie verlieren nicht nur ihren Werth, sondern sind sofort vom Uebel, wenn sie allen Gliedern der Kirche als fertige Glaubensformen und Normen aufgelegt werden, danach jeder lehren und verstehen soll. Die Konkordienformel scheint selbst etwas davon zu verspüren, wenn sie alle Kristen vermahnet, „daß sie nicht vorwitziger Weise mit ihrer Vernunft in solchen Ge„heimnissen grübeln, sondern mit den lieben Aposteln einfältig gläu„ben" u. s. w. Aber um so weniger war es für sie an der Zeit, die alten kirchlichen Formeln in dem Sinn mit neuen zu vermehren, daß sie eine kirchlich bindende Autorität wären, um so mehr hatte sie sich selbst alles Grübelns zu enthalten. Wir lassen gern wie in andern Punkten, so auch in diesem, ehrlichen Lutheranern ihre eigenthümlichen Anschauungen und Vorstellungen und bitten nur um das Eine, daß sie dieselben nicht sofort für Gottes Wort ausgeben und darunter die kirchliche Gemeinschaft stellen. Letzteres ist Stahls unkirchliches und unkristliches Thun. Er hält die Union zwischen Lutheranern und Reformirten deshalb unmöglich, weil der Heidelberger Katechismus behauptet, daß Kristus nach seiner menschlichen Natur im Himmel und nicht auf Erden weilt. Aber, wenn die Reformirten diese Anschauung, die einer lutherischen Satzung gegenüber steht, haben, so fällt es ihnen darum noch nicht ein, deshalb die Lutheraner zu verdammen und von der Kirchengemeinschaft auszuschließen und hätten sie's je gethan, so hörte das mit demselben Augenblick auf, wo sie sich bereit erklärten, in die Union einzugehen. Aber welche entsetzliche Engherzigkeit, wenn zwei, von denen der Eine glaubt, Kristus nach seiner menschlichen Natur sei jetzt nur im Himmel und nicht auf der Erde, der Andre, er sei auch als Mensch wie im Himmel so auch auf der Erde, wenn, sage ich, diese erklären, sie können nicht in kirchlicher Gemeinschaft mit einander bleiben, nicht zusammen das Wort hören und das Sakrament genießen, wenn sie um deswillen sich gegenseitig als Irrgläubige verketzern und verdammen. Doch wir hören Stahls Stimme, wie er emphatisch ruft: Die hier in Rede stehenden Lehren sind wesentlich spekulativ und es ist nur zu natürlich, daß sie Leuten gewöhnlicher Begabung viel weniger einleuchten, als die platten Einwürfe des gemeinen Verstandes. Wo spekulative Fähigkeit, Sinn für's Mysterische, Tiefe des Gemüths fehlt, da werden sie schwerlich gefaßt. Daran aber hat's den Schweizern gefehlt und fehlt daran den Reformirten bis auf den heutigen Tag. Daran fehlt es auch den Vertretern der Union und allen Bekämpfern der lutherischen Kirche und eben um dieser ihrer geistigen Armuth und Dürftigkeit willen können wir nimmermehr uns mit ihnen uniren. In der That, wenn auch nicht so mit dürren Worten ausgesprochen, ist das doch die eigentliche Meinung und Ansicht Stahls, von woher seine ganze Polemik entspringt und die so manchmal in seinem Buche anklingt. Nun, wohlan, wo sie's nicht lassen kann*), möge wie Luther den Zwingli, so die geistesreiche lutherische Kirche die geistesarmen Reformirten und Unirten zurückstoßen und sich dann ihrer Glaubenstiefe und Bekenntnißtreue rühmen! Sie ist damit aber nichts mehr und nichts weniger als der Pharisäer des Evangelii, der Gott dankt, daß er nicht sei wie jener Zöllner, und trotz ihres Kleinodes der Lehre von der Rechtfertigung erscheint sie, so lange sie in solchem Gebahren beharrt, ungerechtfertigt vor Gott.

C. Das heilige Abendmahl.

Wie der ursprüngliche, so ist auch der eigentlichste Zwiespalt zwischen beiden Konfessionen in der Lehre vom heiligen Abendmahl zu suchen. Wie man auch geneigt ist, den Gegensatz auf allge-

---

*) Wir sind aber der guten Zuversicht, daß es alle Zeit Lutheraner ehrlichen Schlages geben wird, die mit einer solchen Gesinnung nichts gemein haben wollen.

meine Grundsätze zurückzuführen, das Abendmahl war und ist der eigentliche Mittelpunkt, von dem aus die Flammen des Bruderkrieges von jeher aufschlugen und wo sie auch allein verlöschen können. — Das heilige Mahl des Herrn wird auf's Treffendste mit dem Namen Kommunion (communio) bezeichnet, ein Wort, welches eben so sehr eine schon bestehende Gemeinschaft, wie ein fortgehendes lebendiges Werden der Einheit, der Vereinigung ausdrückt. Diese Gemeinschaft und fortgehende Vereinigung, die das innere Wesen des Sakramentes bildet, ist eine zwiefache. Die primitive nämlich ist die des Herrn mit seiner Gemeine, daß er sich als ihr Heil an sie gibt, sie Ihn als ihr Leben in sich aufnimmt. Darin ist die zweite eingeschlossen, eben durch die erste vermittelt und erzeugt, die Gemeinschaft und wachsende Vereinigung der Glieder der Gemeine untereinander. Jene ist das Tiefere und Höhere, das Erste, diese aber ist ein allein sichres Kennzeichen, ein gewisser Prüfstein, daß jene vorhanden ist. Nach des Herrn Wille und Stiftung soll des Abendmahles Wirkung und Siegel sein, daß die Gemeine lebt in ihm und er in ihr, und daß, eben deshalb diese Gemeine auch ist und werde Ein Herz und Eine Seele. Wer dies ableugnen wollte, der möchte noch so viel über Gegenwärtigkeit und Entfernung des Leibes Kristi, über mündliches und geistiges Essen u. s. w. gelesen, gedacht und gestritten haben, den eigentlichen Sinn und das wahre Wesen des Sakramentes hätte er noch nicht von ferne berührt. Wenn man sich das vergegenwärtigt und dann in die Geschichte der Kirche zurückblickt, so kann man nur von tiefster Wehmuth ergriffen und niedergebeugt werden. Wir erinnern uns an die Lehre und Praxis der so weit sich ausdehnenden römischen Kirche. Diese Lehre von der Wandlung des Brodes und Weines durch des Priesters Wort in Leib und Blut Kristi, von dem Sühnopfer, welches derselbe für die Sünden des Kristenvolks darbringt, von der Wirksamkeit dieses Meßopfers für Essende und Nichtessende, Gegenwärtige und Ferne, Lebendige und Todte ohne die nothwendige Vermittlung durch den Glauben rein aus dem vollbrachten Werk heraus, die dabei eigenmächtig vollzogene Verstümmlung und Verunstaltung der heiligen Stiftung des Herrn, was ist das Alles, um es gelinde zu sagen, anders, als das alle Tage laut wiederholte Zeugniß des Klerus, des allein heiligen Priesterstandes, daß alles Volk der Kristenheit keine wirkliche und wahre Gemeinschaft mit ihm, dem ewigen Hohenpriester selbst, habe, daß es auch in eine lebendige Vereinigung mit ihm nicht hineinkomme, sondern nur in den Schatten einer solchen, nämlich durch die gehorsame Ergebung und Hingebung an die Gottes Sohn täglich opfernde Hierarchie, was anders als ein fortgesetztes Verdunkeln, in den Hintergrund setzen und Abschließen des Heilandes von seiner Gemeine, die Aufhebung der Kommunion mit ihm. Wie kann's da in der sogenannten katholischen Kirche gestanden haben und noch stehen mit dem „Ein Herz und Eine Seele" der Gläubigen, mit der Kommunion der Gemeine? Wir dürfen uns über Autodafe's, Kreuzzüge gegen Waldenser, über das Treiben der Inquisizion, über das, was auch heut römischer Fanatismus versucht, wo er die Macht hat, nicht mehr wundern, sondern wenden das Antlitz und schweigen. Auf der andern Seite, wenn wir die äußerst bittre, heftige Art des Streites zwischen Lutheranern und Reformirten betrachten, die heute andre Formen aber das alte Wesen hat, wenn wir z. B. hören, wie sie Kirchengemeinschaft, Sakramentsgemeinschaft mit den Gegenüberstehenden für einen Verrath gegen den Herrn, für einen Abfall von seiner Gnade erklären, was sollen wir von der im Abendmahl gewirkten und bezeugten Gemeinschaft (Kommunion) der Evangelischen unter einander halten? Und wieder, was kann bei solcher Zerrissenheit und Zerreißung für eine Kommunion mit dem Heiland in Wirklichkeit statt finden? — Wo im menschlichen Geschlecht das Edle, Himmlische, Göttliche auftritt, da pflegt auch dem Trägischen der Raum nicht zu fehlen, aber abgesehen vom Leben und Sterben des Herrn selbst kann es nichts Tragischeres geben als die Weise, wie die Kristenheit so oft und vielfach mit diesem Sakrament des Herrn verfahren ist und verfährt. „Mußte nicht Kristus solches leiden?" In der dermaligen Welt, unter dem sündigen Menschengeschlecht war es nicht anders möglich, der Heilige Gottes mußte auch als Gottes Lamm der Welt Sünden tragen. Und als die Kristenheit, so weit sie diesen Namen trägt, bald nach den ersten Jahrhunderten sich immer weiter davon entfernte, wirklich eine wiedergeborne Gemeine des Herrn zu sein, vielmehr in sich aufnahm Alles, was irgendwie der Herr als Welt bezeichnet, als sie Habsucht, Hochmuth, Herrschsucht, Heuchelei mit höchsten, kirchlichen Würden und Ehren schmückte; da konnte es auch nicht fehlen, daß die heiligste Stiftung des Herrn dem schnödesten Mißbrauch, der furchtbarsten Verunstaltung anheim fiel, daß sie in der Hand der Gottlosen und Ungläubigen auch aus einer Kommunion in ein Mittel glühender Feindschaft und Zerklüftung verwandelt wurde. Das ist die wirkliche Transsubstanziazion, durch Teufels Magie gewirkt. Wir erkennen eine gewisse Nothwendigkeit solcher Erscheinungen an. „Es muß ja Aergerniß kommen.“ Je lebendiger aber solche Erkenntniß, desto mächtiger muß auch die Mahnung des Herrn ins Ohr tönen: Doch wehe dem Menschen, durch welchen Aergerniß kommt! desto größer muß die Sorge sein, nicht thätig, auch nicht einmal duldend in diese himmelschreiende Schuld, welche die Kristenheit einem großen Theile nach auf sich geladen, mit einzugehen, sich von allem Sauerteige derselben zu reinigen. Darin ruht die heilige Verpflichtung, auch auf dem Gebiet unsrer Landeskirche männiglich für die Union der Evangelischen und gegen alle konfessionelle Zerklüftung einzustehen. Stahl erkennt das Entgegengesetzte als seine Verpflichtung, ob aus dem Evangelio heraus oder aus Gottes Leitung in der Geschichte oder in seinem eignen Lebensgange, — nun das hat er mit sich selbst abzumachen. Er stellt nun nicht allein die alte kirchliche Lehre beider Konfessionen in ihrem Gegensatz auf, sondern thut nach seiner Gewandtheit rück- und vorwärts einen Schritt weiter, um seine Absicht, zu zerreißen, desto sichrer zu erreichen. Der Schritt rückwärts ist der von den Symbolen der reformirten Kirche über Kalvin hinaus zu Zwingli, um ein so recht Dürftiges aus der Abendmahlslehre derselben zu machen und dann nachzuweisen, daß doch eigentlich und folgerichtig weder Kalvin noch die Symbole darüber hinausgekommen sind, daß die Reformirten wenigstens stets in Gefahr sich befinden, dahin zurückzufallen, wenn nicht etwa die feste lutherische Kirche in ihrer granitnen Existenz das volle Sakrament festhaltend, sie dagegen schützt. Als Melanchthon zu jener Verhandlung mit den Pfälzern sich nach Kassel begab, erhielt er von Luther den Auftrag festzuhalten daran, daß „in und mit Brod der Leib Kristi ge„gessen wird, also daß Alles, was das Brod wirket und leidet, der „Leib Kristi wirke und leide, daß er ausgetheilt, gegessen und mit den „Zähnen zerbissen werde.“ Ebenso sagt er in seinem Bekenntniß vom Abendmahl: „Die Schwärmer thun Unrecht, da sie den Pabst „Nikolaus strafen, daß er den Berengar hat gedrungen zu solcher „Bekenntniß, daß er spricht: Er zerdrücke und zerreibe mit seinen „Zähnen den wahrhaftigen Leib Kristi. Wollte Gott, alle Päbste „hätten so kristlich in allen Stücken gehandelt als dieser Pabst mit „dem Berengar gehandelt hat.“ Wie würde es Stahl gefallen, wenn man trotz seines Protestes (der ja nicht so viel zu bedeuten hat) schlösse, daß die lutherische Kirche, so lange sie leibliche Gegenwart des Leibes Kristi im Brod und ein mündliches Essen dieses Leibes lehre, komme das mit jenem kapernaitischen Essen auf Eins hinaus? Oder wenn man der lutherischen Kirche aufbürdete, sie habe Gefallen an Zwang und Gewalt in Glaubenssachen, da ja Luther das gewaltthätige Verfahren des Pabstes gegen Berangar beliebe und belobe? In der That das würde reformirter Seits eine Polemik sein, der Stahlschen viel ähnlicher als ein Ei dem andern. — Der Mann thut aber auch einen Schritt vorwärts, indem er die lutherische Abendmahlslehre für der Fortbildung bedürftig erklärt, selbst den Versuch dieser Fortbildung uns vor Augen legt und nun zeigt, wie die Kluft zwischen den Konfessionen demnach noch viel tiefer und breiter sich aufthue. Zum Zweck dieser Fortbildung klagt er die lutherische Kirche an, daß sie Wahrheitsmomente aufgegeben habe, die sie von der römischen Kirche sich wieder entlehnen müsse, ja daß aus der lutherischen Kirche selbst Kalvin eigentlich sich seine schrecklichen Irrthümer geholt habe. Das wagt der Mann, welcher feierlich wieder und wieder die lutherische Kirche für die alleinige Kirche der reinen Lehre und des reinen Sakramentes erklärt, der so pathetisch als ihr Sachwalter und Hauptstreiter ins Feld gerückt ist! Mit welcher Stirn konnte er ihr zurufen:

„Zion, in dem letzten Kampf und Strauß
Halte aus!“

während er, ihr schlimmster Feind, weil unter der Maske ihres Freundes und Führers, im Innern selber, ihre Mauern aufs Aergste untergrub und unterwühlte! Also die Kirche des reinen Wortes und des reinen Sakramentes hat gegen Wahrheitsmomente, welche die römische Kirche in sich birgt, sich verschlossen gehalten, hat in sich den ganzen schweren Irrthum des Kalvinismus über das Sakrament, hat ihn selbst diesem erst eingeimpft, um ihn deshalb nachher zu verdammen! Wer hat je eine schwerere Anklage gegen das lutherische Zion geschleudert? Allerdings springt er auch sonst mit der Konkordienformel, der Apologie, der Augsburgischen Konfession in einer willkürlichen Weise um, schält den Bekenntnißkern in einer Art aus den Bekenntnissen heraus, daß jedem schlichten Beobachter darob schwindelt. Dennoch haben lutherische Vereine oder Konferenzen dem Manne für die Heldenthaten seines Buches Dankadressen erlassen! Sicherlich, ein besseres Armuthsattest über ihr eignes Wissen und Verständniß auf dem Gebiet der lutherischen Kirche hätten sie sich nicht ausstellen können. Jeder ehrliche, überzeugungstreue Lutheraner, dem die nöthige Einsicht nicht gebricht, wird jede Bundesgenossenschaft mit den Stahlschen Ansichten und Tendenzen aufs Entschiedenste von sich weisen. Es ist der Mühe werth, dieselben etwas näher ins Auge zu fassen und wir lassen deshalb eine kleine Blumenlese aus Stahls Buch folgen. Nach der lutherischen Kirche wird, so versichert Stahl, dem Menschen „im Abendmahl „ein himmlisches Gut gewährt, das außer diesem Sakramente ihm „nicht zu Theil wird (p. 82); der Leib Kristi wird nur im Abend„mahl empfangen und nicht außerdem, die Sündenvergebung und „Wiedergeburt wird nicht ohne die Taufe erlangt.“ (p. 91) „Nur „das Sakrament der Taufe, nicht das im Glauben angeeignete „Wort gibt Sündenvergebung und Wiedergeburt, nur das Sa„krament des Abendmahls, nicht das im Glauben angeeignete „Wort giebt Leib und Blut Kristi. Nur vom Sakrament „des Altars gilt es und nicht auch von dem im Glauben an„geeigneten Wort, daß es auch im Ungläubigen ein Wunder

„bewirkt, wenngleich nicht zum Segen, sondern zum Gericht.“ (p. 151.) So wurde denn nach solcher lutherischer Lehre der arme Gichtbrüchige (Matth. 8, 2) und die Sünderin (Luk. 7, 48 u. 50) vom Heilande mit leeren Worten abgespeist, als er sagte: „Sei getrost mein Sohn, deine Sünden sind dir vergeben“ „Dir sind deine Sünden vergeben“ und die Verheißung: „Dein Glaube hat Dir geholfen, gehe hin mit Frieden“ war eine Täuschung, denn getauft wurden doch beide nicht. Da wird St. Petrus und St. Jakobus sich von dem neuen Lutherthum des Herrn Stahl belehren und zurechtweisen lassen müssen, daß sie so irrthümlich schrieben — — „als die da wiederum ge„boren sind, nicht aus vergänglichem, sondern aus unvergänglichem „Samen, nämlich aus dem lebendigen Wort Gottes, das da ewig „bleibet.“ (1. Petr. 1, 23) und: „Er hat uns gezeuget nach sei„nem Willen durch das Wort der Wahrheit, auf daß wir wären „Erstlinge seiner Kreaturen.“ (Jak. 1, 18) Ja der Heiland selbst, der Joh. 6, 48—63 von einem Essen seines Fleisches und Trinken seines Blutes auch außer dem heiligen Abendmahl spricht, wo wird er vor dieser Weisheit eines ganz neuen Lutherthums sich bergen? Gewiß wird aus neuen Quellen noch entdeckt werden, daß das göttliche Strafwunder, welches an Ananias und Sapphira geschah, nicht durch das ernste, richtende Gotteswort aus Petrus Mund, sondern durch den Genuß des Sakramentes vollzogen wurde! Doch wir reihen lieber gleich noch einige Sprüche des neuesten lutherischen Gepräges hier an. „Das Wort Gottes wirkt, wenn gleich durch „die ihm innewohnende Gotteskraft und unter dem Beistand des „heiligen Geistes, so doch durch das Mittel unsrer Ueberlegung und „Entschließung, also unsers thätigen Bewußtseins; die Sakramente „dagegen wirken unmittelbar und durch Gottes Kraft.“ „Das „Wort Gottes“ — — — „bewegt uns zu Buße und Glaube,“ die Sakramente setzen „das als Wirkung des Wortes schon voraus, „aber sie selbst bewegen nicht unsern Willen durch Erkenntniß“ — — — — „sondern sie theilen ihm unmittelbar durch ein Wunder“ — — — „eine andere reale Beschaffenheit, einen andern Lebens„zug und eine ihm sonst nicht eigne Stärke mit.“ (p. 156) „Durch

„die Sakramente wird nicht blos unsre jeweilige Willensentschlie-„ßung (actus) erweckt und unterstützt, sondern unsre Willenssub-„stanz verändert“ u. s. w. (p. 159), „das Wort (Gottes) und „seine Predigt ist Aufforderung an den Menschen, die Sakramente „sind Gewährung Gottes. Das Wort ist Verheißung, die Sakra-„mente sind Erfüllung der Verheißung.“ Das ist eine wunderliche Theologie auf dem Boden der lutherischen Kirche! Etwa darauf läuft sie hinaus: In seinem Wort ist der Herr nicht selbst lebendig gegenwärtig, nur so etwas von seiner Kraft. Entsteht dadurch Buße und Glaube, so machen wir uns selbst beide doch erst durch unsre Ueberlegung zurecht. Buße und Glaube aber sind entweder nicht im Willen, oder ändern und wandeln den Willen nicht wesentlich um, es kommt in denselben höchstens zu einer „jeweiligen Willens-„entschließung.“ Erst die Sakramente fügen nun der Buße und dem Glauben, die durch Gottes Wort hervorgerufen sind, noch eine „andre reale Beschaffenheit“ des Willens hinzu, einen „andern Le-benszug.“ Welcher verständige Lutheraner könnte dergleichen irgend erträglich finden, wer möchte sich so namentlich das Wort Gottes alles Gnaden- und Lebensinhaltes entleeren lassen! Der wirkliche Lutheraner wird sich mit Widerwillen von Stahl zu Luther wenden und wie sehr es der Orthodoxie neuesten Schlags zuwider ist, sich also vernehmen lassen: Alle Güter des Heils, namentlich Buße und Glaube, Vergebung der Sünden und die Gotteskindschaft, je-des Wachsthum in der Heiligung und Beseligung haben wir nur durch unsern Herrn Jesum Kristum, der sich gleich wirklich und lebendig durch das Wort und durch das Sakrament mittheilt. Taufe und Abendmahl lassen sich dabei nur dahin unterscheiden, daß in jener die Mittheilung des Herrn den Anfang, in diesem das Wachsthum des neuen Lebens bewirkt. Aber auch darüber, wie nach beiden Konfessionen das Sakrament empfangen wird, wollen wir Herrn Stahl hören. Nach Kalvin erhalten wir, wie er ver-sichert, das Gnadengut des Sakramentes nicht „durch bloßes Auf-„nehmen (Rezeptivität), sondern durch Ergreifen (Aktualität),“ demnach nach lutherischer Lehre rein durch Aufnehmen (Rezeptivität) (p. 88). Nach lutherischer Lehre „erfolgt die Wirkung der Sakramente durch

„das sinnliche Element“ (p. 91). Kalvin leugnet also, die lutherische Kirche behauptet, daß „Brod und Wein die Gefäße oder „Leiter göttlicher, geistlicher Gnadengaben sind“ (p. 84). Nach Kalvin „bietet die Materie des Wassers, Brodes und Weines mit „nichten uns Kristum dar, noch macht sie uns der geistlichen Gaben „theilhaft, sondern auf die Verheißung ist vielmehr zu sehen“ (p. 100). Danach müßte man sich nach lutherischer Lehre an die Materie mit seinem Glauben halten, auf die Verheißung käme es weniger an. „Nur dadurch, daß der Sohn Gottes menschliche Natur an„nimmt, wird er unser Bruder. Nur dadurch, daß sein Leib und „Blut im menschlichen Nahrungsmittel, im Brod und Wein „uns gereicht wird, wird er unserer Seele Speise“ (p. 147). „Wenn auch der Ungläubige den Leib Kristi empfängt, so kann „doch der Glaube nicht das Organ für seinen Empfang sein; ist „er aber nicht Organ für seinen Empfang überhaupt, so ist er auch „nicht Organ für seinen gesegneten Empfang“ (157). „Sie (die „Sakramente) stellen nicht mehr die Bedingung der Buße und des „Glaubens, wie die Predigt“ u. s. w. (p. 161). Das soll ächtes Lutherthum sein? Haben wir darin nicht vielmehr den ächten römischen Sauerteig? Was helfen hierbei Versichrungen, daß die Sakramente nicht magisch, nicht ex opere operato wirken sollen u. s. w.? Wer mir die Brandfackel in mein Haus schleudert und dann die Versichrung gibt, er sei nicht schuld, daß es brenne, bei dem weiß ich ganz genau, was ich von seinen Worten zu halten habe. Römisch ist es, also niedrig vom Glauben zu denken, daß man ihn nicht als ergreifend, sondern nur als aufnehmend faßt. Das ächte Lutherthum kennt mit Luther den Glauben nur als höchste Aktualität, je mehr rezeptiv, desto mehr aktuell (man verzeihe das mir von Stahl gegebne Wort), je mehr die Seele den Herrn aufnimmt, desto mehr erhebt sie sich über aller Himmel Himmel zu ihm. Römisch ist es sich mit seiner Seele vorzüglich an die Materie, an Wasser, Brod, Wein, zu heften und das Wort, die Verheißung irgendwie in den Hintergrund zu stellen. Das ächte Lutherthum spricht: Wasser, Essen und Trinken thuts freilich nicht, sondern das Wort Gottes, die Worte so da stehen, oder wie Luther in der Schrift von der Babylonischen Gefangenschaft spricht: „Die ganze Kraft „der Messen besteht in den Worten Kristi, mit denen er bezeugt, „daß die Vergebung der Sünden allen denen geschenkt werde, die „da glauben, sein Leib werde dahingegeben und sein Blut werde „vergossen für sie.“ Oder wie er beim Abendmahl das Wort als „Testament,“ das Zeichen (Brod) als „Sakrament“ bezeichnet und dann fortfährt: „Es ist mehr gelegen an dem Wort als an dem Zei„chen, mehr an dem Testament, denn am Sakrament.“ „Es kann ein „Mensch das Wort oder das Testament haben und es gebrauchen „ohne dem Zeichen oder ohne dem Sakrament.“ Glaube (spricht „Augustinus), so hast du gegessen.“ Römisch ist die Behauptung, daß die Sakramente nicht die Bedingung der Buße und des Glaubens stellen, und daß der Glaube nicht Organ für den Empfang des Sakramentes, auch nicht für den gesegneten Empfang sei. Das ächte Lutherthum fragt bei jeder Ertheilung des h. Abendmahls zuerst nach Buße und Glaube und um sie zu stärken und damit zu einem gesegneten Empfang vorzubereiten, hat es rein und allein als stehende Sitte die Beichte vor der Kommunion. Mit dem Glauben (und darum auch nach dem Maaß des Glaubens) empfangen die Kommunikanten die Gnade: „Wer da glaubet, der hat, was die Worte sagen“ und „der ist „recht würdig und wohlgeschickt, der den Glauben hat an diese „Worte.“ So heißt es im großen Katechismus: „Weil er“ (Kristus im Abendmahl) „Vergebung der Sünde anbeut und verheißet, „kann es nicht anders denn durch den Glauben empfangen werden.“ „Wer nun ihm solches lässet gesagt sein und gläubt, daß wahr sei („Für euch gegeben und vergossen,“) der hat es; wer aber nicht „gläubt, der hat nichts, als der's ihm lässet umsonst vortragen und „nicht will solchen heilsamen Gutes genießen.“ „Weil solcher Schatz „gar in den Worten vorgelegt wird, kann man's nicht anders er„greifen und zu sich nehmen, denn mit dem Herzen; denn „mit der Faust wird man solch Geschenk und ewigen Schatz „nicht fassen.“ „Fasten und Beten u. s. w. mag wohl eine „äußerliche Bereitung und Kinderübung sein, daß sich der Leib züch„tig und ehrerbietig gegen den Leib und Blut Kristi hält und ge„berdet; aber das darin und damit gegeben wird, kann nicht der

„Leib fassen noch zu sich bringen; der Glaube aber thuts des Her-„zens, so da solchen Schatz erkennt und sein begehrt.“ So lange es eine lutherische Kirche gibt, wird sie sich das nicht nehmen lassen, sich aber wohl der ihr feindseligen Doktrinen des Herrn Stahl zu entledigen wissen. — „Der Mensch“ (sagt Stahl weiter) „hat „durch den Glauben, der das entgegengesetzte der Sünde ist, die „Gerechtigkeit bei Gott, aber die Wiederaufnahme in die Gemein-„schaft, den Vollzug der Sündenvergebung und Wiedergeburt er-„hält er nicht schon durch seinen Glauben, sondern Gott vollzieht „sie durch den Akt des Sakraments. Zugerechnet also ist der Glaube, „verdient ist die Sündenvergebung durch den Glauben schon vor „dem Sakrament, aber wirklich verliehen wird sie durch das Sa-„krament.“ Welche köstliche Probe lutherischer Lehrentwicklung! Die Sündenvergebung wird durch den Glauben verdient, sage verdient, natürlich, denn Stahl kennt den Glauben als eine „That „des Menschen.“ Die Sündenvergebung ist schon verdient, der Glaube schon da, der Glaube schon zugerechnet, trotz dem ist noch nicht da die Wiedergeburt, noch nicht da die Wiederaufnahme in die Gemeinschaft mit Gott. Wenn ein bittrer Feind der lutherischen Kirche uns das als lutherische Lehre auftischte, wir müßten im Interesse kristlicher Wahrhaftigkeit, in der Erinnerung an das achte Gebot ihn als argen Sykophanten unwillig von uns weisen; kann es dem Mann erlaubt sein, der sich mit dem Ruhme eines ersten Vertheidigers lutherischer Heiligthümer brüstet? Noch eine Stelle sei erlaubt anzuführen, die freilich alle früheren krönen dürfte. „Wie klar stellt sich auch das Werk der Sühne dar, wenn die „Schuldigen, die da versöhnt werden sollen, selbst das sündenreine „Fleisch und Blut in sich tragen, das für sie gegeben wird und „allein fähig war, Gottes Gerechtigkeit und Heiligkeit genug zu „thun, als die volle Theilnahme an der Sühne und als die Sub-„stanz des neuen göttlichen Lebens“ (p. 127). Kristus hat der Sühne für die Sünde der Menschheit sich unterzogen. Das will, um es kurz zu fassen, doch sagen, er in völligster, mitfühlender Liebe hat nicht nur äußerlich die Qualen des Kreuzestodes erlitten, sondern das ganze Sündenelend, die ganze Verdammniß des Geschlechtes in seine Seele gesogen und bis auf den letzten Tropfen durchgekostet, hat als Glied dieses Geschlechtes die Gerechtigkeit solcher Verdammniß von Seiten des Vaters im demüthigsten Gehorsam anerkannt und sich im Namen aller dahingegeben und grade so ist er vollendet im Leiden und hat sich in und an ihm des Vaters Wohlgefallen vollendet. Wer seiner Versöhnung theilhaftig werden will, der muß eingehen in diese seine Sühne. In diese geht man nach Herrn Stahl dadurch ein, daß man im heiligen Abendmahl mündlich ißt, und dann leiblich in sich trägt das sündenreine Fleisch und Blut Kristi, wie ja auch nur dadurch Kristus „unsre Seelenspeise" wird, „daß sein Leib und Blut im mensch„lichen Nahrungsmittel in Brod und Wein uns dargereicht wird." Gewiß das ist eine recht natürliche, leibliche Weise, in die Sühne Jesu Kristi einzugehen, eben so leicht wie bequem. Luther freilich hat das ein wenig schwerer aufgefaßt, wenn er „das Begrabensein „durch die Taufe in Kristi Tod" erklärt als ein Ersäuftwerden „des alten Adam durch tägliche Reue und Buße." Aber wir haben dafür hier die Fortbilduug der lutherischen Lehre, in der allerdings alle ernstgerichtete Reformirten nichts anders als seelenverderblichen Irrthum erkennen werden. Doch warten wir, bis die lutherische Kirche Stahl für den authentischen Erklärer und Fortbildner ihrer Lehre erklärt hat. Bis dahin halten wir uns an ihre ursprünglichen Satzungen in ihren Symbolen und hoffen ihr damit gerechter zu werden. — Wir geben zuvörderst eine kurze Darstellung der beiderseitigen Lehren gestützt auf die Bekenntnißschriften beider Theile, die mit ihren eignen Worten reden mögen.

A) Von reformirter Seite.

In der ersten Helvetischen Konfession XXII*): „Im mystischen Abendmahl bietet der Herr seinen Leib und sein Blut d. i. „sich selbst den Seinen in der Absicht dar, daß er mehr und mehr „in ihnen lebe und sie in ihm, nicht weil etwa der Leib und Blut „des Herrn dem Brod und Wein natürlich vereinigt würden, son-

*) Augusti p. 99.

„dern weil Brod und Wein nach der Einsetzung des Herrn Sinn-
„bilder sind, mittelst welcher vom Herrn selbst durch den Dienst
„(das Amt) der Kirche die wahre Gemeinschaft seines Leibes und
„Blutes nicht zur vergänglichen Speise des Bauches, sondern zur
„Nahrung des ewigen Lebens dargereicht wird.“ Die Gallicana
sagt XXXVI*): „Wir behaupten, daß das heilige Abendmahl des
„Herrn uns ein Zeugniß von unsrer Vereinigung mit unserm
„Herrn Jesu Kristo sei, sintemal er nicht nur einmal für uns ge-
„storben und von den Todten auferstanden ist, sondern uns auch
„wahrhaftig weidet und mit seinem Fleisch und Blute nährt, daß
„wir mit ihm eins geworden ein mit ihm gemeinsames Leben ha-
„ben. Obgleich er nämlich jetzt im Himmel ist und daselbst auch
„bleiben wird, bis er kommt, die Welt zu richten, so glauben wir
„doch, daß er mittelst einer geheimnißvollen und unbegreiflichen
„Kraft seines Geistes uns durch die im Glauben ergriffne Sub-
„stanz seines Leibes und Blutes nähre und lebendig mache. Wir
„sagen aber, daß dies geistig geschehe, nicht um etwa an die Stelle
„der Wirksamkeit und Wahrheit eine Einbildung oder Meinung zu
„setzen, sondern vielmehr weil dies Geheimniß unsrer Vereinigung
„mit Kristo so erhaben ist, daß es über alle unsre Sinne, ja auch
„über die ganze Ordnung der Natur hinausgeht; endlich weil es, da
„es göttlich und himmlisch ist, nicht anders als durch den Glau-
„ben erfaßt und aufgenommen werden kann.

XXXVII: „Wir glauben, wie vorher gesagt ist, daß Gott
„sowohl im Abendmahl als in der Taufe uns thatsächlich d. i. wahr
„und wirksam schenke, was er sakramental daselbst abbildet und verbin-
„den ebenso mit den Zeichen den wahren Besitz und Genuß der Sache,
„die uns daselbst dargeboten wird. Daher behaupten wir, daß dieje-
„nigen, welche zum heiligen Tisch des Herrn einen reinen Glauben
„gleichsam als ein Gefäß mitbringen, wahrhaftig empfangen, was
„die Zeichen daselbst bezeugen, nämlich daß der Leib und das Blut
„Jesu Kristi nicht weniger eine Speise und ein Trank der Seele
„sind, als Brot und Wein eine Speise des Körpers.“

*) p. 123.

Im Art. XXVIII der Anglicana*) lautet es: „Daher „ist das Brod, welches wir brechen, denen die es ordnungsmäßig, „würdig und im Glauben empfangen, die Gemeinschaft des Leibes „Kristi, gleichwie der Becher der Segnung die Gemeinschaft des „Blutes Kristi."

„Der Leib Christi wird im Abendmahl nur auf eine himm„lische und geistige Weise gegeben, empfangen und gegessen. Das „Mittel aber, womit im Abendmahl der Leib Kristi empfangen „und gegessen wird, ist der Glaube."**)

Der Heidelberger Katechismus:

76. „Was heißt den gekreuzigten Leib Kristi essen und „sein vergossenes Blut trinken?"

„Es heißt nicht allein das ganze Leiden und Sterben Kristi „mit festem Vertrauen der Seele umfassen und dadurch Vergebung „der Sünden und ewiges Leben erlangen, sondern auch durch den „heiligen Geist, welcher zugleich in Kristo und in uns wohnt, so „mit seinem heiligen Leibe mehr und mehr geeinigt werden, daß „obgleich er selbst im Himmel, wir aber auf der Erde sind, wir „doch nichts desto weniger Fleisch von seinem Fleisch und Bein „von seinem Bein sind, und wie alle Glieder des Leibes von einer „Seele, so wir von einem und demselben Geiste lebendig gemacht „und regiert werden."

77. „Wo hat Kristus verheißen, daß er den Gläubigen „so gewiß seinen Leib und sein Blut zu essen und zu „trinken geben wolle, als sie dies gebrochene Brod „essen und diesen Kelch trinken?"

„In der Einsetzung des heiligen Abendmahls, deren Worte so „lauten" u. s. w.

78. „Werden denn Brod und Wein selbst Leib und „Blut Kristi?"

„Keineswegs; sondern wie das Wasser in der Taufe nicht in

*) Augusti p. 137.

**) Wohl schwerlich auf diesem Artikel kann es beruhen, daß Guerike die englische Kirche vor andern eine ecclesia lutheranizans nennt.

„das Blut Kristi umgewandelt wird, noch die Abwaschung der „Sünden selbst ist, sondern nur ein Sinnbild und Pfand derjenigen „Dinge, die uns in der Taufe versiegelt werden; so ist auch nicht „das Brod im Herrenmahl der Leib Kristi selbst, obwohl es nach „der Weise der Sakramente und einem dem heiligen Geist gewöhn- „lichen Sprachgebrauch der Leib Kristi genannt wird."

79. „Warum nun nennt Kristus das Brod seinen Leib, „den Kelch sein Blut oder das neue Testament durch „sein Blut und Paulus ebenso Brod und Wein die „Gemeinschaft des Leibes und Blutes Kristi?"

„Kristus redet so nicht ohne gewichtige Ursach: nämlich nicht „allein, um uns zu belehren, daß, wie Brod und Wein das Leben „des Körpers erhalten, so auch sein gekreuzigter Leib und sein ver- „gossenes Blut wahrhaftig die Speise und der Trank unserer „Seele sind, wodurch sie zum ewigen Leben genährt wird, sondern „vielmehr daß er uns durch dies sichtbare Zeichen und Pfand ge- „wiß macht, daß wir nicht minder durch die Wirksamkeit seines „heiligen Geistes wahrhaftig seines Leibes und Blutes theilhaftig „sind, als wir jene heiligen Sinnbilder mit dem Munde des Leibes „zu seinem Gedächtniß empfangen. Sodann auch, daß sein Leiden und „sein Gehorsam so gewiß der unsrige sei, als wenn wir selbst für „unsre Sünden die Strafen gebüßt und Gott genug gethan hätten."

Endlich in der Confessio Marchica wird VIII*) gelehrt, daß „wie zweierlei Ding im heiligen Nachtmahl sind, die äußerlichen „Zeichen (Brod und Wein) und Leib und Blut Kristi zugleich vor- „handen," werden auch zugleich ausgespendet und genommen, Letz- teres aber auf zweierlei Weise, Brod und Wein „mit dem Munde," „der wahre Leib und das wahre Blut Kristi eigentlich mit dem „Glauben" und „wegen der sakramentlichen Vereinigung in dieser „heiligen Akzion" ist „sakramentlich" „das Brod der wahre Leib „Kristi und der Wein sein heilig Blut." Weil aber der „Glaube „der Mund ist, dadurch des Herrn Kristi gekreuzigter Leib und „sein vergossenes Blut empfangen wird," nützt den Unbußfertigen

*) Augusti p. 377.

und Ungläubigen solch Sakrament nichts, sie werden auch des wahrhaftigen Leibes und Blutes Kristi nicht theilhaftig. Das Sakrament „macht niemanden gläubig, sondern es erfordert, daß er zuvor fromm „und gläubig sei."

B) Von lutherischer Seite.

Nach dem bekannten zehnten Artikel der Augsburgischen Konfession ist „wahrer Leib und Blut Kristi wahrhaftiglich unter der „Gestalt des Brods und Weins im Abendmahl gegenwärtig" und wird „da ausgetheilet und genommen." Die Gegenlehre (also, daß Leib und Blut Kristi nicht unter der Gestalt des Brods und Weins gegenwärtig sei) wird verworfen.*) Nach der Apologie, die das wesentlich wiederholt und den Cyrill wörtlich redend einführt, ist „Kristus demnach nicht allein durch geistliche Einigkeit, „durch die Liebe, sondern auch durch die natürliche Gemeinschaft in „uns." Dagegen mag nicht unerwähnt bleiben wie dieselbe Apologie sich über das Verhältniß von Zeichen und Wort (Verheißung) im zwölften Artikel so ausspricht, daß es gewiß von jedem Reformirten mit Dank angenommen wird. „Das Wort (im Sakrament) „beut uns an" sagt sie, „Vergebung der Sünde. Das äußerliche „Zeichen ist wie ein Siegel und Bekräftigung der Worte, wie es „Paulus auch nennt. Darum wie die Verheißung vergeblich ist, „wenn sie nicht durch den Glauben gefaßt wird; also ist auch die „Ceremonia oder äußerliche Zeichen nicht nütz, es sei denn der „Glaube da, welcher wahrhaftig dafür hält, daß uns Vergebung „der Sünde widerfährt. Und derselbige Glaube tröstet die er-

*) Nach der Variata werden mit Brod und Wein Leib und Blut Kristi im Abendmahl des Herrn den Essenden wirklich dargereicht. Stahl hat Recht, daß hiermit nicht mehr die Gegenwart des Leibes und Blutes Kristi in den Elementen, auch nicht der Genuß des Leibes und Blutes Kristi durch die Ungläubigen behauptet wird. Da aber beides auch nicht ausgeschlossen ist, hat er Unrecht, daß kein wirklicher Lutheraner den Artikel unterschreiben könne. Entschiedenes Unrecht aber hat er darin, daß, wenn Melanchthon einen weiteren Ausdruck wählt, um für Lutheraner und Reformirte Raum zu schaffen, er ihm das nicht undeutlich als Zweizüngigkeit auslegt. Diese wäre es nur, wenn Melanchthon in der Absicht zu täuschen geändert hätte. Die Frage über das Recht zu ändern überhaupt ist damit nicht berücksichtigt.

„schrockenen Gewissen. Und wie Gott die Verheißung gibt, solchen „Glauben zu erwecken; also ist auch das äußerliche Zeichen daneben „gegeben und vor die Augen gestellet, daß es die Herzen zu glau„ben bewege und den Glauben stärke; denn durch die zwei, durch's „Wort und äußerliche Zeichen wirket der heilige Geist*).“ Der kleine Katechismus wird als völligst bekannt übergangen. Der große Katechismus hebt das spezifisch Lutherische dem Reformirten aufs Entschiedenste hervor, auch bis zu dem Wort vorgehend: „Obgleich „ein Bube das Sakrament nimmt oder gibt, so nimmt er das „rechte Sakrament d. i. Kristi Leib und Blut ebenso wohl als der es „aufs Allerwürdigste handelt**).“ Die Konkordienformel schließt die einzelnen Punkte zusammen, nach ihrer Erklärung nicht nur die früheren Symbole anerkennend und auf sie bauend, sondern auch behauptend, daß Luther vor andern „die rechte eigentliche Meinung „der Augsburgischen Konfession verstanden“ habe und daß darum der rechte, eigentliche Verstand derselben „aus keines andern denn „aus D. Luthers Lehre und Streitschriften eigeutlicher und besser „genommen werden“ könne. Der ganze Feuereifer Luthers wider die sogenannten Sakramentirer ist mit aufgenommen und ausdrücklich, damit keiner derselben entwische, werden Luthers Worte eingeführt: „Ich rechne sie alle in einen Kuchen, d. i. für Sakramentirer „und Schwärmer, wie sie auch sind, die nicht gläuben wollen, daß „des Herrn Brod im Abendmahl sei sein rechter natürlicher Leib, „welchen der Gottlose oder Judas ebenso wohl mündlich empfähet „als St. Petrus und alle Heiligen. Wer das, sage ich, nicht gläu„ben will, der lasse mich nur zufrieden und hoffe bei mir nur keine „Gemeinschaft, da wird nichts anders aus.“ Nach Art der canones im Tridentinum werden in vielen Sätzen feierlich und stattlich mit „Mund und Herzen“ alle sakramentirerische Opiniones und Lehren, so der oben gesetzten Lehre ungemäß sind, verworfen und verdammt. Die obengesetzte Lehre (Affirmativa) konzentrirt sich aber so: Leib und Blut Jesu Kristi ist wahrhaftig, wesentlich bei dem heiligen Nachtmahl in Brod und Wein gegenwärtig und wird so ausgetheilt

*) Hase p. 267. **) Hase p. 554.

und empfangen. Es wird Leib und Blut Kristi nicht allein geistlich durch den Glauben, sondern auch mündlich empfangen; aber nicht kapernaitisch (nicht gekaut u. s. w.), sondern auf übernatürliche himmlische Weise. Deshalb empfangen nicht nur Rechtgläubige und Würdige, sondern auch Ungläubige und Unwürdige den wahrhaftigen Leib und Blut Kristi, freilich nicht zum Leben und Trost, sondern zum Gericht und Verdammniß. Der Leib Kristi ist der verklärte und wird vermöge seiner Ubiquität oder Omnipräsenz im Abendmahl mit Brod und Wein vereinigt gedacht. Er ist aber in unbegreiflicher und geistlicher Weise gegenwärtig, da er keinen Raum nimmt noch gibt, sondern durch alle Kreatur fährt. Diese Omnipräsenz des Leibes Kristi stützt sich auf die schon angeführte Art der Vereinigung beider Naturen in Kristo und der gegenseitigen Mittheilung der Eigenschaften. In Anspruch wird genommen die buchstäbliche Auffassung der Einsetzungsworte des Herrn und die Uebereinstimmung mit den vornehmsten alten Kirchenlehrern (Chrysostomus, Cyprian, Leo, Gregorius, Ambrosius, Augustinus), mit anderm Wort die Schriftgemäßheit und Katholizität.*) Zuerst zwei vorläufige Bemerkungen. Mit Fleiß sind eben die Aussprüche der reformirten Symbole und nicht etwa Kalvins Formeln angegeben, nicht allein, weil doch nur jene für authentisch gelten, sondern auch weil sie, wenn auch wesentlich kalvinisch, doch weniger das strenge Gewand der theologischen Formel an sich tragen. Monod führt im dritten Vortrage seiner Abschiedsworte (der häufige Genuß des heiligen Abendmahls) die Worte der Gallicana über das h. Abendmahl an und sagt dann: „Dieser bewunderungswürdigen Stelle will ich nur noch hinzufügen, daß Pastor Berny, als er sie einst einigen lutherischen Freunden, mit welchen er über das heilige Abendmahl stritt, vorgelesen und jene Freunde ihm gesagt hatten, daß dieselbe der genaue Ausdruck ihres Glaubens sei, jenen Freunden erwiderte, diese Worte seien dem Glaubensbekenntniß der reformirten Kirche entnommen und das beweise, daß, wenn

---

*) Die breite Darstellung in der Konkordienformel, namentlich im zweiten Theil derselben, erlaubt nicht eine ausführliche Mittheilung. Daß aber ihre Abendmahlslehre nach der Seite des Gegensatzes gegen die reformirte Kirche oben wahrheitsgemäß gegeben ist, wird nicht geleugnet werden.

man sich nur, wie es da geschehen sei, genau an die Schrift halte, man den Kampfplatz durch den Glauben und die Liebe beherrsche." Wir wollen nur behaupten, daß kein Lutheraner der nicht schon durch theologische Polemik erhitzt, in Mißtrauen und Rechthaberei hineingetrieben ist, an den Lehren der reformirten Symbole sich so stoßen, sich durch dieselben so verletzt fühlen könnte, daß er deshalb die Kirchengemeinschaft zu brechen sich verpflichtet fühlte. Nicht diese Lehren an sich, sondern der einst darüber so unkristlich geführte Streit gebiert den Streit, der konfessionelle Hader und Haß des neunzehnten Jahrhunderts entzündet sich an dem des sechszehnten und siebzehnten Jahrhunderts, Sünde aus Sünde. — Es ist leicht an kalvinischer und an lutherischer Ansicht Einseitigkeit, Irrthümlichkeit, Unklarheit aufzudecken. Ein Theil der Gnesiolutheraner abgerechnet, die das einmal für sich in Anspruch nehmen, dogmatisirt eben keiner wie Luther und Kalvin in ihren Tagen. Ebrard gibt sich dem Wesen nach für einen Kalvinisten aus, Stahl findet ihn wesentlich auf lutherischem Wege. Martensen in seiner Dogmatik will das lutherische Dogma vertreten, so viel wir sehen, steht er dem Kalvin wenigstens eben so nahe wie dem Luther. Die Wahrheit aber ist, daß Ebrard und Martensen weder Kalvins noch Luthers, sondern wesentlich ihre eigenen Anschauungen haben. Dennoch sollen wir nicht etwa unsre Ueberzeugungen, so weit uns der Herr solche gegeben hat, wenn es einen Streit gilt, wo Wahrheit in Liebe gesucht wird, vertreten; sondern uns für und wider Zwinglis, Kalvins, Luthers Lehren erhitzen und entzweien. So will es Herr Stahl und Genossen. Nun ein wenig müssen wir ihm schon noch folgen. Nach ihm kann die lutherische Kirche ihre unterscheidende Lehre d. h. zugleich ihre entschiedene Trennung von der reformirten Kirche um ihrer Gebundenheit an die heilige Schrift nicht aufgeben. Die lutherische Kirche habe die volle klare Lehre der Schrift. Namentlich fasse sie Kristi Einsetzungswort ohne Zusatz und Umdeutung auf. Er ist nahe daran, mit der Konkordienformel zu behaupten, die lutherische Kirche habe die buchstäbliche Auffassung und darum die richtige. Wer, der nur irgend wie in die Schrift hineingesehen hat, weiß nicht im Allgemeinen, daß eine buchstäbliche Auffassung, oft weit entfernt, die wahre zu sein, erst recht durch und durch falsch und verkehrt ist. Luther schreibt freilich in Marbach „Das ist mein Leib" vor sich auf den Tisch, läßt ein Buch in die Welt gehen: „Daß diese Worte Kristi: „Das ist mein Leib" noch feststehen, grade als ob damit schon irgend etwas über die Zulässigkeit und Nothwendigkeit buchstäblicher oder bildlicher Auffassung ausgemacht sei, als ob es nicht eben grade von der Schriftauslegung gelte: Der Buchstabe tödtet, aber der Geist macht lebendig. Er sagt kühn: „Darum bleiben wir stracks bei den Worten und thun demnach Augen und Sinne zu," grade als ob es nicht bei den Worten Kristi so recht darauf ankomme, Augen und Sinne nicht nur, sondern auch Vernunft und Herz ganz aufzuthun und wenn auch in Demuth, doch mit allem Ernst alle geistigen Kräfte anzuwenden, um das richtige Verständniß zu gewinnen. Aber die lutherische Lehre ist selbst weit entfernt von einer buchstäblichen Erklärung oder einer „ohne Zusatz und Umdeutung." Wir sehen ganz ab von dem „Das ist mein Leib." Wie steht es mit dem „Nehmet hin und esset?" Da heißt es: Der Leib Kristi wird mit dem Munde empfangen, wird mündlich gegessen; aber er wird nicht gekaut, nicht verschlungen u. s. w. Wo in aller Welt gibt es nach dem Gebrauch aller Sprachen ein mündliches Essen, ohne Aufnahme mittelst Zähne, Gaumen, Schlund in die Verdauungswerkzeuge? Soll buchstäblich verstanden und erklärt werden, so sind wir mit dem „Esset" nothwendig bei dem dem Berengar aufgenöthigten „Corpus Christi dentibus atteri*)" angelangt, oder was Luther allgemeiner sagt, daß der Leib Kristi eben Alles leide, was das Brod. — Nach den Einsetzungsworten wird der „gegebene," „gebrochene" Leib, gegeben und gegessen, die lutherische Lehre deutet auch da wieder den Buchstaben um und setzt hinzu, es sei der verklärte Leib zu verstehen. Die lutherische Lehre behauptet, daß, weil mündlich der Leib und das Blut Kristi empfangen werde, so auch von den Ungläubigen, aber zum Gericht. Eine kleine Schrift**) aus der

*) Daß Kristi Leib mit den Zähnen gekaut werde.

**) Der Titel des anspruchlosen aber sehr tüchtigen Büchleins, dessen Bekanntschaft ich einer geehrten, sehr lieben Hand verdanke, lautet: Das heilige Abend-

Rheinischen Kirche bemerkt sehr treffend, daß die Worte: „Das ist mein Blut des neuen Testamentes, welches vergossen wird für viele zur Vergebung der Sünden" aufs Innigste und Unzertrennlichste an einander hängen; empfangen also die Unwürdigen wirklich Leib und Blut Kristi, so fordert die buchstäbliche Deutung auch „zur Vergebung der Sünden" und nicht wie die lutherische Kirche sagt, „zum Gericht, zur Verdammniß!" Kurz mit der Buchstäblichkeit ist es schlecht bestellt. Stahl weiß auch, daß sie sich nicht halten läßt, rühmt aber das lutherische Verständniß als das einfältige. Nun es gibt eine Einfalt nach zwei Seiten und wäre die eine eben auch nicht geeignet, sich oder die mit ihr behaftete Erklärung zu empfehlen. Wir nehmen das Wort aber natürlich im ursprünglichen und guten Sinn. Ist wirklich die lutherische Lehre so einfältig? Eine Lehre, welche, um nicht zur bildlichen Auffassung zu greifen, die vom Herrn gebrauchten Ausdrücke wie „Essen," „Leib," „Blut" vollständig zersetzt und in durch und durch undenkbare Vorstellungen umwandelt, die zu einer überaus künstlichen Aufstellung von der Art, wie die beiden Naturen in Kristo vereinigt sind und sich gegenseitig ihre Eigenschaften*) und (nach Stahl) Zustände mittheilen, zu der eben so verwegnen wie durch und durch unklaren Anschauung von der Ubiquität und Omnipräsenz des Leibes Kristi sich versteigen muß, dürfte auf keine Eigenschaft weniger Anspruch haben als auf die der Einfalt. Höre man gar noch Stahl's Auseinandersetzung: „Wir können den pneumatischen Leib nicht auf stoffliche, nicht auf „geistige, sondern nur auf pneumatisch-leibliche Weise d. i. nach „den Gesetzen des verklärten Leibes empfangen. Dazu nun ist unser „irdischer Leib von Natur nicht fähig und darum ist das eben das „Mysterium, daß wir in und unter dem stofflichen Element durch „unser stoffliches Organ (den Mund) den pneumatischen Leib in

---

mahl. Ein Wort der Lehre für solche, welche möglichst klare Erkenntniß suchen als Grundlage rechter Erbauung, von einem Laien. Schwelm. In Kommission bei M. Scherz.

*) Wie viel einfacher und geschickter ist in der eben angeführten Schrift auch über die communicatio idiomatum gesprochen als z. B. von Stahl, der in dem Geleise der Konkordienformel sich zu erhalten sucht.

„der Weise des pneumatischen Leibes, also leiblich, aber nicht stoff„lich in uns aufnehmen.“ Das ist gewiß fürchterlich einfältig, so daß die Zumuthung, dergleichen anzunehmen, jedes einfältige Gemüth mit Schauer erfüllt. Das ist aber das wahrhaft Entsetzliche, daß solche Klügeleien irgendwie spekulirender Geister der evangelischen Gemeine als das Wesen ihres Bekenntnisses sollen aufgezwungen, daß dadurch diese Gemeine fort und fort im bittern Bruderzwist soll auseinander gerissen bleiben und werden. — Auch die Katholizität der lutherischen Lehre wird von Stahl gerühmt, indem es heißt, daß der Konsensus der Kirche durch alle Zeiten für die lutherische Lehre sei, während eine Lehre, die der Zwingli's gliche, vorher nie dagewesen sein soll. Also die Lehre Berengars schillert nicht in die Zwingli's und Kalvins hinüber? Also Tertullian hat nicht Corpus Christi mit figura corporis*) erklärt, Augustin nicht das Brod im Abendmahl für ein bloßes signum erklärt? Ja, wird es heißen, sie haben daneben aber auch eine reale, wenn auch geistige Mittheilung Kristi festgehalten. Nun da hätte Stahl doch wenigstens aus dem Ebrard lernen können, daß solches dem Zwingli keineswegs fremd gewesen ist. Aber wie steht's mit dem Konsensus für die lutherische Lehre? So, daß sich von den drei ersten Jahrhunderten behaupten läßt, sie, diese lutherische Lehre hat ganz gefehlt, wenigstens von einer leiblichen Durchdringung der Elemente mit Leib und Blut Kristi wußte man nichts. Ein Theil der Väter dachte es sich so, daß der Logos, wie er einst unsern Leib angenommen habe, so im heiligen Abendmahl die Elemente, Brod und Wein durchdringe und daß man sie deshalb Leib und Blut Kristi nennen dürfe**). Daneben sind es nicht etwa die Alexandriner, Klemens und Origenes allein, welche Brod und Wein im Abendmahl nur als Sinnbilder auffassen; sondern ebenso Zyprian, und Tertullian, an die sich später ein Augustin anschließt. Gregor

---

*) Daß dieser Ausdruck grade von Oekolampad aufgenommen ist, fällt um so weniger ins Gewicht, weil Zwingli, Oekolampad u. A. von lutherischer Polemik kurzweg in einen Kuchen gerechnet werden.

**) Diese Ansicht ist in unserm Jahrhundert durch Hahn in seiner Dogmatik erneuert.

von Nazianz, Eusebius von Zäsarea stehen auf nämlicher Seite. Ja Melanchthon, (wir wollen mit Stahl gleich wieder das schöne und wahre Zeugniß von Nitzsch über ihn anführen: „An Ehrfurcht vor der ältesten Ueberlieferung der Lehre und an Bereitwilligkeit, mit dem Glauben der alten Kirche in Einklang zu bleiben, kam ihm keiner der Reformatoren gleich;)“ also dieser Melanchthon hat ja hauptsächlich die lutherische Lehre aufgegeben, weil er die Zeugnisse der Väter dagegen fand, weil er erkannte, daß sie nicht im Einklang mit der allgemeinen Kirche stand. Das ist der gerühmte Konsensus für die lutherische Lehre.*)

Auch die Einwendungen gegen die reformirte Lehre, welche Stahl vorträgt, stehen auf schwachen Füßen. Mit der bildlichen Erklärung des „das ist“ (und doch auch wohl des „mein Leib“), wäre eine Gnadenverheißung in den Einsetzungsworten nicht „mehr vereinbar und könnte das Abendmahl „nichts“ anderes mehr „sein als eine wenn auch sinnvolle Zeremonie.“ Also wenn jemand in dem Abendmahl eine geistige, reale Selbstmittheilung Kristi glaubt, diese in den tropisch aufgefaßten Einsetzungsworten ausgedrückt findet, dann hat er keine Gnadenverheißung in diesen Worten, dann ist ihm das Sakrament nichts als eine Zeremonie? So kann nur schließen, wer jede Verheißung buchstäblich auffaßt und jede Verheißung für leer erklärt, die sich nicht aufs Leibliche be- und im Leiblichen vollzieht. Wie aber auch dem Zwingli diese Anschauung von der Mittheilung und deshalb der Aufnahme und dem Genuß Kristi eine durch und durch geläufige ist, freilich außer und im Abendmahl, weist Ebrard in seinem Buche hinreichend nach. — Das Abendmahl ist vorgebildet durch das Essen des Passahlamm's und dieses ist „die Verklärung,“ wir wollen sagen, die Erfüllung von jenem. Das fordert nach Stahl den wirklichen, realen (soll heißen mündlichen, leiblichen) Empfang; denn „die mächtigen Bilder der „Verehrung im alten Bunde können nur erfüllt werden durch noch „mächtigere Realitäten, als sie selbst sind, nicht durch bloße Sym-

*) So wie sich in der alten Kirche eine der lutherischen ähnliche Abendmahlslehre zu bilden beginnt, sehen wir sie schon im Begriff, in die römischen Irrthümer sich zu verlieren.

„bole.“ Nun das geschlachtete Passahlamm als Vorbild oder Weissagung hat zunächst nach der heiligen Schrift (1. Kor. 5, 7. 1. Petri 1, 19) nicht im Abendmahl, sondern in der für den Kristenglauben mächtigsten aller Realitäten, in dem gekreuzigten Jesus Kristus, in seinem Versöhnungstode, seine Verklärung, vielmehr seine Erfüllung, was nothwendig festzuhalten ist, wenn wir uns nicht ins römische Meßopfer hineinnöthigen lassen wollen. Das Abendmahl dagegen schließt die Aneignung des gekreuzigten Herrn, seines Versöhnungstodes, wir wollen auch sagen, seines für uns in den Tod dahingegebenen Lebens in sich. Warum muß denn nun diese Aneignung nothwendig mündlich, leiblich geschehen? Wenn sie geistig, durch Wirkung des heiligen Geistes und durch den Glauben vermittelt, in der Feier des heiligen Abendmahls vor sich geht, hört sie damit auf, eine mächtige Realität zu sein? Kennt etwa Herr Stahl nur leibliche Realitäten? — Stahl greift Luthers Beweisführung für die leibliche Gegenwart des Leibes Kristi aus 1. Kor. 11, 27 u. 29 auf, in der er sagt: „Wie kommt die „Sünde am Leibe des Herrn zum Essen, so er (der Leib) nicht im Essen oder Brod sein soll?“ So jemand das Bild seines Königs im bittern Hohn bespeit, dann versündigt er sich, so fassen's Menschen von schlichter Vernunft auf und drücken es auch so aus, an seinem König und Herrn. „Wie kommt die Sünde“ läßt sich da gleicherweise fragen, „am König zum Bespeien seines Bildes, so er „(der König) nicht im Bilde ist?“ — Stahl führt Rückert für sich an, der in seiner Schrift vom Abendmahl den Paulus eine der lutherischen Lehre günstige Anschauung haben und aussprechen läßt. Nun wir erkennen in Rückert den Fleiß und Ernst der Forschung, die Strenge der Wahrheitsliebe sehr gern an, sind aber weit entfernt, damit seine Auslegung als die stets richtige anzunehmen. Ist er unparteiisch gegen die Konfessionen, so ist er damit noch lange nicht vor Irrthum gesichert und der richtigen Erklärung gewiß. Hier nur die simple Frage: Ist Herr Stahl geneigt, die Auslegung der Paulinischen Briefe von Rückert in allen Punkten als die richtige anzuerkennen und sich an dieselbe zu binden? — Das Schwächste dürften bei Stahl aber seine Parallelen sein, womit er die Mittheilung des Leibes durch das Brod und im Brode erklärlich machen will, um so auf positive Weise die Einwürfe der Reformirten zurückzuweisen. „Der Gedanke theilt sich mit durch „den körperlichen Schall, die Empfindung der Liebe durch den Blick „des Auges, die geistige Individualität der Eltern durch physische „Fortpflanzung.“ Nach den beiden ersten Beispielen drückt sich Geistiges im Körperlichen ab und aus, und der andre Geist faßt deshalb in diesem leiblichen Ausdruck auch das Geistige auf. Wie würde sich Zwingli beim Stahl für diese Parallelen bedankt und sie, die daran hängenden Stahlschen Ausführungen als widersinnig auf die Seite schiebend, sofort aufs Glücklichste für seine Auffassung verwendet haben! Das dritte Beispiel führt in die tiefsten Geheimnisse der Natur hinein, und höchstens will hier Stahl ein Geheimniß durch ein noch tieferes klar machen. Gewiß kein glückliches Unternehmen!

Die Konkordienformel will, und darin stimmt ihr Stahl bei, die Worte des Erlösers, also hier die Einsetzungsworte, nicht deuten, „wie es unsrer Vernunft gemäß scheinet.“ Jedenfalls aber wollen die Worte des ewigen Logos, der ewigen sich offenbarenden Gottesvernunft aufgefaßt werden, wie es wirklich der Vernunft gemäß ist. Die ewige Vernunft wird nicht durch Unvernunft und nicht in unvernünftiger Weise aufgenommen und verstanden. Der wirklichen Vernunft aber entspricht es, die Worte des Herrn jedesmal zu verstehen, wie es seiner Ausdrucksweise überhaupt, wie es den Umständen, den Verhältnissen, dem Zusammenhange gemäß ist. Da sagt die Konkordienformel weiter, und auch das eignet sich Herr Stahl mehrfach an: „Alle Umstände der Einsetzung des hei„ligen Abendmahls zeugen, daß diese Worte (der Einsetzung) un„sers Herrn und Heilandes Jesu Kristi, so an sich selbst einfältig, „deutlich klar, fest und unzweifelhaftig seien, anders nicht, denn in „ihrer gewöhnlichen, eigentlichen und gemeinen Deutung können und „sollen verstanden werden,“ also buchstäblich von einem leiblichen oder mündlichen Essen des wirklichen Leibes Kristi. Das ist nun eine Behauptung, grade so viel und so wenig werth wie Behauptungen andrer Menschenkinder, denen Begründung und Beweis fehlt; denn anstatt diese zu geben, läßt die Konkordienformel neue, erst zu beweisende Behauptungen folgen. Gewiß ist die gegenüberstehende Behauptung, daß Alles eine tropische Auffassung der Worte und ein geistiges Verständniß fordere, an sich völlig eben so gut. Doch wir führen lieber in der Kürze einige Momente an, welche für die Wahrheit und Naturgemäßheit einer tropischen Auffassung der Einsetzungsworte sprechen.

Zunächst ist zu beherzigen, wie der Heiland so durchweg die tropische Redeweise, auch wenn und gerade wenn er in feierlichster Weise vom Heile, wie es sich an seine Person knüpft und wie es von seiner Person ausgeht, spricht, liebt und anwendet. Er ist das Brod, der Hirt, die Thür, der Weg, der Weinstock u. s. w. Ebenso gibt er lebendiges Wasser zu trinken denen, die zu ihm kommen, und von deß Leibe, der an ihn glaubt, fließen Ströme des lebendigen Wassers. Wer will sich diese tiefen Worte des Herrn ihres reichen, eigentlichen Gehaltes entleeren lassen, aber wer will sie auch anders als in tropischer, wer will sie in buchstäblicher Weise auffassen? Wenn in der Offenbarung von einem Waschen, von einem Hellmachen der Kleider durch das Blut Kristi die Rede ist, wem fällt es ein, da an gewöhnliche Kleider und an ein buchstäbliches Waschen und an das leibhaftig gegenwärtige Blut Kristi zu denken? Warum nun also beim heiligen Abendmahl des Herrn Worte, die so ganz den Karakter seiner sonstigen tropischen Weise an sich tragen, nicht auch tropisch auffassen und geistig deuten? Soll auch Matth. 15, 17 nicht weiter urgirt werden, so ist doch durchweg das Zustandekommen der Erlösung und Versöhnung, der innern Erneuerung und Heiligung des Menschen im ganzen neuen Testament stets als etwas durch und durch Geistiges, als ein rein geistiger Prozeß aufgefaßt. Daß ein leibliches Genießen eines leiblichen Gegenstandes als solches heilbringend, gnademittheilend sein sollte, wäre in der Lehrweise des Herrn und seiner Apostel ein solcher Widerspruch, ein so schreiender Mißton, daß er nicht schrillernder gedacht werden könnte. Joh. 6, 50—63 spricht der Herr von dem Essen seines Fleisches und dem Trinken seines Blutes und daß solch Essen und Trinken allein ewiges Leben gewähre. Es ist eine Neigung in der Synagoge zu Kapernaum, die Worte buchstäblich aufzufassen. Der Herr aber lehrt sie selbst unzweifelhaft geistig verstehen, von einem geistigen Aufnehmen seines Lebens und seines Versöhnungstodes durch den Glauben, straft das sinnliche Verständniß und bemerkt, das Fleisch sei kein nütze, die Worte, die er rede, seien Geist und Leben. Wie verschieden auch Einzelnes von den Auslegern erklärt wird, darin ist man von Anfang an unter Lutheranern und Reformirten einig gewesen und geblieben, daß hier durchaus nur von einer geistigen Aneignung und Aufnahme der Erlösung und Versöhnung, die in Kristi Leben, Wort und Tod befaßt ist, zu denken sei. — In der heiligen Nacht sind die Jünger wieder um den Herrn versammelt, wieder spricht er in tief ergreifender Weise vom Essen seines Leibes*) und Trinken seines Blutes, und jetzt sollte es buchstäblich vom leiblichen Genuß verstanden werden? Dazu kommt ferner. Der lebendige mit voller unverletzter Leiblichkeit behaftete Herr sitzt vor den Jüngern reicht ihnen das gesegnete Brod und den gesegneten Wein und spricht: Das ist mein Leib — esset, — das ist mein Blut — trinket u. s. w., völligst unmöglich mußte es ihnen sein, die Rede buchstäblich, von einem leiblichen Essen des Leibes Jesu Kristi zu verstehen. Bei Johannes braucht der Heiland statt „mein Fleisch essen und mein Blut trinken" die Wendung „mich essen." „Fleisch und Blut" sind ihm gleichbedeutend mit seiner Persönlichkeit, seinem Ich, seinem Leben, wie er es in Fleisch und Blut führte! Was könnte irgendwie hindern „Leib und Blut" in den Einsetzungsworten anders aufzufassen? Jedenfalls, wenn's noch evangelischer Grundsatz ist, Schrift durch Schrift zu erklären, und vernünftiger, allgemeiner Grundsatz, die Worte jedes Redenden aus der Person desselben, aus seiner Sinnesweise, seinem Sprachgebrauch, aus den grade obwaltenden

---

*) Es kann auf die Vertauschung des Wortes Fleisch mit Leib hier schon deshalb nicht ankommen, weil die lutherische Lehre, wenn man sie genau betrachtet und zwischen Leib und Fleisch unterscheiden will, nicht ein Essen des Leibes, sondern des Fleisches von dem verklärten Leibe Kristi annimmt. So heißt es ausdrücklich in dem in der lutherischen Kirche beim Abendmahl stehend gewordenen Liede: „Der uns selber hat gespeiset mit seinem Fleische und mit seinem Blute" u. s. w.

Umständen und Verhältnissen heraus zu verstehen, bezeichnet „Leib und Blut“ bei der Einsetzung des heiligen Abendmahls eben so den Herrn selbst, sein Heilandsleben, wie er es für uns in heiliger tragender Liebe geführt hatte, wie er es für uns in seiner Gnade am Kreuz zu opfern im Begriff stand. Endlich ist und bleibt es ein mit der ganzen biblischen Lehre unvereinbarer Gedanke, daß auch die Gottlosen Kristi Leib und Blut in sich aufnehmen sollen, was allerdings, wenn ein mündlicher Genuß des Leibes im Abendmahl statt findet, nothwendig ist. Wo der Heiland als Erlöser seine Gnade darbietet und verachtet und verworfen wird, im Wort wie im Sakrament, da erscheint er nach der Schrift allerdings als heiliger Richter und so ist es das ganz Natürliche, daß, wer unwürdig von dem Brod des Herrn isset und von seinem Kelch trinket, sich selber ißt und trinkt das Gericht. Aber daß der Herr in das Innere eines Unbußfertigen und Ungläubigen einkehrt, daß er sich gleichsam mit dem Innern eines solchen amalgamirt, um ihn dann so zu richten, ist eine Vorstellung, zu der sich kein biblischer Anklang vorfindet. „Das eben ist das Schauerliche,“ sagt Stahl, „daß der unwürdig Genießende die Substanz Kristi selbst in sein unreines (weil unbußfertiges, glaubensloses) Wesen aufnimmt, daß er das Heilige mit sich, dem Unheiligen, vermengt.“ Nun es giebt viel des Schauerlichen in der Welt der Wirklichkeit, aber dies Schauerliche und sein Gegenstand findet sich eben nicht in der Wirklichkeit, wenn wir die Schrift verstehen, sondern hat allein seine Geburtsstätte und Existenz in der Phantasie des Herrn Stahl. Es ist uns indeß hier keineswegs um eine bestimmt ausgeprägte Abendmahlslehre, etwa die*) kalvinische (wir wissen, daß sie so gut wie die lutherische an dogmatischer Künstelei leidet) zu thun. Nur eine biblische Grundlage reformirter Lehre möchten wir der sogenannten

*) Wenn aber Julius Müller die Aufnahme der Selbstmittheilung Kristi im Abendmahl durch den Glauben geschehen läßt und es doch für verfehlt erklärt, die vermittelnde Wirksamkeit des heiligen Geistes hereinzuziehen, so trifft das freilich in etwas die kalvinische Darstellung, aber er ist doch in so weit im Selbstwiderspruch, als auch er, wie keine Entstehung, so keine Belebung des Glaubens annimmt, die nicht durch den heiligen Geist gewirkt wird.

lutherischen des Herrn Stahl gegenüber im Folgenden versuchsweise geben. Der Heiland in Fleisch und Blut, in persönlich menschlicher Erscheinung trägt in sich das gottmenschliche Leben, die ewige Gnade, die heilige Liebe, den vollendeten Gehorsam, die Kräfte der zukünftigen Welt. Fleisch und Blut, sein Leben in Fleisch und Blut ist es, wodurch er diese Gnade, dies sein gottmenschliches Leben darbietend ausströmt in die Menschenwelt. Die Vollziehung dieser Ausströmung und Mittheilung seines eigenen Selbstes, seines gottmenschlichen Lebens vollendet sich in seinem Versöhnungstode auf Golgatha. Diese seine Selbstmittheilung in Gnade und Wahrheit, dieses sein erlösendes und im Tode versöhnendes Leben ist es allein, was die tiefsten und ewigen Bedürfnisse der Menschen stillen und befriedigen kann, weshalb er sich selbst das Brod nennt, das vom Himmel gekommen ist, welches ewig den Hunger stillt und zum ewigen Leben nährt. Seine Selbstmittheilung kann aber nur empfangen, wer ihr heilsbegierig, hungrig und durstig entgegenkommt, wer ihn isset und trinket d. h. wer lebendig an ihn glaubt, an seine heilige Gnade sich hingiebt, die heilige Gnade seines ganzen Lebens und Strebens in brünstiger Sehnsucht in die Seele zieht. So hat er sich während seines irdischen Lebens in Lehren und Handeln, in Leiden und Sterben den Seinen bekundet, so haben sie ihn, sein Fleisch und Blut, als wahrhaftige Speise und wahrhaftigen Trank zur Nahrung und Erquickung in sich aufgenommen, während er den andern geblieben ist der verachtete Zimmermannssohn, der Zöllner und Sünder Geselle, der Weinsäufer, der Samariter vom Teufel besessen und in des Teufels Kraft die Teufel austreibend, freilich ihnen zum schweren Gericht, aber ohne daß sie sein Fleisch und Blut aßen und tranken. Nach seiner Auffahrt aber? Nun: „Ich bin bei euch alle Tage bis an der Welt Ende“ ist sein festes gewisses Wort und das dem entsprechende herrliche Bekenntniß lautet: „Jesus Kristus gestern und heute und derselbe in Ewigkeit,“ eben als der sich selbst Mittheilende, als der die versöhnenden Gotteskräfte seines Lebens und Sterbens in die Seelen Strömende. So ganz insonderheit will er gegenwärtig sein in seinem Wort, welches die fortgehende Reproduktion seines Lebens und Sterbens, seines ganzen Versöhnungswerkes ist, so in gewissester Weise will er sich geben in seiner heiligen Stiftung, im heiligen Abendmahl, wie es seinen Versöhnungstod uns reproduzirt mit seiner ewig wirksamen Verheißung verknüpft ist und deshalb die vollste Erfüllung des vorbildlichen Passahessens in sich schließt. Wer die Empfänglichkeit, den Seelenhunger und Seelendurst des Glaubens seinem Worte nnd seinem Sakramente entgegenträgt, der empfängt den Herrn noch immer wie die ersten Jünger, ißt und trinkt ihn, sein Fleisch und Blut, so wahrhaftig wie sie! Wer aber erscheint ohne des Glaubens Sehnsucht in sich zu tragen, dem kann nicht das Wort werden: Ich muß heut bei dir einkehren, sondern er ist verfallen dem schweren Gericht des Unglaubens, nicht weil er den Heiland in sich aufnimmt, sondern weil er ihn eben nicht aufnimmt und noch dazu die Maske der Heuchelei trägt. Freilich ist da der Segen, das Heil, das den Gläubigen wird, im Wort und im Sakrament dasselbe, die Mittheilung und die Genießung des Heilandes Jesu Kristi*). Warum auch sollen wir nicht von zwei Stätten dieselbe köstliche Gnade uns holen? Sagt man uns, das Eine ist überflüssig, so antworten wir getrost: dem Herrn dünkte es kein Ueberfluß und unsre Erfahrung entspricht dem und gibt uns Anlaß, aufs Tiefste dankbar zu sein. Und doch hat es mit dem Sakramente nicht noch etwas ganz Besonderes auf sich? Des Herrn heilige Stiftung verbindet den ganzen Akt mit seinem mächtigen Wort, was auf der einen Seite die Seele in und mit der Gemeine aufs Lebendigste und Tiefste hinabzieht und versenkt in seinen Versöhnungstod, auf der andern Seite die felsenfeste Gewißheit gibt, daß grade an dieser Stätte, grade in dieser Feier er sich in ewig erlösender Gnade ungetheilt den Seinen als Speise des ewigen Lebens und zur Vergebung ihrer Sünden mittheilt. In der That, wir begehren nichts Höheres im Sakramente und wenn

*) Glücklicher Weise hat, wie schon erwähnt, uns Herr Stahl gestanden, daß die alte lutherische Kirche (und sein Recht, eine neue lutherische Kirche zu konstruiren, unterliegt den allerschwersten Bedenken) von derselben Annahme, wir sagen, vermöge ihrer gewissenhaften Wahrheitsliebe, ausging.

auch von leiblicher Nießung wir nichts wissen und verstehen, auch für unsern Leib und unser leibliches Leben hat es seine volle Bedeutung, was der Auseinandersetzung nicht weiter bedarf. Wir werden damit, wie die reformirten Symbole es ausdrücken, Fleisch von seinem Fleisch und Bein von seinem Bein. „Würde es gelin„gen," ruft Stahl, „die lutherische Kirche in die Union aufzulösen, „so möchte vielleicht jemand sagen, der Protestantismus habe den „Glauben, aber die Sakramente habe, wenn auch getrübt, nur der „Katholizismus." Gewiß möglich, daß jemand so spricht, denn was sich eben Alles sagen läßt, dafür gibt das Stahlsche Buch außerordentlich reiche Beläge. Aber trotz solchen Geredes blieben wir der Sakramente sicher genug, ja auch die Stahlschen Sakramentsbegriffe behielten vollkommen Raum, in einzelnen Köpfen und selbst in ganzen Gemeinen fortzuexistiren. Ob indeß der Untergang solcher Begriffe grade ein Unglück wäre, das mögen Einsichtigere beurtheilen.

Obige eben nur im Kurzen gegebene Grundzüge der Abendmahlslehre, welche von der tropischen Bedeutung und dem geistigen Verständniß der Einsetzungsworte ausgehen, wollen indeß, wie genugsam erhellt, keineswegs als absolut wahr und in der Kirche allein verbindlich gelten. Das wäre dem Wesen der evangelischen Kirche schnurstracks zuwider. Vielmehr steht der mehr buchstäblichen Auffassung das vollste Recht der Existenz zu, so weit sie sich eben die Herzen gewinnt. Nur das sollte durch Obiges anschaulich gemacht werden, daß nicht Ungehorsam, sondern grade Gehorsam gegen das göttliche Wort, nicht der Unglaube, sondern grade der Glaube an den Erlöser eine große Schaar von Kristen zu diesen und ähnlichen Vorstellungen geführt hat, jetzt führt und immer führen wird. Nur mit Verleugnung der Wahrhaftigkeit und Treue, nur im Ungehorsam gegen das Evangelium und den Zug des Glaubens wäre es vielen durch und durch kristlichen Naturen möglich, eine solche Auffassung aufzugeben. Es wird zugegeben, daß eben die Naturen der Menschen verschieden geartet sind, die einen, um Stahlsche Terminologie anzuwenden, sich mehr dem Mysterischen, die andern mehr dem Antimysterischen zuwenden. Aber diese verschiedne Artung ist von dem Einen Gott, der allen den Einen Erlöser und die Eine Kirche gegeben, der die Eine Wahrheit des Evangelii bietet, daß sie die Eine bleibe und als die Eine beselige in mannigfaltiger Auffassung. Hat Gott, der Herr der Einheit, die verschiedene Artung in der Menschheit gewollt und will, wie wir's täglich sehen, sie fort und fort auf die wirksamste, schöpferische Weise, hat er damit gelegt und legt immer von Neuem den Grund zur Mannichfaltigkeit in der Einheit, wer sind wir arme, schwache, sündige Menschen, daß wir es ihm wehren, daß wir uniformiren und die Geister in die Schnürbrust einzwängen wollen, wie sie dem einen ganz bequem dünken mag, dem andern aber den Odem des Lebens auspreßt? Tief kristlich und tief sittlich ist deshalb Schleiermacher auch in diesem Punkt seiner Dogmatik, wenn er außer der Ablehnung römischer und papistischer Verunstaltung und Verstümmlung des Sakraments nur zwei einfache Lehrsätze als das Gemeinsame in der evangelischen Kirche aufstellt. „Der Genuß," so lautet der erste, „des Leibes und des Blutes Kristi im Abendmahl ge„reicht allen Gläubigen zur Befestigung ihrer Gemeinschaft mit „Kristo." Der zweite: „Der unwürdige Genuß des Abendmahls „gereicht dem Genießenden zum Gericht." Luther freilich und ihm nach die altlutherische Kirche (nicht die heutige ist gemeint), konnten und wollten von solcher Weite nichts wissen, verwarfen und verdammten entschieden die Gemeinschaft mit denen, welche reformirter Auffassung huldigten. („Ich rechne sie alle in einen Kuchen.") Sie handelten von ihrem Standpunkt aus beziehungsweise sittlich und kristlich und, wie man das auch beklagen mag, man muß sie bis auf einen gewissen Punkt anerkennen, ja ehren. „Ein „Theil muß des Teufels und Gottes Feind sein, da ist kein Mit„tel," dies kurze Wort karackterisirt uns vollständig Luthers Erkenntniß und erklärt uns damit auch seine Stellung. Er (und die orthodoxe, lutherische Kirche, so weit sie sich von Melanchthon abwandte und sich dessen Einfluß entzog, folgte ihm treulich,) hielt dafür, daß Zwingli's und der Reformirten Ansichten reine Erzeugnisse des Unglaubens und des Ungehorsams gegen das göttliche

Wort, daß sie wirkliche Eingebungen des Teufels seien*). Der Zwingel wird nach Luther leibhaftig vom Teufel geritten und die orthodoxen Lutheraner halten bald Juden und Mahomedaner für besser und frommer als die Kalvinisten. Gewiß ein schwerer Irrthum; aber bestand er, umhüllte er mit seinem nächtlichen Dunkel als dichte Decke die Gemüther: dann war es sittlicher Weise nicht anders möglich, als daß man den Reformirten, den vermeintlichen Teufelskindern jede Kirchengemeinschaft versagte. Mit denen, die nicht Gott, sondern dem Teufel gehorchen, kann und will sich kein wirklicher Krist uniren. Wenn unter den Altlutheranern heute solche sind, welche in dem Lehren und Leben der reformirten und unirten Kirche nichts als entschiednen Abfall von Gottes Wort, als entschiedne Verleugnung des Heilandes erblicken können; so thut uns das um unsert- und ihretwegen wehe. Aber daß sie in solcher Ueberzeugung uns die Bruderhand versagen, darüber wundern wir uns nicht, dessen dürfen wir, so weit ihr Irrthum nicht selbst verschuldet ist, sie nicht einmal anklagen. Vielmehr erkennen wir in ihnen ihren Ernst, ihre Gewissenhaftigkeit, Wahrhaftigkeit und Treue an und haben für sie nur das Gebet, daß Gott ihnen die Decke von ihren Augen nehme. Aber wie anders steht die Sache mit Stahl! Wie schlimm erscheint bei ihm die Bekämpfung der Union mit dem Sauerteig des Unkristlichen und Unsittlichen durchzogen! Wie er auch zu Zeiten die Reformirten anfeindet und verketzert, ebenso anerkennend muß er sich wieder für sie aussprechen. Der „andre Geist,“ der nach Luther in ihnen ist, wird von Stahl nicht mehr als der Teufel hingestellt. Nach seiner Erklärung ist ihm fremd „jede konfessionelle Verengung und Abschließung,“ er verkennt am wenigsten „die nahe Verwandtschaft und Gemeinschaft, welche

---

*) Jener bekannte Brief Luthers an die Schweizer nach Schließung der Wittenberger Konkordie ist zwar sehr erquicklich und wohlthuend. Wenn man sich aber Luther in seinem ganzen Verhalten gegen die sogenannten Sakramentirer von Anfang bis Ende vergegenwärtigt, so scheint diese Weite und Milde in der Gesinnuug bei ihm vielmehr ein Ausfluß menschlicher Schwachheit und Gutmüthigkeit, als ein Erzeugniß veränderter Ueberzeugung zu sein. Wenigstens währte diese Ueberzeugung nicht lange.

„die reformirte Kirche durch Kalvin und nach Kalvin mit der un„sern (der lutherischen) hat.“ Von Kalvin, auf dem die reformirte Kirche stehen soll, sagt er, daß ihn „nur biblische Vorstel„lungen erfüllen, daß sein ganzes Denken und Leben sich nur in „dem Rathschluß der Erlösung bewegt,“ daß „ein hoher, idealer „Sinn ihn über alles Gewöhnliche erhebt,“ daß sein Wille durch „Gottesfurcht und Gottesunterwerfung gefeiet ist.“ Der reformirten Kirche wird die evangelische Heilslehre Luthers in reiner, voller Aneignung zugesprochen. Die kalvinische Kirche steht, so bezeugt Stahl, in Beziehung auf Verfassung und Gemeindeleben der hier verkümmerten lutherischen Kirche als „lebensvoll, großartig, segensreich“ gegenüber, es ist in ihr „heiliges Land.“ Unter beiden Konfessionen ist nach ihm eine innere Werthschätzung und Gemeinschaft geboten. Es ist ihm „natürliche und gewisse Ansicht,“ „daß den gläubigen Reformirten nicht minder das Heil gewiß ist, „als den gläubigen Lutheranern.“ Die reformirte Kirche selbst nimmt „durch eigenthümliche, große Züge der Gnade und des Se„gens ihre Stelle im Reiche Gottes ein,“ sie hat „reiche Früchte „der Gottesfurcht und der Heiligung getragen zur Ehre des Herrn, „sie hat den apostolischsten Mann,“ der dem Stahl vorgekommen ist „erzeugt.“ So ist denn auch die „volle Werthschätzung der re„formirten Kirche, die Anerkennung derselben als Schwesterkirche, „als Genossin und damit das innere Band zu ihr geboten.“ Das und andre sind die ausdrücklichen Erklärungen Stahl's. O hätte Luther solche Erkenntniß gehabt, ja wäre sie ihm nur zum Theil aufgedämmert, mit welcher Innigkeit würde dieser Heros des Glaubens und der Liebe die Reformirten an seine Brust gezogen, mit welchen Thränen tiefsten Dankes mit ihnen am Altar die heilige Kommunion des Herrn gefeiert, aber auch welche Zornesblitze heiliger Wahrheit würde er gegen diejenigen geschleudert haben, welche ihn von „seinen Glaubensgenossen“ zu trennen, welche die beiden „Schwesterkirchen“ von einander zu reißen versucht hätten! Die Reformirten als „seine Glaubensgenossen“ anerkennen und ihnen doch das Recht der Sakramentsgemeinschaft versagen, man weiß nicht, was darin größer ist, die Anmaßung menschlicher

Willkür oder der bittre Hohn des Spottes. Ich erkenne euch vollkommen an als meine lieben Kinder, aber das Brod von meinem Tisch sollt ihr nicht essen und die Gaben meiner Liebe nicht genießen, ein Vater der so spräche und demgemäß handelte, wäre das treue Abbild des Herrn Stahl in seinem Verhalten zu den Reformirten. Als evangelische Kristen sie anzuerkennen, trägt er nicht das geringste Bedenken, aber am Tisch des Herrn (wohl gemerkt, nicht der des Herrn Stahl, auch nicht der der lutherischen Kirche) gesteht er ihnen kein Recht der Gemeinschaft zu. Das ist Sünde und Frevel nicht gegen Menschen, sondern gegen den Heiland aller Gnade, der durch jedes Nachtmahl alle Gläubige ruft und zu ihnen spricht: Trinket Alle daraus. So übrigens jemand mit redlichem Herzen den Heiland allein als Haupt und Heil ergriffen hat und, so weit ihm das Verständniß gegeben ist, sich treulich dem Wort des Herrn unterwirft und in seinem Gnadenmittel Trost und Kraft sucht, ob seine Begriffe und Vorstellungen auch sehr schwach und irrthümlich wären, welche Macht ist berechtigt, ihn vom Mahle des Herrn zurückzustoßen? Welche es auch sei, steckt sie nicht im tiefen Irrthum und hat darin einige Entschuldigung, so offenbart sie sich als eine wesentlich antikristiche. Stahl rühmt sich, die Sakramentslehre seiner Kirche gesichtet und weitergeführt zu haben. Er hat es im Interesse tieferer Spaltung und Zerklüftung gethan und gewiß mit eigner Befriedigung sind die Schlußworte des Kapitels von ihm niedergeschrieben: „So wenig also hat „für diese Lehre die lutherische Kirche Grund zur Einigung ihres „Bekenntnisses mit dem reformirten, daß ihr vielmehr eine Fort„bildung geboten ist, durch welche sie sich noch mehr von demselben „ablöst." Freilich, will man den Gang der Union aufhalten, die Scheidung verewigen, man muß neue Klüfte zwischen beiden Theilen der evangelischen Kristenheit aufwühlen, die alten sind durch das ganze Zeitbewußtsein und den ganzen gottgeordneten Entwicklungsgang so weit ausgefüllt, daß sie eine Trennung nicht mehr begründen können. Und was ist doch diese Fortbildung der lutherischen Lehre, die eine neue Kluft bildet? Es ist die „in der lutherischen „Kirche gereifte und gewisse Erkenntniß, daß die ältere Gleichstellung

„von Wort und Sakrament nicht haltbar, daß sie mit dem Ganzen „der lutherischen Lehre nicht vereinbar ist.“ Träte diese „gewisse „und gereifte Erkenntniß“ mit der Demuth und der Liebe auf, wie sie dem Glauben eignen, gäbe sie sich als ein Dienen in der Gemeine, daß frei dürfte sich aneignen, wem es das Wort und der Geist zuließe, wollte sie also allein wirken durch ihre innere Wahrheit und damit durch den Beweis des Geistes und der Kraft, man könnte sie gar gern gewähren lassen. Aber indem sie auf dem Plane erscheint mit dem Anspruch, authentische, rechtsverbindliche Kirchenlehre zu sein, über Einheit, Spaltung und Grenze der Kirche zu Gericht zu sitzen, indem sie in dem Interesse kommt, einen Schritt von der evangelischen Schwesterkirche zurück und einen Schritt nach der ihrem innersten Prinzip und Wesen der evangelischen Kirche feindseligen römischen Kirche hin zu thun, haben wir uns erlaubt, sie nicht für lutherisch, sondern für wesentlich römisch zu erklären. Deshalb stimmen wir ein in das „ultraprotestantische Geschrei,“ daß hier im Keime liege nicht nur eine Beeinträchtigung der Rechtfertigung durch den Glauben, sondern offenbare Hinneigung zu der römischen Transsubstanziazion, zum römischen Meßopfer, zur römischen Heiligsprechung des besondern Priesterstandes, der Hierarchie. Diese „gereifte und gewisse Erkenntniß,“ welche der altlutherischen Lehre sich entschieden widersetzt, als lutherische Kirchenlehre aufzustellen, ist eben so viel werth als seiner Zeit das Thun Röhrs, indem er der evangelischen Kirche ein neues, allgemein gültiges Symbol präsentirte. Wir können solch Unternehmen nicht anders als einen entschiednen Abfall von der lutherischen Kirche bezeichnen. Den Strom der lutherischen Kirche können wir nur da sehen, wo nach ihrem und ihres Stifters Geist die ältere Gleichstellung zwischen Wort und Sakrament festgehalten wird, und weil dieser Zug auch von Anfang an das Treibende in dem Strome des reformirten Glaubens- und Kirchenlebens war, so mußten und müssen aus geschichtlicher und göttlicher Nothwendigkeit beide gottgeborne Ströme immer wieder zuletzt ihre Wogen einen, daß sie als Eins in den ewigen Ozean sich ergießen, in welchem Gott erscheint als Alles in Allen.

Das Sakrament wird wohl bleiben nach der Stiftung des Herrn, viele Begriffe vom Sakrament, wie sie in vielen oder wenigen Köpfen sich Geltung verschafft haben, werden und müssen untergehn. „Das Wort sie sollen lassen stahn" das ist in Luthers Sinn das Wort des Herrn; aber nicht eine sogenannte „gereifte und gewisse" Erkenntniß lutherisch sein wollender Herrn. Auf diesem Wort und auf ihm allein steht beim heiligen Abendmahl die Union, indem darin und damit der Herr verbindet, was theologische Versuche von einander rissen*). Doch wir schließen diesen schon zu

*) Des Herrn ureignes Wort und nichts Anderes, wohnt richtiges Gefühl und gesunder Sinn uns bei, gehört, gleich viel, welcher dogmatischen Auffassung man folgt, auch zur Spendung des heiligen Mahles. Man will, wie man sagt, dabei das Bekenntniß, die bekennende Kirche hören, darum die lutherische Spendeformel. Ja wenn einem die Kirche mehr ist als der Herr, dann ist die Forderung richtig. (Es karakterisirt sich in der That auch hier, was eigentlich dem Konfessionalismus zum Grunde liegt). Auch ich halte von Bekenntniß und von bekennender Kirche im richtigen Verständniß sehr hoch; aber Alles an seinem Ort, in seinem Maaß, zu seiner Zeit. Wenn ich zum heiligen Mahle trete, so dünkt mich wenigstens, will ich viel weniger hören, was die bekennende Kirche, als was der allein Gnade spendende Heiland spricht. Kommt's doch auch nach den lutherischen Symbolen nicht auf die Würdigkeit und Frömmigkeit des administrirenden Geistlichen, der beim Sakrament nichts als Hand und Mund des Herrn sein soll, an, sondern auf die stiftungsmäßige Darreichung. Darum hier nicht das Bekenntniß, sondern das Wort des Herrn. — Bei dieser Gelegenheit noch Eins. Nicht auf eine alte oder neue dogmatische Entwicklung der Abendmahlslehre bauen wir die Union, sondern auf das Wort des Herrn. Ebrard in seinem Werk über das heilige Abendmahl schlägt den entgegengesetzten Weg ein. Er will die Union durch eine neue Unionsakte, in der reformirte und lutherische Interessen und Forderungen befriedigt werden, verwirklichen. Zugleich gesteht er, daß eine solche formula concordiae des neunzehnten Jahrhunderts (ominöse Bezeichnung!) ein theologisches, schulmäßiges Ansehen bekommen würde. Er gibt beispielsweise selbst eine solche in nicht weniger als 46 Artikeln. Gewiß sehr gut gemeint, aber eben so gewiß auch ganz verfehlt! Wie er selbst gelegentlich äußert, bedurfte es zur Aufstellung seiner „geläuterten Abendmahlslehre" zuvor der Läuterung und Berichtigung philosophischer Anschauungen und Begriffe. Zugegeben nun, daß seine Anschauungen und Begriffe, ohne welche seine geläuterte Abendmahlslehre nicht zu fassen ist, wirklich geläuterte und berichtigte sind, sind sie dann auch Gemeingut der evangelischen Kristenheit oder auch nur der evangelischen Theologie? Wenn aber, wie unzweifelhaft, nicht, soll dennoch diese concordia allgemein aufgedrungen werden? Würde sie nicht alsbald die beste concordia discors sein? Ja würden diese geläuterten Begriffe nicht nach uralter Erfahrung in kurzer Zeit wieder

lang gewordnen Abschnitt mit den schönen Schlußworten aus der oben angeführten Schrift eines Laien. „Wie auch jemand," so lauten sie, „ohne zu wollen und zu wissen, in seiner Vorstellung „vom heiligen Mahle irren mag: Der Herr wird Jedem, auch wenn „er mit irrigen Vorstellungen des Verstandes zum heiligen Mahle „kommt, dennoch seinen vollen, wahren Sakramentssegen geben und „schenken über Bitten und Verstehen nach seines Herzens Bedürf„niß. Denn der Herr sieht das Herz an, nicht den Verstand und „seine Begriffe und seine Vorstellungen über „Leib und Blut" oder „Fleisch und Blut," oder über „das ist," oder über die Gegenwart „Kristi im heiligen Mahle, oder über die Art und Weise des Essens „und Trinkens, ob es mit dem Munde des Leibes oder durch den „Glauben geschehe. Darum von der Aufrichtigkeit unserer Sün„denerkenntniß und unsers Sündengefühls und unsers durch dieses „bedingten Verlangens, Sehnens, Hungerns und Dürstens nach dem „Herrn und seiner Gnade hängt der Segen des Sakraments ab. „Wer da, und wäre es ein mit seinem „Es bedeutet" gröblich ir„render Zwinglianer zum heiligen Mahle kommt als armer, elender, „gebeugter Sünder, den Sehnsuchtsseufzer im Herzen: Meine Seele „schreit nach dir, Herr, wie eine Hindin nach frischem Wasser! — „dem gibt der Herr nach dem Reichthum seiner Gnade, was er „im Sakramentsworte verheißen hat, zum Leben. Denn die Hung„rigen füllt er mit Gütern. Wer aber ohne solch Sündengefühl „und Sehnen kommt, der genießt, was er nach seiner Vorstellung „auch genießen mag, es sich zum Gericht, und wäre seine Vorstel-

---

neue Läuterung und Berichtigung erfahren und müßte dann nicht sofort von Neuem die Lehre und das Symbol anders fixirt werden? — Allen Respekt vor den ernsten und treuen Forschungen und Arbeiten wissenschaftlicher Theologie! Auch wird es derselben an segensreicher Einwirkung auf die Kirche nie fehlen, wenn sie nur mit ihren trefflichen Gaben dienen und nicht herrschen will, d. h. sie zur freien Aneignung und nicht als Glaubensgesetz den Gläubigen darbietet. Aber hinweg mit allem Menschlichen, das eben als solches auch wandelbar ist, wenn es als Festes und Alleingültiges in Kristi Gemeine auftreten will. Nur dem Worte des Heilandes gebührt es, in ewiger Majestät über die Gemeine und in der Gemeine zu beharren, während die sich läuternden und berichtigenden Anschauungen und Begriffe der Gemeine selbst sich fort und fort wandeln, bis wir erkennen, wie wir erkannt sind.

„lung vom heiligen Abendmahl auch eben so richtig, wie die des „Herrn selber.“

„Deshalb dürfen und wollen wir allerdings in Liebe streiten „darüber, wer des Herrn Meinung vom Sakrament richtig mit „den Vorstellungen seines Verstandes erfaßt habe, ob Luther, Me„lanchthon, Kalvin, Zwingli oder sonst wer. Aber Verrath ist es, „Verrath, geübt an evangelischer Kirche, wenn man im neunzehnten „Jahrhundert den traurigen Zwiespalt, den unseligen Hader wieder „heraufbeschwört, der im siebenzehnten so unendliches Elend, so un„säglichen Jammer erzeugte und durch dessen schlaue Benutzung es „den Jesuiten gelang, den Sieg des geläuterten Evangelii aufzu„halten, ja das von demselben fast ganz schon eroberte Deutschland „zur Hälfte wieder dem Joche Roms zu unterwerfen. Und darauf „sind grade jetzt, wo Rom seine alten, maaßlosen Anmaßungen mit „erneuerter Anstrengung geltend macht, wo die Jesuiten, die erbit„terten Todfeinde alles wahren Lichtes und darum besonders der „evangelischen Kirche, mit gewohnter Schlauheit und List wieder ihr „Wesen treiben, — darauf sind grade jetzt diejenigen aus, welche, „obgleich sie das in allen vier Berichten über die Einsetzungsworte „und sonst bedeutungsvoll hervorgehobene Brechen des Brodes nach „dem Segnen, dem verordnenden „Solches thut“ ungehorsam, un„terlassen, und das Wörtlein „wahre“ in die Einsetzungsworte des „Herrn mit anmaßlicher Eigenwilligkeit einschieben, doch in unerhör„ter Keckheit sich rühmen: Wir, wir haben das reine, unverfälschte „Wort und Sakrament! Sie grade sind's, welche das heilige Sa„krament weder aus der Hand derer empfangen, noch denen es „reichen, noch gemeinsam mit denen es genießen wollen, die aus „Ehrfurcht vor Gottes Wort das gesegnete Brod brechen, das Ein„setzungswort in der Weise nur gebrauchen, wie es aus des Herrn „hochheiligem Munde gegangen ist, aber von dem unbegreiflichen „unergründlichen Geheimniß der Gegenwart und des Genusses des „Leibes und Blutes Kristi andre Verstandesvorstellungen, auf die „Schrift sich gründend, hegen. Ist denn die Himmelsgabe, welche „der Herr nach seiner Erbarmung in das Sakrament gelegt hat, „irgendwie abhängig von den Vorstellungen des Menschen, welcher

„mir das heilige Mahl reicht, oder der Menschen, welche es mit „mir genießen? Nun und nimmermehr; sonst wäre es nicht des „Herrn Mahl, sondern der Menschen Mahl. Die Himmelsgabe „legt der Herr durch sein Wort hinein in das Sakrament, und sie „kommt mir zu Gute, gereicht mir zum Heile, Segen und Leben „durch meinen Glauben an den Herrn und die Kraft seines Todes."

„Damit Rom sich unsrer Uneinigkeit nicht freue und sie zu „seinem Vortheile ausbeute; damit es nicht wieder dahin komme, „daß der Streit und der Hader über das heilige Abendmahl, das „doch auch ein Mahl der Liebe ist, wie leider geschehen, selbst zwi- „schen Gliedern der evangelischen Kirche mit Verfolgung, Scheiter- „haufen und Schwerdt, also mit ächt römischen Waffen, geführt „werde, wollen wir lieber mit Jedem, der Kristum als den allei- „nigen Grund und die einzige Ursach des Heils und der Seligkeit „lieb hat, von Herzen Kirchen- und Sakramentsgemeinschaft halten, „unangesehen seiner Vorstellungen über das heilige Abendmahl."

„So zu einem gewaltigen Heere verbunden unter der mäch- „tigen Kreuzesfahne, welche die Inschrift führt: Kristus allein durch „den Glauben! — werden wir dann stark, weil einig in Ihm, und „siegreich durch Ihn, zu Felde liegen in der geistlichen Waffenrüstung „(Eph. 6, 10 — 18) gegen den Lügen- und Sündengeist der Welt „und des Fürsten der Finsterniß, wie gegen Roms Menschenfünd- „lein, Menschendienst und Menschenknechtschaft. Amen."

Wir werden jetzt eine Zeit lang Stahl mehr verlassen. Er holt zwar noch den Gegensatz der Reformirten und Lutheraner in der Lehre von der Schlüsselgewalt und in der Gottesdienstordnung hervor; allein er schillert hier so ins Römische hinein, daß er wenigstens dem ächt Lutherischen eben so fern steht, wie dem Reformirten. Es hängt das überhaupt mit seinen romanisirenden Ansichten über Kirche und Kirchenverfassung zusammen und wir kommen wohl später noch darauf zurück. Zunächst werde das innerste Mark, der Kernpunkt der Streitfrage ins Auge gefaßt. Ist der Konsensus zwischen beiden Konfessionen schon als ein so mächtiger von

Stahl dargestellt und strömt er auch noch viel tiefer und klarer, als er es angibt, ist in dem Dissensus selbst noch wieder viel Gemeinsames, selbst einem Stahl gegenüber, das müssen wir gestehen, ein Dissensus zwischen der alten reformirten und der alten lutherischen Kirche war doch vorhanden. Zwar ist im Laufe der Zeit in der lebendigen Wirklichkeit dieser Dissensus vielfach dahin aufgelöst, daß erleuchtete und fromme Männer auf reformirter Seite lutherische Neigungen, auf lutherischer Seite reformirte Neigungen zeigten, daß selbst die mehrsten wie im Einklange auf beiden Seiten sich der altsymbolischen Lehrfassung entschlugen und mehr aus der Unmittelbarkeit der heiligen Schrift schöpfend nach ihrer Eigenthümlichkeit die Heilslehre darstellten. Aber das wird eben als unberechtigtes Walten der Subjektivität gebrandmarkt, wodurch das Wesen der Kirche gefährdet, ja der Vernichtung entgegengeführt werde. Die Kirche hat, so sagt man, die Schrift ausgelegt und ihr Verständniß der Schrift in ihren Lehrschriften authentisch dargelegt. Auf diese Lehre der Kirche allein kommt's an, sie ist das Geltende, Entscheidende, Bestimmende, alle abweichende Ansichten sind Privatansichten und haben von dem öffentlichen Gebiet der Kirche als unberechtigt sich zurückzuziehen und sich in die Stille der Häuser und Herzen zu verbergen.*) Diese Ansicht sucht besondre Stärkung, indem sie den Ausdruck „Bekenntniß" herein zieht und sich mit demselben wie mit einem ehernen Panzer zu schützen meint. Wo die Kirche, die Gemeinschaft des Glaubens ist, da muß auch ihr Bekenntniß sein. Dies Bekenntniß ist ihr Grund, auf dem sie sich erbaut, und ist wesentlich eins mit ihrer Lehre. Wer vom Bekenntniß abfiel, der ist vom Glauben und damit von der Kirche

*) Wenn die Vertheidiger dieser Ansicht selbst bisweilen auch nur für das Wesentliche in den Lehrschriften der Kirche allgemein normatives Ansehen fordern; so ist damit nicht viel geändert. Das Wesentliche der Heilslehren ist nach ihnen nämlich nicht das, wie wir es nach dem Evangelio als solches erkennen, — damit würde ja, wie sie sagen, nicht das Evangelium, sondern unsre subjektive Auffassung das Bestimmende, der die Kirche auflösende Subjektivismus hätte wieder das ungezügelte Regiment, — sondern wesentlich ist das in den Symbolen, was zur Zeit ihrer Abfassung, namentlich von ihren Verfassern selbst dafür gehalten wurde.

selbst abgefallen. Ist diese Ansicht die richtige, ist dies sogenannte Bekenntniß, diese bestimmte Kirchenlehre der Grund und das Wesen der Kirche, dann ist die Union das unberechtigte; denn wie wenig wesentlich dem oder jenem unter uns auch z. B. die differenten Lehren über das heilige Abendmahl dünken möchten, den Lutheranern, namentlich den Verfassern der Symbole galten sie für wesentlich, darum einschließend und ausschließend in Betreff der Kirchengemeinschaft. Behaupten wir die Berechtigung der Union, wir müssen das Falsche jener Ansicht nachweisen. Dazu schlagen wir einen doppelten Weg ein, indem wir uns zuerst im Konkreten die lutherischen Symbole selbst darauf ansehen, ob sie die allein gültige Lehr- und Glaubensnorm für evangelische Kristen sein können und wollen, und sodann die Natur des Bekenntnisses, namentlich sein Verhältniß zur Lehre näher in Betrachtung ziehen. Ergibt sich, daß die Symbole nicht können, nicht dürfen, nicht wollen Norm der Lehre und Norm des Ein- und Ausschließens in der Kirche sein, so fällt im selbigen Augenblick die Scheidewand zwischen Reformirten und Lutheranern und die Union ist berechtigt, tritt mit heilig verpflichtender Gewalt auf, auch wenn der Dissensus ein noch viel größerer wäre als zwischen Luther und Kalvin oder Zwingli, als zwischen lutherischer und reformirter Kirche des sechzehnten Jahrhunderts. Im folgenden Abschnitt also haben wir die lutherischen Symbole selbst in dieser Beziehung zu prüfen.

V. Das Verhältniß der lutherischen Symbole zur Union.

Wir haben es hier fast garnicht mehr mit Stahl zu thun, der, wie genugsam erhellte, als ein untreuer Sohn seiner Kirche selbst die Mauern derselben unterwühlt und bei dem deshalb die Selbstwidersprüche nicht aufhören. Ehrenhafte Männer stehen uns entgegen, die aufrichtig und entschieden zu dem ganzen Lehrinhalt der lutherischen Symbole halten und deshalb als geborne aber grade Feinde die Union bekämpfen. Wollen diese ihren Standpunkt begründen, so haben sie nachzuweisen, daß die Symbole die reine evangelische Lehre, ohne Fehl und Flecken, enthalten und dadurch das Recht besitzen, über Alles in der Kirche, auch über ihre Grenzen zu bestimmen. Wir dagegen behaupten

A. **Die lutherischen Symbole können dies Recht nicht haben und nicht Normen der Lehre sein,**

weil auch sie nicht die vollkommen reine Lehre enthalten, sondern unevangelische Elemente in sich bergen. Das an einzelnen Punkten klar zu machen, ist unsre nächste Aufgabe.

Kann doch nicht so leicht los von Herrn Stahl, muß hier wenigstens mit ihm beginnen. Er sagt (p. 390): „Nach schlechthin „reiner Lehre hat es nie einen Kristen gelüstet, wir haben zur „Genüge, so wir nur reine Lehre haben. Eben so gelüstet es kei„nen Menschen schlechthin gesund zu sein, jeder ist zufrieden, wenn „er gesund ist." Wieder so ein geistreiches, frisch in die Mitte hineingeworfenes Wort, berechnet, zu blenden und zu bestricken. Sehen wir ihm schärfer ins Antlitz. Verglichen wird Reinheit der Lehre und Gesundheit. Schief durch und durch. Die Gesundheit durchzieht das ganze Leben, alle Kräfte des Leibes, die reine Lehre ist nur eine von mehreren Seiten der Gesundheit für den inwendigen Menschen. Richtiger wäre Glaube in solcher Vergleichung gesetzt und gesagt: Nach schlechthin reinem Glauben gelüstet es keinem Kristen, er hat Genüge am reinen Glauben. In diesem reinen Glauben aber, der nicht schlechthin rein ist, muß etwas Unreines sein. Ein merkwürdig reiner Glaube, der nicht die stärkste Sehnsucht hätte, auch das Geringste des Unreinen von sich auszuscheiden, der nicht die Natur unsers Auges besäße, welches auch das kleinste Stäubchen nicht in sich zu dulden vermag. Was ist es denn aber anders als eine mächtige Sehnsucht aus der ungesunden Gesundheit dieses Leibes heraus nach der schlechthinigen Gesundheit, wenn der Apostel ruft: Wir warten von dannen des Heilandes Jesu

Kristi des Herrn, damit er unsern Leib der Niedrigkeit umwandle zu gleicher Gestalt mit dem Leib seiner Herrlichkeit? Spricht derselbe nicht eben so brünstig das Verlangen nach der schlechthin reinen Lehre, reinen Erkenntniß aus, wenn er bezeugend, daß die jetzige Erkenntniß nur eine stückweise, dunkle, räthselhafte oder bildliche sei, das Zukünftige uns so vorhält, daß man erkenne von Angesicht zu Angesicht, so erkenne, wie man selber erkannt sei? Ueberhaupt eine merkwürdige Unterscheidung zwischen reiner und schlechthin reiner Lehre. Es soll doch wohl sagen: In unserer (der Lutheraner) „reinen Lehre" kann freilich Unreines nicht geleugnet werden; aber dies Unreine ist eben nur Unwesentliches. Das jedoch müssen wir bestreiten. Schon die Lehren, welche den eigentlichen Grund der Trennung zwischen den Konfessionen abgaben, die über das Abendmahl und über die Person Jesu Kristi, sind durch die Art, in welcher sie im Gegensatz zu den Reformirten geltend gemacht wurden, unrein und ungesund. Diesen Karakter nehmen sie an, indem sie in der Kirche feststellen und für alle Geister als verbindlich scharf ausprägen wollen, was in sicherer Weise aus Gottes Wort sich nicht als allgemein klar und gewiß nachweisen läßt. Aber auch in anderen Hauptlehren haben die lutherischen Symbole (die reformirten stehen hierin ihnen ganz gleich) durchaus unreine Elemente in sich. Ich stehe nicht an, unbesorgt über zu erwartende Verketzerungen, das in einzelnen Beispielen aufzudecken. Natürlich dürfen hierbei auch die sogenannten ökumenischen Symbole nicht ganz übergangen werden. Auch das älteste, allein wirklich allgemeine Bekenntniß der Kirche, das sogenannte Apostolikum, werde mit in Betracht gezogen, weniger an sich, als in Betreff dessen, was spätere (reformatorische) Symbole über zwei einzelne Punkte desselben aussagen. Gern spreche ich mich indeß zuvor über meine Stellung zu demselben aus. Nicht nur habe ich nichts gegen dasselbe, sondern stehe in demselben und hoffe durch Gottes Gnade mehr und mehr in dasselbe mich hineinzuleben und darin bis ans Ende zu verharren. Ist es doch auch Bekenntniß wie keins, was jemals Anspruch auf öffentliche Geltung gemacht hat oder noch macht. Wie aus heiligem Instinkt der gläubigen Gemeine und damit durch die Wirkung des heiligen Geistes erzeugt und geboren, spricht es eben in aller Einfalt den Glauben an Vater, Sohn und Geist, an das erschienene Heil, an die einfachen Thatsachen göttlicher Gnade aus. Wie aber aus dem Glauben der Gemeine geboren, so ist es auch lebendiges Eigenthum nicht des Kirchenregimentes, nicht der Theologen, sondern der gläubigen Gemeine geblieben bis auf den heutigen Tag. Nicht durch fürstlichen oder kirchenregimentlichen Schutz, nicht durch feine Kunst scharfsinniger Theologen, auch nicht einmal durch sein ehrwürdiges Alter, sondern durch die hohe Gewalt der Einfachheit wird es stets alle ab und zu auftauchende Zweifel und Einwürfe überwinden und sich bis ans Ende als das einzige, wirklich ökumenische Bekenntniß bewähren. Daß damit dem individuellen Bekennen in der Gemeine nichts von seinem Werthe abgebrochen werden soll und kann, versteht sich so sehr von selbst, daß wir eben behaupten müssen: Wer in seinem Leben nicht fort und fort individuell, will sagen, nach der Eigenthümlichkeit seiner Geistesrichtung und seiner Sprache, bekennt, der bekennt auch nicht mit der Kirche, nicht mit dem allgemeinen Bekenntniß der Kristenheit*). Wo aber die Kirche als solche sich zusammenfassen will, wo sie in feierlicher Weise ihre Einheit vor Gott und der Welt zu bekunden strebt, da wird sie so leicht nicht ungeschädigt und ungestraft den Tenor aufgeben, in welchem sie alle Jahrhunderte hindurch ihren Glauben bekannte**). Wenn hiermit aber diesem Bekenntniß seine volle Ehre unangetastet gelassen wird, soll es damit doch keineswegs auf einen Punkt gestellt werden, der ihm nicht gebührt, d. h. es soll weder zur Quelle, noch zur Norm des Glaubens erhoben werden, sondern allein als sein sich immer erneuerndes Zeugniß über sich selber. Daß es nicht Quelle des Glaubens ist (höchstens ein Hülfsmittel hier und dort für denselben),

*) Ueber Bekenntniß und das Wesen desselben im folgenden Abschnitt.

**) Wir können es nicht billigen, wenn unsre Preußische Agende auch den öffentlichen Gebrauch des Nizäischen und Athanasianischen Bekenntnisses unter Umständen gestatten will. Das nizäische, wo es über das apostolische hinausgeht, büßt den Karakter eines Gemeindebekenntnisses ein und nimmt den eines Theologen, damit eines Privatbekenntnisses an. Wer aber im Gemeindegottesdienst sich des Athanasianischen bedienen wollte, dem müßte aller gesunde, kirchliche Sinn und Takt abhanden gekommen sein.

lehrt die Geschichte zu klar und nachdrücklich. Was auch dem gesammten Kristenvolke an Gütern des Heils je vorenthalten und geraubt wurde, das Apostolikum ist stets in seinem Munde geblieben. Wie aber stand's bei dem Vollbesitz dieses Bekenntnisses um den Glauben, als die reine, evangelische Tradizion*) mehr und mehr verunstaltet und zum Schweigen gebracht wurde, als die heilige Schrift im Laufe der Jahrhunderte für alle Völker ein völlig verschloßnes Buch wurde, als an die Stelle von Heilsgeschichten Legenden von Heiligen, an die Stelle der Apostellehre Satzungen der Hierarchie traten? Das lasse man sich von der unparteiischen Geschichte schildern. Ein selbstbewußter Glaube war nur da, wo, wie bei den Waldensern oder einzelnen Gelehrten, der Born göttlichen Wortes noch zugänglich blieb. In der äußern, römischen Kirche fand sich verkümmerter und getrübter Glaube nur da, wo ein besonderer Wahrheitsinn und besondre göttliche Gnadenhülfe aus dem wirren Schwall der unreinen römischen Tradizion einzelne Körnlein evangelischer Wahrheit erkennen und erfassen ließ. Nur so weit aber war auch das Apostolikum etwas mehr als leerer, todter Buchstab. Eben so auch, wo das Leben und der Tod des Herrn, sein Thun und Leiden, wo sein und seiner Apostel Wort in ihrer eigentlichen Beschaffenheit verklungen oder vergessen sind, da hat dies Bekenntniß, ob es auch von Hunderttausenden bekannt wird, nichts von normirender Kraft. Wie große Irrthümer, welche die in diesem Bekennntniß ausgesprochene Heilswahrheit auf den Kopf stellen, ja völlig negiren, welche entsetzliche Auswüchse in Sitte und Leben gehen neben dem äußern Halten an seinem Buchstaben einher, wo Gottes Wort in heiliger Schrift gebricht. Kurz dies Bekenntniß gibt nicht Leben, normirende Kraft und normirendes Licht, sondern nimmt und bewahrt es allein von dem, welcher das Licht der Welt ist und der die heilige Schrift zum sichern Behältniß und Träger seines Lichtes und seiner Gnade gemacht hat. Auch diesem Bekenntniß gegenüber, so wenig wir es je aufzugeben gesonnen sind,

*) Unter evangelischer Tradizion wird hier verstanden die lebendige Mittheilung der Evangelisten über das Leben des Herrn, was wir zum Theil in unsern ersten Evangelien jetzt durch den Buchstaben fixirt haben.

muß auf dem evangelisch-protestantischen Grundsatz beharrt werden: Kristus unser einiger Meister und Herr, darum die heilige Schrift die alleinige Quelle und Regel unsers Glaubens. Doch darüber weiter unten.

Der erste Satz aber, der im Apostolikum nach den Auslegungen der reformatorischen Symbole Bedenken erweckt, ist Kristi Niederfahrt zur Hölle. Es ist bekannt, daß derselbe erst sehr spät seine Aufnahme ins Bekenntniß gewonnen hat. Ebenso ist in der heiligen Schrift nur gar wenig von diesem Gegenstande die Rede, eigentlich nur 1 Petri 3, 19ff. und in Verbindung damit 1 Petri 4, 6. Ob nämlich Eph. 4, 9 hier mit hergehört, ob der Herr Matth. 12, 14 noch etwas über seine Bestattung Hinausliegendes bezeichnen wollte, ist doch, um das Mindeste zu sagen, sehr zweifelhafter Auslegung. Für uns jedoch liegt in jenen Petrinischen Stellen Grund genug, um jene Thatsache festzuhalten, aber, um auch das offen zu gestehen, nicht Grund genug, um an der Annahme oder Verwerfung derselben die Kristlichkeit jemandes zu messen. Worauf es uns indeß hier ankommt, ist, wie sich die reformatorischen Symbole zu diesem Satz verhalten. Da will auf reformirter Seite der Heidelberger Katechismus*) den Ausdruck uneigentlich verstehen, nämlich von den unsäglichen Qualen der Verdammten, wie sie der Herr namentlich am Kreuz in seiner Seele getragen und aus- und durchgekostet hat. Daß der Heiland in seiner heiligen Liebe um der Menschheit willen, über sie und für sie unaussprechlich tief gelitten hat, daß am Kreuz, wo ihm gegenüber die menschliche Sünde sich auf's Grauenhafteste konzentrirt und sich in ihrer ganzen zähen Intensivität bekundet, sich dieses Leiden seines Geistes auch zu unermeßlicher Höhe, zu einer Mark

---

*) Frage 44. „Warum wird hinzugefügt: Er ist zur Hölle hinabgestiegen?" — „Damit ich in den tiefsten Schmerzen und schwersten Anfechtungen mich mit dem Troste aufrichten könne, daß mein Herr Jesus Kristus durch unaussprechliche Qualen, Martern und Schrecken seiner Seele, in welche er sowohl schon vorher, als auch ganz besonders, da er am Kreuze hing, versunken war, mich von der Qual und Pein der Hölle erlöst hat." (Augusti p. 548.) In gleichem Sinne drückt sich der Genfer Katechismus aus. (Augusti p. 475.)

und Bein, Herz und Seele durchdringenden Gewalt steigerte, ist ebenso biblisch begründet, wie psychologisch gerechtfertigt. Aber eben so gewiß ist es auch, daß nach dem ursprünglichen Sinn des Apostolikums bei der Höllenfahrt Kristi an nichts weniger als an jene ächt evangelische Wahrheit gedacht wurde. Schon die Stellung der einzelnen Sätze sagt uns, daß mit dem „gestorben" sich das Leiden des Herrn abschließt und mit dem „begraben" als völlig zur Ruhe gekommen gedacht werden soll. Mit dem „niedergefahren zur Hölle" kann unmöglich ins irdische Leben des Herrn wieder zurückgekehrt werden.

Lutherischerseits sieht die Konkordienformel*), indem sie sich auf eine Predigt Luthers beruft, die Bedeutung der Höllenfahrt Kristi darin, daß er „den Teufel überwunden und ihm alle seine Macht genommen," „den Gläubigen die Hölle zerstört" und sie „aus der Gewalt des Todes, Teufels, ewiger Verdammniß, höllischen Rachens erlöset habe." Unzweifelhaft ist es der aus dem Evangelio geschöpfte Trost der Kristen, daß Kristus für sie des Teufels Macht gebunden und der Verdammniß Bande gelöset hat; aber nirgend verknüpft die heilige Schrift diesen Trost mit der Höllenfahrt Jesu Kristi. Vielmehr wo von der gesammten Wirksamkeit des Herrn abgesehen und auf einzelne Thatsachen Gewicht gelegt wird, ist es immer der Tod und die Auferstehung, auf welche dies Heil zurückgeführt wird. Auch hat die alte Kirche, welcher dieses Wort im Symbol entstammt, nie einen solchen Sinn damit verbunden. Die heilige Schrift selbst aber gibt in den Petrinischen Stellen den Zweck der Höllenfahrt Kristi nur so an, daß er allein in den Gestorbenen zu suchen ist, und zwar nicht in den Gläubigen, sondern in denjenigen Ungläubigen, die ohne die Erscheinung und Offenbarung der göttlichen Gnade gestorben sind, damit sie, gerichtet nach dem Fleisch (nach ihrem Leben im Fleisch), im Geist (in dem des Fleisches entkleideten, geistigen Leben) Gott lebten, oder

*) Merkwürdig, daß diese Differenz zwischen der lutherischen und reformirten Kirche dem Herrn Stahl entgangen ist und er nicht auch sie auf den Gegensatz des Mysterischen und Antimysterischen zurückgeführt hat.

damit auch ihnen die Erlösung in Jesu Kristo zu Theil würde. Das ist biblisch und das war auch im Ganzen der Sinn, den die alte Kirche in der Höllenfahrt Kristi fand. Offenbar sind hier die reformirten und die lutherischen Symbole schon im Widerspruch mit der heiligen Schrift, ja mit dem ältesten Symbole der Kristenheit und wir dürfen sie schon hier nicht für solche erklären, welche die reine Lehre haben und die an sich fesseln, damit den Dissensus verewigen und die Union aufhalten dürften.

In den lutherischen Symbolen wird aber das Apostolikum selbst eines Irrthums geziehen. Bei der Auferstehung des Fleisches sagt der große Katechismus: „Daß aber hier stehet Auferste„hung des Fleisches, ist auch nicht wohl deutsch geredet; denn wo „wir Deutschen Fleisch hören, denken wir nicht weiter, denn in die „Scharren. (Fleischbänke.) „Auf recht deutsch aber würden wir „also reden: Auferstehung des Leibes oder Leichnams." Was Luther hier vom Deutschen bemerkt, gilt mit gleichem Recht von dem Griechischen, von der *ἀνάστασις τῆς σαρκός*. Es ist hier derselbe Unterschied zwischen *σῶμα* und *σάρξ* wie zwischen Leib und Fleisch. Nun spricht die heilige Schrift in der That nicht von einer Auferstehung des Fleisches (*τῆς σαρκός*), leugnet dieselbe vielmehr (1 Kor. 15, 50), sondern lehrt stets eine Auferstehung des Leibes (*τοῦ σώματος*). Nur von Kristi Fleisch wird einmal gesagt, daß es die Verwesung nicht erfuhr, daß also mit dem Leibe des Herrn etwa das vor sich ging, was Paulus als ein Ueberkleidetwerden dem Entkleidetwerden entgegensetzt. Gern liest man wohl einmal, was ein geistvoller Mann zur Vertheidigung „der Auferstehung des Fleisches" beigebracht hat; aber der Respekt vor der Wahrheit nöthigt uns doch, Luther hier Recht zu geben und zu der biblischen, wenn auch mehr nüchternen Lehre von der Auferstehung des Leibes zurückzukehren. Jedenfalls aber ist entweder das Apostolikum oder der große Katechismus*) im Irrthum, hier oder dort

---

*) Wenn in der angeführten Stelle es zuletzt heißt: „Doch liegt nicht große „Macht daran, so man nur die Worte recht versteht;" so ist das eben so viel, wie wenn man sagt, „wenn man nur die Worte nicht nimmt für das, was sie

steckt das Unreine in der Lehre und warnt uns, daß wir dasselbe nicht zur Fessel der Geister machen, indem wir die Symbole als Norm der Lehre ausgeben.

Das in Betreff des Apostolikums Gesagte lassen wir indeß gern als weniger gewichtig gelten. Viel schwerer fällt das am Athanasianum zu Rügende in die Wagschale, wenn wir dies auf den Karakter eines wirklich kristlichen Bekenntnisses ansehen und an dem Maaßstabe des Evangelii prüfen. Von vorn bis hinten trägt es den Stempel eines Rechenexempels der orthodoxen Logik seines Jahrhunderts, von vorn bis hinten gibt es sich als ein Produkt bitter hadernden, rechthaberischen, theologischen Hochmuths, von vorn bis hinten nichts als eisige, spitze Formeln. Nirgend verräth sich darin der frische, lebendige Hauch gläubigen Bekennens, nirgend der natürliche Ausdruck des Ergriffenseins von der göttlichen Liebe, nirgend eine Spur davon, daß der Verfasser etwa es noch der Mühe für werth hält, aus dem frisch quillenden Born der Wahrheit, aus heiliger Schrift, zu schöpfen*). Wir fühlen ihm das ganze Elend jener Zeit an, wo auf orthodoxer und heterodoxer Seite das wahre Kristenthum in Aneignung bestimmter Formeln gesucht und dann gestrebt wird, diese mit allen nur möglichen Mitteln zur Herrschaft zu bringen, wo Kaiser und kaiserliche Diener, Hoftheologen und Konzilien sich in solchen unkristlichen Bestrebungen überbieten. Wird alle geistige Kraft auf Ausklügelung rechtgläubiger Formeln und auf den Streit für dieselben verwandt, wird, wie natürlich, dazu noch die weltliche Macht zur Entscheidung auf den Kampfplatz geführt; dann wird es fast zur Unmöglichkeit, daß wirklicher Glaube sich im öffentlichen Leben der Kirche noch erhalte. Scheu wird er, wo er ist, meistentheils sich in die Verborgenheit zurückziehen. Aber selbst an dem, was man spezifisch Rechtgläubigkeit nennt, wird Schiffbruch gelitten, wenn man diese

---

wirklich bedeuten, sondern für etwas anderes, also hier Fleisch nicht für Fleisch, sondern für Leib." Das ist aber ein schlimmes Ding, wenn es sich um feste Normirung reiner Lehre handelt.

*) Wo es in das Apostolikum übergeht, da bringt es nicht mehr sein Eignes.

nur nach dem Worte des Herrn messen will. Prüfen wir darauf unser Athanasianum ein wenig näher. — Wenn wir nach heiliger Schrift in Jesu von Nazareth die Erlösung suchen und finden, nämlich die Gnade, welche Sünden vergibt, heiligt und erleuchtet, so versteht es sich für den wirklich frommen Sinn von selbst, daß in dem Maaße, wie der Heiland das gewährt, er das nur vermöge der ihm innewohnenden Gottheit vermag. Wir würden Gott in ihm schauen und anbeten, auch wenn wir kein Wort von ihm oder den Aposteln hätten, was dies ausdrücklich versicherte. — Die Zuversicht, in der wir uns, was im Leben und Sterben Kristi Tröstliches und Heilsames liegt, für uns aneignen, den Glauben, das Bewußtsein, daß grade wir mit dem Frieden und der Gotteskindschaft in Jesu begnadigt sind, lehrt uns die heilige Schrift auf den heiligen Geist zurückführen. Damit versteht es sich abermals von selbst, daß wir im heiligen Geist gleichfalls die Gottheit erkennen und anbeten, sollte es auch kein besonderes Wort der heiligen Schrift ausdrücklich bezeugen. Es wird ja dem Frommen unmöglich, sein Heil von anderswoher als von dem gnädigen Gott selbst abzuleiten. So wie im Vater tritt uns demnach auch im Sohn und im heiligen Geiste die Gottheit entgegen. Ebenso aber kann eine geläuterte, sich selbst klar gewordene Frömmigkeit die Gottheit nicht anders als Eine und in sich selbst einige fassen. Zeigt uns nun die geschichtliche Offenbarung Gott als Vater, Sohn, und Geist, so lehrt eben dieselbe in Uebereinstimmung mit dem frommen Bewußtsein die vollste Einheit von Vater, Sohn und Geist. Diese Einheit und Geschiedenheit in der Gottheit, die Eine Gottheit in den Thatsachen der Schöpfung, Erlösung und Heiligung hat der gemeine Kristenglaube als sein wesentliches, unverlierbares Erbgut, dessen er in seinen Bekenntnissen, namentlich auch mittelst des Apostolikums so gern Zeugniß gibt. Wie sich aber diese Geschiedenheiten in der Gottheit, wie sich Vater, Sohn und Geist zu einander verhalten, das hat tiefsinnige, kristliche Denker von jeher beschäftigt und wird und soll sie fort und fort beschäftigen. Wenn sie in demüthiger, ernster Geistesarbeit auch nach dieser Seite sich in die Tiefen der Gotteserkenntniß zu versenken streben, so ist die

Erwartung gewiß nicht leer, daß dabei manche heilsame Frucht zur Stärkung des gläubigen Lebens zu Tage gefördert wird. Wenn sie aber die Resultate ihres Denkens in scharf zugespitzte Formeln fassen und diese als Inbegriff der Wahrheit und des seligmachenden Glaubens der Kirche, die ihrer großen Mehrzahl nach theologischer und philosophischer Spekulazion fremd ist, aufdrängen wollen; so freveln sie auf unerhörte Weise, indem sie den Gemeinen das Brod des Lebens zu rauben und an der Stelle desselben Steine aus der Wüste des reflektirenden Verstandes darzubieten suchen. Daher rathen tief fromme Männer, wie Thomas a Kempis und selbst Luther von einem Grübeln über die innern Verhältnisse der Trinität ernstlich ab. Das Athanasianum macht aber grade dies zur Hauptsache und sucht nur in solchem Grübeln oder in der unverdauten und unverstandenen Annahme solcher Grübeleien wahres Kristenthum. Ja in erschreckender, haarsträubender Weise wird uns gesagt, daß nur von der Annahme solcher Formeln die Seligkeit abhängen soll. „Wer denselben" (kristlichen Glauben) „nicht ganz und rein hält, der wird ohne Zweifel ewiglich verloren sein," und dabei wird am Anfang und Ende eben feierlich erklärt, daß der kristliche Glaube in diesen Formeln über Trinität und über das Verhältniß der Gottheit und Menschheit in Kristo bestehe. Was hat sich der Heiland nicht etwa nur von Ketzern und Abtrünnigen, von Freigeistern und Ungläubigen, was hat er sich von denen gefallen lassen müssen, die seine rechtgläubige Kirche zu repräsentiren und im Namen derselben zu bekennen meinten und denen man immer wieder den Herrscherstab über die Gemeinen in die Hände zu geben gewillt ist! Wie wird er thatsächlich von ihnen gemeistert und gemißhandelt! Also wer diese Formeln nicht hat, der wird nicht selig, „wird ohne Zweifel ewiglich verloren sein." Nun, was hat Er, der sein Volk von ihren Sünden selig macht, was hat er von diesen Formeln dem kananäischen Weibe, dem Gichtbrüchigen, dem Schächer am Kreuz, ja was hat er seinen Jüngern davon gelehrt? Sofern sie über den vorhin angegebenen Inhalt des allgemeinen Kristenglaubens hinausgehen, nichts, hat also nach dem Athanasianum auch keine Seele selig gemacht.

Ein Bekenntniß solchen Inhaltes sollte in der That und Wahrheit ein ökumenisches d. h. ein allgemeines für die ganze Kristenheit auf Erden sein, das sollte eine reine Lehre enthalten und an Bekenntnisse solchen Inhaltes sollte die evangelische Kristenheit wie an ein eisernes Joch geschmiedet sein, daß ihr jede lebendige Bewegung des freien Glaubens und der freien Liebe unmöglich würde? — Doch wir greifen noch Einzelnes aus den Formeln des Bekenntnisses heraus. Vater, Sohn und Geist werden als Personen bezeichnet. Das ist bekanntlich eine Benennung, von welcher, auf die Dreiheit in Gott bezogen, die heilige Schrift nichts weiß, von der die frommen Lehrer, welche sie gebrauchen, stets zugestehen, daß sie sehr unzulänglich und mißverständlich sei und die für uns in dieser Verbindung nur deshalb etwas erträglicher erscheint, weil wir es als eine alte Gewohnheit geerbt haben, dieselbe (den Ausdruck Person) hier nicht bedeuten zu lassen, was sie eben sonst allenthalben bedeutet. So konnte die Erklärung der Augsburgischen Konfession hier auch kaum anders als nichts erklärend ausfallen. „Significat,“ sagt sie, „non partem aut qualitatem in alio, „sed quod proprie subsistit.“ „Und wird durch das Wort Per„sona verstanden nicht ein Stück, nicht eine Eigenschaft in einem „Anderen, sondern das selbst besteht.“ Was könnte nach dieser Erklärung nicht alles als Person figuriren! Und doch wie mager, wie wenig bestimmend und erklärend diese Erklärung auch ist, sie geht über die evangelische Wahrheit hinaus und streitet mit derselben. Das „proprie subsistit,“ „das selbst besteht“ gibt unstreitig den Ausdruck des Athanasianums wieder, daß „wir nach krist„licher Wahrheit eine jechliche Person für sich als Gott und „Herrn bekennen müssen.“ Danach ist der Sohn für sich ohne den Vater und ohne den heiligen Geist Gott. Das ist es aber grade, was die Bibel, was der Heiland selbst auf's Entschiedenste verwirft. Nur deshalb ist der Sohn Gott und der Gottheit theilhaftig, weil er im Vater und der Vater in ihm ist, weil er etwa nicht war und sein wird, sondern weil er ist (das Ist der Ewigkeit) im Schooße des Vaters, kurz weil er Eins ist mit dem Vater. Eben so ist der heilige Geist Gott, weil, um das Johanneische hier anzuwenden, in ihm der Vater und Sohn kommen und Wohnung in denen machen, welche den Sohn (seiner geschichtlichen Erscheinung nach) lieb haben. Es gehört einer theilweise glaubens- und geistlosen Orthodoxie an, irgendwie den Vater „für sich," den Sohn „für sich," den heiligen Geist „für sich" zu fassen, wie der rechte lebendige Glaube dagegen den Vater nur als den Vater unsers Herrn Jesu Kristi kennt und im Sohne ihn sieht und im heiligen Geiste des Vaters und Sohnes gewiß ist. Gewiß ist das Geborenwerden des Sohnes vom Vater und das Ausgehen des heiligen Geistes von beiden als ein ewiges, als ein zeitloses und damit alle Zeiten erfüllendes zu denken und schon darin liegt aufs Klarste ausgesprochen, daß Sohn und heiliger Geist nicht „für sich," sondern nur in und mit dem Vater als einiger Gott existiren. Nun wird es freilich heißen, daß das Athanasianum ausdrücklich das „Zertrennen des göttlichen Wesens" abwehrt und die innere Einheit der drei Personen festhält, behauptend, es seien trotz der drei Personen, die jede Herr und Gott sei, doch nicht drei Herren oder Götter, sondern nur Einer. Gewiß geschieht das, aber ebenso gewiß werden damit auch wieder die drei Personen „für sich" abgeleugnet, eben so gewiß fällt damit das Wort „Person" als nur Falsches oder im besten Falle Nichts ausdrückend, indem die einzige Bestimmung darüber „quod proprie subsistit," „das selbst besteht" über den Haufen geworfen wird. Dennoch verdammt das Athanasianum jeden, der die drei Besonderungen in Gott nicht mit dem Ausdruck Personen bezeichnen will. — Man hat im Athanasianum das glückliche Bestreben gefunden und gepriesen, eine sogenannte Offenbarungstrinität zu verdammen und eine sogenannte ontologische, immanente oder Wesenstrinität als alleinige, seligmachende Wahrheit festzustellen. Die erste besteht nämlich nach der Ansicht ihrer Bekenner darin, daß Vater, Sohn und Geist in dem wesentlich ununterschiednen Gott auch nicht wesentliche Besonderungen, sondern nur drei verschiedne Offenbarungsweisen seines einigen Wesens sind. Für uns in der Offenbarung erscheint Gott also als nach drei Seiten gesondert, in seinem Wesen selbst ist er durch und durch ungeschieden. Nach der zweiten sind Vater, Sohn und Geist innere, wesentliche und ewige Besonderungen im Wesen der Gottheit selbst. Wir können in den Gegensatz, dessen beide Seiten in Lücke und Nitzsch seiner Zeit ihre sehr würdigen Vertreter hatten, nicht weiter eingehen. Nur das Wenige. Das Schlagendste und Einfachste für die sogenannte Wesenstrinität, was mich mit meinem Denken ihr zuwendet, ist, daß der Gott der Wahrheit sich nicht anders offenbaren kann, als er seinem innern Wesen nach ist, daß, wenn deshalb in seiner Offenbarnng Besonderungen seines Wesens hervortreten, diese auch ewig in ihm selber ruhen müssen. Aber wenn die Bekenner einer Offenbarungstrinität erwiedern, daß diese Dreiheit in der Gottheit doch vielleicht nicht aus der Offenbarung selbst, sondern nur aus unsern schwachen geistigen Augen resultiren könne und daß wir uns hier unstreitig auf einem Gebiete befinden, wo alles Denken am Ende ausgeht und wo nur Anbetung bleibt, wo deshalb für den Glaubensinhalt alle Formeln völligst inadäquat sein müssen*), so dächte ich, müßte jeder, in dem noch etwas Kristenthum, noch etwas Demuth ist, eine heilige Scheu empfinden, sie als von der kristlichen Wahrheit Abgefallne zu brandmarken, müßte sich vor der schweren Sünde hüten, über sie den Bannfluch ewiger Verdammniß auszusprechen, wie es das Athanasianum thut und alle, die es als allgemein verbindliches Kirchenbekenntniß aufstellen, mit ihm. Ist auch (wir entscheiden nicht) die Wesenstriuität die wahre, dem Evangelio entsprechende Lehre, im Athanasianum ist sie völlig unkristlich geworden, indem sie verdammt diejenigen, welche dies tiefe Geheimuiß des Glaubens noch nicht in dieser Weise mit ihrem Denken aufzufassen vermögen.

Auch das ist dem Athanasianum als großes Verdienst nachgerühmt worden, daß es jedes Subordinazionsverhältniß der beiden

*) Es ist eiu eignes Ding, um diesen Gegensatz. Mir hat es immer so geschienen, daß, je fester man sich der Wesenstrinität im Denken bemächtigen will, desto mehr wird man zur Offenbarungstrinität zurückgetrieben und je mehr man sie wieder nur als Offenbarungstrinität verfolgt, desto mehr wird man wieder von der Wesenstrinität erfaßt. Ein Schwanken das jeder Denker, der ehrlich ist, vielleicht für sehr natürlich hält, über das aber unsre fertigen Leute Zeter und Mordio schreien.

letzten Personen in der Gottheit unter die erste verdamme und so den „rechten Glauben“ die „reine Lehre“ bewahre. So lautet es ja: „Unter diesen drei Personen ist keine die erste, keine die letzte, „keine die größeste, keine die kleinste. Sondern alle drei Personen „sind mit einander gleich ewig, gleich groß.“ Wenn es damit aber auch nur gethan ist? Der Vater wird nach demselben Bekenntniß nicht gezeugt und geht nicht aus, aber der Sohn wird gezeugt, nämlich vom Vater und der heilige Geist geht von ihm aus. Damit wird, wenn überhaupt etwas Denkbares ausgesprochen wird, der Vater als ewiger Urgrund des ewigen Sohnes und Geistes hingestellt, es wird dem Vater ein Prius, wenn auch natürlich nicht ein Prius der Zeit, doch ein Prius wesentlicher Dignität zugesprochen, es wird eine ewige Subordinazion des Sohnes und Geistes in Beziehung auf den Vater festgestellt. Und so hat das Athanasianum selbst wieder die Subordinazion, die es verwirft. Ist es aber wirklich der genuine Sinn des Athanasianums, daß es jede Subordinazion zwischen den drei Personen der Gottheit verdammt, so verdammt es nichts anders als die Lehre der heiligen Schrift. Der Herr spricht selbst, der Vater ist größer denn ich. Da klügelt unser Bekenntniß und mancher Theologe klügelt noch heut kläglich nach, das hat der Herr von seiner Menschheit geredet, der Menschheit nach ist er freilich kleiner als der Vater, aber der Gottheit nach ist er ihm gleich. Seinen Jüngern es zu versichern, daß er der Menschheit nach kleiner sei als der Vater, wäre für die Jünger des Herrn das Ueberflüssigste und deshalb in seinem Munde das Müßigste gewesen, aber schwerlich wird es dem größten Scharfsinn gelingen, nachzuweisen, daß der Herr es geliebt habe, Ueberflüssiges und Müßiges zu lehren. Und wie klügelt man sich denn bei 1 Kor. 14, 28 heraus, wo es heißt: „Wenn aber ihm „(dem Sohn) Alles wird untergeordnet sein, dann wird auch der „Sohn selbst sich dem unterordnen, der ihm Alles unterordnete, damit Gott sei Alles in Allen.“ Redet da der Apostel auch etwa vom Sohn nur nach seiner Menschheit? Doch was wollen einzelne Stellen sagen. Das Subordinazionsverhältniß des

Sohnes*) zum Vater leugnen, heißt die ganze evangelische Geschichte, namentlich die ganzen Reden des Herrn der Wahrheit berauben. Wir wissen es wohl, daß es ein Interesse der kristlichen Theologie gibt, eine gewisse Weise, die Subordinazion des Sohnes und Geistes geltend zu machen, zu bekämpfen, aber noch größer ist das Interesse, jede Leugnung der Subordinazion zu bestreiten. Wird also diese Subordinazion im Athanasianum geleugnet, so wird die evangelische Wahrheit bekämpft und wir haben abermals in diesem kirchlichen Symbol eine sehr „unreine Lehre."

Doch es wird Zeit, auch ein wenig die Symbole der Reformazion selbst auf die „reine Lehre" näher anzusehen. Wie bekannt, ist nicht ein humanistischer oder allgemein menschlicher Freiheitsdrang die erste und mächtigste Triebfeder der evangelischen Reformazion gewesen. Es haben sich in ihr zunächst nicht Gedanken, Anschauungen und Interessen, wie sie etwa im Zeitalter der sogenannten Aufklärung die Geister bewegten, geltend gemacht. Vielmehr die unauslöschliche Sehnsucht nach dem Frieden mit Gott, ein tiefes Gefühl von der menschlichen Sünde und die Ahnung, daß des Menschen Heil und Seligkeit allein ein Werk der göttlichen Gnade sein könne, hatte sich mit unwiderstehlicher Gewalt der Gemüther bemächtigt und trieb sie mit Nothwendigkeit auf ihre Bahn. Ein mächtiges Sünden- und Schuldbewußtsein, das nur in der Vergebung und Heiligung allein durch göttliche Gnade zur Ruhe kam, ist die Grundlage der evangelischen Reformazion gewesen, und alle Früchte anderweitiger Freiheit und Humanität, so weit sie Eigenthum evangelischer Kirche sind, sind auf dieser Grundlage und aus derselben hervorgewachsen. Gewiß ist es auch, daß Aufklärung, Freiheit, Humanität u. dgl. m. sich ins Oberflächliche verlieren, wo man sie ohne den tiefen Ernst der Reformatoren,**) mit Verkennung der

---

*) Daß es sich mit dem heiligen Geiste gleicher Weise verhält, ist von sich selbst klar.

**) Dem Herrn Stahl zum Trotz müssen wir hierbei auch Zwingli als Reformator zählen. Wohl wiegt das humanistische Element, wohl auch Vaterlandsliebe und bürgerlicher Freiheitssinn bei ihm schwerer als bei Luther, aber das Alles hat ihn nicht zum Reformator gemacht. Auch er ist vom Bewußtsein der

menschlichen Sünde und Verschuldung besitzen und sich bewahren will. Ohne diesen Grund schlägt nur zu leicht die Aufklärung in Bornirtheit des hausbacknen Verstandes, die Freiheit in Knechtschaft der Meinungen, die Humanität wohl gar in Bestialität um. Nicht nur das eigenthümlich kristliche Leben kann ohne ein tiefes Bewußtsein von der menschlichen Sünde, durch welche die Erlösung nöthig ist, nicht bestehen, sondern alle wirklichen, geistigen Güter, die zu besitzen und zu erkämpfen es sich der Mühe verlohnt, werden entweder nur auf diesem Grunde sicher gewonnen oder hier allein ohne Verletzung des wirklichen Heils besessen und genossen. Wenn nun unsre reformatorischen Symbole mit größtem Nachdruck die menschliche Sünde und Schuld hervorheben, so kann das vom Standpunkt des Evangelii aus nur gerühmt werden. Aber halten sie auch die Grenzen unverrückt fest, welche die Wahrheit in heiliger Schrift ihnen ziehet? Sünde ist nur wirklich da, wo sie auch des Menschen eigene Schuld ist und unsre Sünde ist nur unsre Schuld, wenn sie in ihrem Ursprung nicht auf Gott zurückgeführt wird.*) Das will denn auch die Augsburgische Konfession aufs Sorgfältigste vermeiden und erklärt ausdrücklich in ihrem neunzehnten Artikel,**) daß die Ursach der Sünde in dem Willen der Bösen, nämlich des Teufels und der Gottlosen ruhe, „in dem verkehrten Willen“ derselben, wie es im deutschen Text lautet. Aber ist denn der „verkehrte „Wille“ nicht eigentlich schon recht wesentlich die Sünde im Innern des Menschen und sind alle Sünden in Worten und Werken nicht rein und allein deshalb Sünden, weil sie Aeußerungen und Erzeugnisse des „verkehrten Willens“ sind? So erklärt der „verkehrte „Wille“ gar nicht die Ursach oder den Ursprung der Sünde, sondern will selbst seinem Ursprung nach erklärt werden. Wir haben

Sünde durchdrungen, auch er sucht das Heil allein in der Gnade und so erst wird er Vorkämpfer der reformirten Kirche.

*) Von der folgenden Ausführung findet sich das Wesentliche theilweise schon in dem Abschnitt über die Prädestinazion, auf den ich auch zurückverweise. Es gilt aber zu zeigen, daß Trübungen in der Lehre nicht etwa nur in Neben-, sondern grade in Hauptpunkten vorkommen und deshalb mußte derselbe Gegenstand noch einmal, wenn auch von andrer Seite, ins Auge gefaßt werden.

**) Hase p. 15.

genau genommen mit den Worten des Symbols nichts anders als: die Sünde ist Ursach der Sünde, oder soll in denselben nicht Nichts gesagt sein: Die Sünde im Willen ist Ursach der Sünde in Worten und Werken. Das ist gewiß so wahr, daß es niemand leugnet, nur sind wir damit der Antwort und Lösung auf die Frage nach der Ursach der Sünde oder dem Nachweise, daß sie nicht in Gott ihren Ursprung habe, um kein Haar breit näher gekommen. Immer nicht gut, wenn man auf dem Gebiet der Lehre mit Etwas Nichts erreicht d. h. wenn sich eine Nichterklärung hinter einer scheinbaren Erklärung versteckt und wenn das dennoch als verpflichtendes, gesetzliches Muster fürs kristliche Lehren aufgestellt wird. Aber schärfer angesehen gewinnt die Sache eine viel schlimmere Gestalt. Es heißt von dem Willen der Bösen (des Teufels und der Gottlosen), daß er, indem Gott nicht hilft (ihm nicht Beistand leistet) (non adiuvante Deo) sich von Gott abwendet, nach dem deutschen Text: „alsbald, so Gott die Hand abgethan." Also der Wille der Bösen, des Teufels und der Gottlosen wird nur da erst die Ursach der Sünde, wird selbst nur da erst böse („avertit se a „Deo" wendet sich von Gott ab), wo Gott nicht mehr hilft, wo Gott „die Hand abgethan" hat. Die Frömmigkeit aber, welche bei den Verfassern der Symbole mächtig waltete und regierte, lebte nur in dem Bewußtsein, daß die Kreatur, das Geschöpf, wenn Gott nicht mehr hilft, oder die Hand abthut, auch nichts mehr ist und vermag. Bezieht sich das Nichthelfen und Abthun der Hand Gottes auf das natürliche Leben, so ist das Versinken in den physischen Tod die Folge, bezieht es sich auf den innern Menschen, auf das religiös sittliche Leben, so tritt eben so nothwendig das geistige Sterben, das Versinken in die Sünde ein. Der kreatürliche Wille kann ohne die Hülfe Gottes weder gut bleiben, noch gut handeln. Da verlegt das Augsburgische Bekenntniß trotz seines anfänglichen Widerspruchs doch die letzte Ursach des Bösen in Gott, nämlich in das Versagen seiner Hülfe, in das Abthun seiner Hand. Wir wissen es wohl, wir stehen hier vor dem tiefsten, schwersten und theilweise für immer unlösbaren Problem des religiösen und spekulativen Denkens; aber wenn es sich um gesetzlich verpflichtende Lehren in der

Kirche handelt (und das ist der Fall wenn man die „reine Lehre" zur Norm macht); dann dürfen doch nimmer solche aufgestellt werden, die für den kristlichen Glauben das Allerbedenklichste aussagen oder folgern lassen, die über die Grenzen dessen, was die heilige Schrift gibt, hinausgehend, nicht Wahrheit, sondern Irrthum verbreiten. Man sage nicht, die Reformatoren hätten überhaupt andre Anschauungen gehabt und deshalb dürfe man auch diese Stelle nicht nach ihrem Wortlaute fassen. Es ist uns oft genug gesagt, daß es sich bei öffentlichen Bestimmungen, die irgendwie in gesetzlicher Weise gelten wollen, allein um den Sinn handelt, den sie in ihrem unmittelbaren Zusammenhange und nach ihrem unmittelbaren Wortlaute dem unbefangenen Leser gewähren und daß man sich nicht um den Sinn ihrer Urheber zu bekümmern habe. Eine mit öffentlichem, normativen Ansehen ausgerüstete Schrift soll ja eben damit von ihrem oder ihren Urhebern losgelöst sein. Doch nein, wir wollen, wie es wirklich recht ist, die Worte des Bekenntnisses aus dem Sinn und Verstand seiner beiden Urheber, Melanchthons und Luthers verstehen. Der letztere hat seine Anschauungen über diesen Gegenstand in seiner Schrift de servo arbitrio, einem Buche, das ihm unter allen seinen vielen Schriften mit die höchste Stelle einnimmt, im Zusammenhang niedergelegt und zwar so, wie es eben in dem Abschnitt über die Prädestinazion auszüglich mitgetheilt ist. Kühner, klarer, schärfer, härter hat niemals ein kristlicher Theolog es ausgesprochen als Luther, daß in Gott die Ursach der Sünde, auch der ersten Entstehung der Sünde zu suchen sei. Als Melanchthon später den sogenannten Synergismus in seine Lehrweise aufnahm, hat er allerdings diese Ansicht aufs Bestimmteste abgewiesen, ja eben, um nicht Gott als Urheber des Bösen betrachten zu müssen, gab er unstreitig dem, was man seinen Synergismus nennt, Raum. Derselbe beschränkt sich wohl sicherlich nicht allein auf das Verhältniß des Menschen zu Gott, der menschlichen zur göttlichen Thätigkeit im Werke der Bekehrung, sondern ist überhaupt ein Zeichen, daß seine ganze Anschauung über das Verhältniß der vernünftigen Kreatur zum Schöpfer eine andre geworden war. Aber nicht Melanchthon, der Synergist, sondern jener Melanchthon, der, wie seine erste

Ausgabe der Loci es beweist, sich wesentlich in denselben Ansichten bewegt, welche Luther in seinem Buche vom knechtischen Willen vertheidigt, ist der Verfasser des Augsburgischen Bekenntnisses und als solcher allein geeignet, dasselbe authentisch zu erklären. Auch von ihm werden wir damit zu dem geführt, was der neunzehnte Artikel besagt, daß die letzte Ursach der Sünde in Gott selbst zu suchen sei. — Nun, wird man vielleicht sagen, was dies Augsburgische Bekenntniß gefehlt hat, das hat die Konkordienformel gut gemacht, hat die allerdings früher getrübte Lehre völlig gereinigt, indem sie so nachdrücklich behauptet, Gott sei in keiner Weise Ursach des Bösen. Wenn dem wirklich so wäre, so hätten wir hier wieder die, wenn es sich um eine reine Kirchenlehre handelt, so schlimme Erscheinung, daß Symbol wider Symbol stände. Aber wenn sie es nur thäte und sich dabei stärker und tüchtiger bewiese! Mit einer bloßen Behauptung, wenn namentlich das Nachfolgende derselben widerspricht, sie gradezu wieder aufhebt, ist offenbar nichts geleistet. Weiter bringt sie es aber in der That nicht. Wenn sie nämlich eine Prädestinazion der Frommen, aber nicht der Gottlosen statuirt, wenn sie aber zugleich bei der Bekehruug jeden Synergismus des Menschen (jedes menschliche Mitwirken) aufs Entschiedenste verwirft; so sieht jeder leicht ein, daß sie ungelöste Gegensätze neben einander stellt und eigentlich in ihrem ganzen Thun nur sagt: Weil ich sehr schlecht denke, sollt ihr überhaupt gar nicht denken, sondern gedankenlos annehmen, was ich vorschreibe, daß nämlich Beispielshalber schwarz nicht schwarz sondern weiß, und weiß nicht weiß sondern schwarz ist. Sie kommt, wie wir vorhin gesehen, im Wesentlichen nicht von der Prädestinazion los und läßt damit die Kausalität des Bösen in Gott. Ja wir müssen behaupten, daß sie viel mehr noch als frühere Symbole für den dermaligen Zustand des Menschen alle Schuld in der Sünde vernichtet. Indem sie das Verdammungswürdige, die gänzliche Verderbtheit des natürlichen Menschen darstellen will, schildert sie uns, sich an Luthers Auslegung des neunzigsten Psalmes anlehnend, seinen Zustand vor der Erleuchtung, Bekehrung und Wiedergeburt durch den heiligen Geist in allen das Heil betreffenden Dingen als den des vollständigen Todes, so daß der Mensch in dieser Beziehung nicht anders ist „wie eine Salz„säule, wie Lots Weib, ja wie Klotz und Stein, wie ein todt Bild.“ Auch das, was Luther capacitas nennt, die Möglichkeit, vielmehr Fähigkeit, der Bekehrung theilhaftig zu werden, ist nicht vorhanden „aus eigener, natürlicher, wirklicher Geschicklichkeit, Tüchtigkeit oder „Fähigkeit, sondern aus lauter Gnaden, durch gnädige, kräftige Wir„kung des heiligen Geistes.“ Diesen Zustand, diese Beschaffenheit des Menschen sieht die Konkordienformel in jedem von seiner Kindheit an bis dahin, wo er durch den heiligen Geist wiedergeboren wird. Verhält sich das aber so, dann ist für den unwiedergebornen Menschen jedes Gute eine absolute Unmöglichkeit, das Böse für ihn eine absolute Nothwendigkeit, dann ist alles Gerede, daß die Sünde in des Menschen Natur nur ein accidens (ein Zufälliges, keine wesentliche Eigenschaft) sei, völlig leer, dann ist nothwendig nach Adams Fall in der unwiedergebornen Menschheit von einer Schuld nicht mehr zu sprechen, ja auch nicht von Sünde im eigentlichen d. h. moralischen Sinn. Ein Todter, ein Klotz (und das soll der Mensch, was das religiös sittliche Leben angeht, sein) kann weder Schuld auf sich laden noch Sünde begehen. Danach wird jede Predigt, welche den Unwiedergebornen für seine Sünden verantwortlich macht und ihm die Schuld derselben ins Gewissen zu schieben sucht, eine Lügenpredigt, ganz werth, von witzigen Weltkindern aufs Unbarmherzigste verspottet zu werden. Danach sind alle Regungen des Gewissens, alle Ahnungen der Gottheit bei den Unwiedergebornen, also auch in der ganzen Heidenwelt leere Einbildungen. Danach ist aber auch jede Erlösungsfähigkeit im Menschen vollständig geleugnet. Gewiß läßt sich eine und die andere Stelle der heiligen Schrift ihrem Buchstaben nach für eine solche Lehre anführen, aber eben so gewiß sind diese Stellen theils schon durch den Zusammenhang des Ganzen, theils durch die ganze Lehrweise des Herrn und seiner Apostel hinreichend gegen solch eine buchstäblich pressende Auslegung geschützt und in allen ihren Verfassern ist die Schrift weit von einer solchen Anschauung entfernt, welche der ganzen evangelischen Verkündigung Hohn spräche. Es ist schon zugestanden, daß es höchst schwierig sei, den Zustand des natürlichen

Menschen so darzustellen, daß dadurch weder, wie die Schuld so auch Erlösungsfähigkeit des Menschen aufgehoben, noch der göttlichen Gnade, als von der allein alles Heil kommt, zu nahe getreten wird. Aber es gilt auch hier: Wer einen Thurm aufbauen will, der überschlage die Kosten. Ehe man es unternimmt, ein System „reiner Lehre" als Norm in der Kirche aufzustellen, das über Kirchengemeinschaft, über Theilnahme am Heil und den Heilsgütern, über Einigung und Trennung entscheiden soll, das wie der Beichtvater König Philipps bei Schiller selig spricht und verdammt; sollte man doch es der Mühe werth halten, recht genau zu prüfen, wie es mit der Reinheit dieser Lehre bestellt sei. Uns will es nach Vorgehendem eine schwere Vermessenheit bedünken, mit Gesetzesautorität Lehrformeln zu bekleiden, welche so offenbar eine wesentliche Seite des kristlichen Glaubens verletzen, und damit es der Theologie zu verbieten, daß sie durch fortgesetzte, strenge Geistesarbeit auch hier die Gefahren nicht nur der Scylla, sondern auch der Charybdis zu vermeiden suche. Ja eine Lehre mit so unreinen Elementen ist nicht nur nicht die „schlechthin reine Lehre," sondern ist auch nicht die „reine Lehre" und kann nimmer vom Herrn die Macht haben, die Vereinigung seiner Gläubigen auf Erden zu hindern.

Wenn man sich bei der Lehre über die Person des Herrn von der Konkordienformel an die Hand nehmen läßt, so haben wir auch schon im vorigen Abschnitte gesehen, wie man aus dem heiligen Lande lebendigen Glaubens in die Wüste eines theologischen Verständelns und Vernünftelns sich entrückt fühlt und nicht mehr die reinen, göttlichen Naturlaute des Evangelii, sondern schrille Mißtöne vermessener Reflexion vernimmt, wie einem das Herz nicht geöffnet, sondern zugeschnürt wird. Doch dessen werde hier nicht weiter gedacht, nur ein Punkt über das Werk des Herrn komme noch zur Besprechung. Der lateinische Text der Augsburgischen Konfession*) sagt, daß der Heiland „gelitten (habe), gekreuzigt, gestorben und begraben sei, damit er den Vater uns versöhne." Das

*) Art. III. Hase p. 10.

Object des Versöhnens, der Gegenstand, der die Versöhnung erleidet und erleiden muß, ist danach der Vater, in welchem damit nothwendig eine Feindschaft, ein Haß gegen die Menschheit vorausgesetzt wird. Die heilige Schrift macht im Gegensatz hierzu die Menschheit zum Object des Versöhnens, zum Gegenstand, der seiner Beschaffenheit nach nothwendig der Versöhnung bedarf und Gott erscheint als das wirksame Subjekt, als der die Versöhnung Vollbringende. Wie dies durch das neue Testament hindurch geht, so spricht es sich besonders schlagend in dem Paulinischen Worte aus: „Gott war in Kristo und versöhnte die Welt mit ihm selber „und rechnete ihnen ihre Sünden nicht zu*)“ u. s. w. Dieser Widerspruch des Symbols gegen die heilige Schrift erscheint in der Ausdrucksweise des deutschen Originals noch greller, indem es da heißt, daß Kristus „gelitten“ (hat), „gekreuzigt, gestorben und bebraben“ (ist), „daß er ein Opfer wäre, nicht allein für die Erbsünde, sondern auch für alle andre Sünde und Gottes Zorn versünet.“ Der Sinn, welcher dem zum Grunde liegt, kann kein andrer sein, wie er sich ja auch in dogmatischer Entwicklung wirklich so ausgesprochen hat, als: In Gott war gegen die Sünder eine wesentliche Feindschaft. Regte sich daneben in dem Wunsche, zu verzeihen, auch noch die Barmherzigkeit, so war diese doch ohnmächtig, war durch die Strafgerechtigkeit, durch den Zorn gebunden. Dieser Zorn, welcher keine Verzeihung gestattete, mußte erst beschwichtigt, ihm mußte erst Genüge gethan werden. Erst wenn er sich in der vollzognen Strafe gesättigt hatte, wurde die Barmherzigkeit frei, um vergeben zu können. Eine solche Beschwichtigung und Stillung war nur möglich, wenn der Unschuldige (zugleich Gottes und Menschensohn) sein Blut strömen ließ, seinen martervollen Tod erduldete und das Verstoßensein in die Höllenqualen, wie es das menschliche Geschlecht verdient hat, auf sich nahm. Indem sich so in dem Blut und Tod, in der Verdammniß des Unschuldigen an der Stelle der Schuldigen der Zorn Gottes stillte, konnte sich die Barmherzigkeit erheben, um zu begnadigen. Damit, so

*) 2 Kor. 5, 19 seq.

führt das die neuste Orthodoxie, an bestimmtem Ort im Kirchenregiment allmächtig geworden, weiter aus, damit ist die Versöhnung erst zu ihrem objektiven Rechte gekommen. Erst wenn dieser Akt, wird behauptet, primitiv, ursprünglich in der Gottheit vorgeht, kann er sich dann auch in und an der Menschheit vollziehen. Es ist nach dieser Darstellung durch die menschliche Sünde die Harmonie nicht allein zwischen Menschheit und Gottheit gestört, sondern sie ist vielmehr noch in der Gottheit selbst aufgelöst, zwischen den göttlichen, ziemlich selbstständig und abstrakt gegenübergestellten Eigenschaften der Liebe und Gerechtigkeit. Das Blut Jesu, des unschuldigen Opferlammes, stellt die Harmonie in der Gottheit wieder her, versöhnt Liebe und Gerechtigkeit mit einander. Wie vielfach man doch in unsern Tagen, indem man sich angeblich an die objektiven Mächte der Kirche bindet, das Objektive zu Ehren zu bringen strebt! Darum scheint man sich freilich nicht zu kümmern, daß man damit das allein wahre, ewige Objekt des kristlichen Glaubens, den Gott heiliger Gnade, den Gott des Evangelii verläßt und eine subjektive Gedankenbildung, ein Erzeugniß des eigenen Herzens (bei Philosophen schelten die Gegner dergleichen stets einen Götzen) an seine Stelle setzt. Gott im alten Testament offenbart seinen heiligen, flammenden Eifer gegen alle Sünde. Die Frommen des alten Bundes, indem sich in ihnen die gottgeschenkte Frömmigkeit durch ihres Herzens selbstischen Drang trübt, beten auf ihre Feinde die Strafen des Himmels herab. Aber wer da wollte behaupten, daß Gott nach dem alten Testament nicht anders und nicht eher schuldigen Sündern vergeben könnte, als bis sein Zorn durch das But, durch die Strafe eines Unschuldigen versöhnet wäre, dem wären Moses und Propheten in ihrem wirklichen, wahren Verständniß noch nicht erschlossen. Es leuchtet auch hier schon, wenn sie sich auch manchmal gleichsam etwas verbirgt, die Herrlichkeit Gottes als eine solche, die ein zerschlagenes, bußfertiges Herz nimmer verachtet und die nicht den Tod des Gottlosen will, sondern daß er sich bekehre und lebe. Im neuen Testament aber, wo, was im alten noch Schattenbild war, wirkliche, leibhafte und lebendige Erfüllung geworden, wer möchte da einen solchen Gott finden, wie jene sogenannte kirchliche Lehre ihn uns zeigt? Ist in Kristo nicht das Wort Fleisch geworden, d. h. hat sich in ihm nicht Gott, der sich Offenbarende, der als die ewige Vernunft auch ewig Gestalt sich Gebende, in menschlicher Erscheinung dargestellt und mitgetheilt? Ist nun etwa in Kristo auch ein solcher Zorn, der zu seiner Versöhnung fremden Blutes, fremder Leiden bedarf? Ist er nicht vielmehr die ewige Liebe in unserm Fleisch und Blut, welche alle wunde Herzen verbindet und heilet und niemand, der ihr sich nahet, verstößt? Oder sagt er in den Tagen seines irdischen Lebens, wie er nach jener Lehre doch müßte, zu den geistlich Armen, welche nach Sündenvergebung schmachten: Jetzt geht's ja nicht, noch ist ja nicht des Vaters Zorn versöhnet? Sagt er ihnen: Wartet bis dahin, wo ich am Kreuz gestorben sein werde, alle eure verdiente Höllenqualen abgebüßt und so des Vaters Zorn gestillt haben werde? Im Gegentheil, nur nach bußfertigen, gläubigen Seelen schaut er um und wo er die nur findet, da ist nichts als überfließende Liebe in ihm sichtbar, welche alsbald den festen, vollen, ganzen Trost der Vergebung spendet. Kann er aber wegen der noch waltenden Unbußfertigkeit den Menschen ihre Sünden nicht vergeben, so brechen auch da nicht die Flammen eines verzehrenden Zornes in ihm hervor, vielmehr straft er seine Jünger, die sich davon ergriffen zeigen, er selbst hat für die Verhärteten nur heiße Schmerzensthränen mitfühlender, mittragender Liebe. Wer Ihn siehet, der siehet den Vater und keine noch so tiefsinnig klingende Lehre*) über Sühne und Versöhnung gibt ein so wahrhaftiges Abbild des Vaters, als des Sohnes Sein und Leben von seinem ersten Auftreten an bis dahin, wo er am Kreuze verblich. Hätte man das bedacht, man würde nicht aus einem verwirrten Rechtsbewußtsein seiner Zeit heraus oder nach sündlichen Stimmungen des eigenen Herzens

*) Von den neueren Darstellungen der Versöhnungslehre, die sich das Ansehen geben, die altkirchliche Anschauung festzuhalten, ist mir noch keine vorgekommen, welche diese kirchliche Lehre nicht völlig umwandelte, sie grade ihres innersten Wesens, wodurch sie so anstößig wird, entkleidete. Wäre es denn nicht besser, allenthalben offen die Differenzen auszusprechen, in denen man einmal sich befindet?

einzelne Sprüche der heiligen Schrift so ganz wider den Geist des Evangelii für jene unbiblische Lehrweise gedeutet haben. Aber, fragt man, sind denn Versöhnung durch Kristum, insonderheit durch seinen Tod, sind Gottes Heiligkeit und Gerechtigkeit, ja Gottes Zorn nicht biblische Vorstellungen voll tiefen Wahrheitsgehaltes? Gewiß! nur möchte ich bitten, daß man nicht, wie man gewohnt ist, unbesehens verbindet, was die Schrift geschieden, und scheidet, was die Schrift verbunden hält. Die heilige Schrift verbindet eben die göttliche Gerechtigkeit oder auch den göttlichen Zorn und die Versöhnung nie so mit einander, daß jene das zu Versöhnende wären, sondern, wie schon gesagt, nach ihr versöhnt Gott die Menschen mit sich selbst, indem der Sohn nicht nur Fleisch wird, nicht nur mit menschlicher Zunge die Worte des ewigen Lebens redet, ja nicht nur leidend der Menschen Sünde trägt, sondern auch sein Blut strömen läßt und sich zum Opfer gibt, damit sie sehen, in wen sie gestochen haben und dazu kommen, daß sie theils an ihre Brust schlagen, theils inne werden, daß er Gottes Sohn voll Gnade und Wahrheit sei. Gott ist nach heiliger Schrift gerecht, heilig, es wird in ihr von seinem Zorn gesprochen. Aber man scheide nicht, was nach heiliger Schrift wesentlich zusammengehört, nämlich nicht die Gerechtigkeit, die Heiligkeit, den Zorn Gottes von seiner Liebe. Die Liebe ist das Wesen der Gottheit, ist der lebendige Komplex aller göttlichen Eigenschaften. Was wir unter göttlicher Gerechtigkeit, Heiligkeit, ja unter göttlichem Zorn verstehen, das sind nur Affekzionen der Liebe Gottes. Die Liebe Gottes ist die heilige und gerechte d. h. sie kann sich nimmer in die Gemeinschaft des Bösen hingeben, muß immer das Böse von sich abstoßen, ja dasselbe in seiner Nichtigkeit auch seiner Vernichtung entgegenführen. Dabei vergißt und verliert sie nie aus ihrem Auge ihr Geschöpf nach ihrem Gleichniß gestaltet. Ja eben um dieses Geschöpfes willen, eben als Liebe zu ihm muß sie sich als kräftiger Unwille dem gegenüber bekunden, was dem Geschöpf Verderben bereitet, der Sünde. Dies Geschöpf aber mit vernünftigem Willen begabt, indem es durch diesen Willen sich des Bösen theilhaftig macht, indem es sich mehr und mehr an das Böse hingibt, kann den Liebeseifer Gottes dann nur schauen als eine verzehrende Flamme, die es, so lange es Träger und Thäter des Bösen bleibt, als auf sich selbst gerichtet empfindet. In der That und Wahrheit aber steht dieses Zürnen göttlicher Liebe wider die Sünde, und damit erst recht nicht wider sondern für den Sünder, will ihn nicht tödten, sondern lebendig machen, nicht mit ewiger Pein, sondern mit seligem Frieden erfüllen. Alle Aeußerungen und Bethätigungen dessen, was die Bibel den Zorn Gottes nennt, wollen die Menschen aus Kindern des Zornes in Kinder der Gnade umwandeln. Alle Sehnsucht des Gotteszornes dürstet nicht nach dem Blute des Unschuldigen an der Stelle der Schuldigen, sondern nach einem Zustande der sünden- und schuldbelasteten Seelen, da sie wieder fähig werden, der Vergebung und Gotteskindschaft zu genießen. Das ist freilich wahr: „Gott ist nicht ein Gott, dem gottloses Wesen gefällt, wer böse ist, bleibet nicht vor ihm;" aber das bleibt auch wahr, nachdem das unschuldige Gotteslamm für tausendmal Tausende gestorben ist, ja würde wahr bleiben, wenn viel tausendmal tausend Gerechte für einen Gottlosen sich opferten. Ebenso wahr bleibt aber auch, daß dieser heilige Gott nur heilig ist, weil er als erbarmende Liebe auch auf die in Sünde verstrickten Menschenkinder herabblickt, harrend, daß sie ihr Böses erkennend und verdammend in sich schlagen und um Hülfe zu ihr emporseufzen, stets bereit, die so Kommenden versöhnend an sich zu ziehen und in seine selige Gemeinschaft wieder aufzunehmen. Zweierlei muß also diese heilige Liebe von den Sündern fordern, die Abkehr von der Gemeinschaft mit dem Bösen, die Zukehr zu der Gemeinschaft mit ihr selber, in der Bibelsprache: Buße und Glaube. Wo das in den Gemüthern erwächst, da ist Freude im Himmel über den gewesenen Sünder, über das werdende Gotteskind, und zu dieser Freude im Himmel bedurfte es nicht erst dessen, daß in Gott durch die Verdammniß des Unschuldigen Zorn und Grimm getilgt wurde. Doch wir brechen hier von diesen Andeutungen ab, aus denen schon genugsam erhellen wird, daß uns die biblischen Vorstellungen von göttlicher Heiligkeit, Gerechtigkeit, vom göttlichen Zorne nicht leere sind, wenn wir auch jene sogenannte kirchliche

Lehre von einer Versöhnung des göttlichen Zornes durch Kristi Blut und Tod uns durchaus nicht aneignen können. Auch Kristi stellvertretendes Leiden, der Friede, der aus seinem Opfer fließt, die Sünden tilgende Kraft, die in seinem Blute ruht, wir kennen sie wohl nach der Schrift, aber auch darin finden wir nicht den Zorn des Hasses, den zu versöhnenden, sondern das grade Gegentheil. Deshalb, wenn nach der Schrift des Menschen Zorn nicht thut, was vor Gott recht ist; so wollen wir uns den Zorn Gottes doch nicht eben so denken, als mit einem zu versöhnenden Haß verknüpft, wollen uns das Wesen der Gottheit nicht zerspalten oder auseinander reißen, daß es nach Weise neuerer Philosophie erst durch besondre Prozesse in seinem Innern wieder zur Einheit und Harmonie zurückkehre; sondern wollen den Vater im Sohne anbeten, wie er seinen ewigen, allein versöhnenden Liebeswillen, der den schwachen Menschenaugen wohl mehrgestaltig sich offenbart, aber immer in sich eins und einig ist, an den Menschen vollzieht. Zweierlei drängt sich uns hierbei noch auf. Das Unbiblische und Unreine in dieser kirchlichen Lehre hat auch zum Theil verunreinigend auf das eingewirkt, was die lutherische Kirche und zwar mit Recht, als einen ihrer köstlichsten Schätze betrachtet, ich meine, auf ihre geistlichen Lieder. Es gab eine Zeit, da meinte man das alte geistliche Lied durch die wässrigen Fluthen einer verständigen Aufklärung alles lebendigen evangelischen Gehaltes entleeren zu müssen. Jetzt wehrt man jeder evangelischen Kritik, die sich den alten Liedern nahen will, und konservirt aufs Sorgfältigste auch was mit dem Evangelio in schneidendem Widerspruche steht. Was alt ist, ist schon deshalb kristlich, biblisch, evangelisch. Ging man früher stumpfsinnig an der wirklichen Schönheit des Alten vorüber, heute will man in jedem alten Unrath den „verschönernden Rost" der Jahrhunderte entdecken. Ist das dem Wesen der evangelischen Kirche angemessen? Wie lange wird man es in einem Gesangbuch evangelischer Gemeinen erträglich finden, wenn darin vorkommt, was wir z. B. im Porst nur an folgenden Stellen lesen?

N. 112 V. 3: O Lamm Gottes, hochgelobet!
Gottes Weisheit, Gottes Kraft,

Als der Grimm und Zorn getobet,
Hast du Frieden uns geschafft.

N. 124 V. 1: Unveränderliches Wesen,
Unbegreiflich höchstes Gut!
Von dem Vater auserlesen,
Daß Du seines Zornes Gluth
Und erweckten Grimm sollst stillen
Durch Dein Gottesblut so roth u. s. w.

N. 349 V. 2: Erlang' mir wieder Gottes Huld,
Still' seines Grimmes Wellen.

N. 121 V. 8: Daß ihn Gott so heftig schlägt,
Thut er unsertwillen,
Daß er solche Bürden trägt,
Damit will er stillen
Gottes Zorn und großen Grimm,
Daß wir Frieden haben
Durch sein Leiden, und in ihm
Leib und Seele laben.

N. 99 V. 4: Durch sein Leiden ist gestillt
Deines Gottes Zorn und Rache.

N. 104 V. 15: Nun höret auf des Höchsten Rath,
Sein Zorn der ist gestillet
Durch so viel Schmerzen, Pein und Schmach
u. s. w.

Durch solche Verse singt das kristliche Volk sich selbst unkristlichen Glauben und unkristliches Leben ins Herz, und das ist das zweite, das hiermit berührt ist. Man sagt: „Wie der Mensch, so ist sein Gott.“ In dieser Rede ist nur so viel wahr, daß der Mensch nur einen nach der Beschaffenheit seines Innern gestalteten Glauben haben kann. Ist das Herz voll Sünde und Selbstsucht, selbst bei den reinsten Formeln und Lehren über die Gottheit, wird es Gott in vollster Trübung und Verdunklung auffassen. In einer Zeit wo rohe, verwirrte Begriffe von Recht und Gerechtigkeit walteten und bei den Trägern der obrigkeitlichen und richterlichen Gewalt oft in den Urtheilssprüchen das wirkliche, göttliche Recht weniger gehandhabt als gemißhandelt wurde, da faßte man auch den Heiland, auch den lebendigen Gott in jenem mächtig getrübten Glauben auf, wie er in der kirchlichen Satisfakzionstheorie seinen Ausdruck sich gebildet hat. Wir kehren jenen Satz mit vollem Rechte um und sagen: Wie der Gott des Menschen, so ist er, der Mensch, selbst, worin die Wahrheit liegt, daß nach dem wirklichen Erfassen der Gottheit, nach dem wirklichen Glauben das Leben des Menschen sich gestaltet. Ist der Glaube todt, auch das geistige und sittliche Leben befindet sich in einem todesartigen Zustande. Ist der Glaube mit den unreinen Mächten selbstischen Irrens durchzogen, auch der Fluß des sittlichen Lebens wird sich wesentlich getrübt und unrein verlaufen. Wo der Glaube in evangelischer Reinheit den Herrn erfaßt, da wird auch das Herz und Leben gereinigt — „Ihr seid jetzt rein um des Wortes willen" ꝛc. — da in Wirklichkeit macht das Blut Kristi rein von allen Sünden. Das löst uns ein Räthsel, vor dem wir manchmal rathlos und verwirrt stille standen. Sonst sehr gewissenhafte Männer, streng fromm, haben auf bürgerlichem und politischem Gebiet so ganz eigne sittliche, oder vielmehr unsittliche Anschauungen zu Tage gebracht, sehr verwandt mit jenem alten Satz, daß man Ketzern keinen Glauben zu halten brauche oder nach denen man ein zwiefaches Gewicht, eine verschiedene Gerechtigkeit (vielleicht Ungerechtigkeit) gegen Gläubige und Ungläubige zu üben habe. Es will uns scheinen, daß grade die Rückkehr zu jener unevangelischen Versöhnungslehre die Gemüther in den Bann so trüber Rechtsbegriffe zurückzaubert. Gewiß so lange man die Lehre von einem Zorne Gottes, der „Grimm und Rache" in sich schließt, der deshalb der Versöhnung durch die unschuldige Verdammniß und Marter eines Gerechten bedarf, als die Heilslehre verkündet; so lange hegt und pflegt man auch die Rachegefühle in dem Herzen und wehret der Kraft und Gnade dessen, der am Kreuze betete: „Vater vergib ihnen, denn sie wissen nicht, was sie thun." Doch hiermit sei's für diesmal genug. Nicht Nebenlehren, sondern Hauptlehren (über die Dreieinigkeit, die Sünde und die Versöhnung) haben wir absichtlich in Betrachtung gezogen und erkannt, wie sich unreine Elemente selbst in das Innerste dieser symbolischen Lehren hineinziehen, wie deshalb die Kirchenlehre nicht nur keine „schlechthin reine," sondern überhaupt keine „reine Lehre" nach dem Evangelio genannt werden darf. Damit aber ist über jeden Versuch, an die Lehren der Symbole die Seelen und die Gewissen zu fesseln und auf diesem Wege die Vereinigung der evangelischen Konfessionen zu verbieten und zu verhindern der Stab gebrochen. Sind nicht einmal die Hauptlehren in den Symbolen rein evangelisch, wie viel weniger können die im Verhältniß zu diesen doch mehr unwesentlichen Differenzlehren einen solchen Anspruch erheben! Aber die Symbole selbst sind ihrem innersten Wesen nach davon auch weit entfernt, nach ihrer Lehrnorm zu bannen und die Union damit auszuschließen, sondern das grade Gegentheil, was uns jetzt gleichfalls zu beweisen obliegt. Wir kommen damit

B. zum Widerspruch der lutherischen Symbole wider den lutherischen Konfessionalismus.

Nicht nur in der reformirten, sondern auch in der lutherischen Kirche ist das Ringen nach Union, nach Vereinigung beider evangelischen Konfessionen so alt, wie die lutherische Kirche selbst. Es ist deshalb leicht vorher zu sagen, daß, wenn eine lutherische Kirche bis an das Ende der Tage bleiben, sich in derselben auch immer wieder der Drang nach Union geltend machen und bethätigen wird. Die Erscheinung wäre merkwürdig, ja unerklärlich, wenn die lutherische Kirche ihr innerstes Wesen, ihren eigentlichen Karakter im Gegensatz zum reformirten Wesen und im Ausschluß desselben hätte. Einzelne Andeutungen haben uns in früheren Abschnitten auf das grade Gegentheil aufmerksam gemacht. Die lutherische Kirche ihrem innersten, eigensten Wesen nach fordert mit Nothwendigkeit die Vereinigung mit der reformirten Schwesterkirche. Weil und so weit sie evangelisch ist, hat und behält sie die Aufgabe der Union, weil und so weit sie eben nicht eine neue Kirche sein will, sondern eine Wiederherstellung der alten, katholischen Kirche eben durch die Reformazion mittelst des Wortes, ist und muß es ihr Bemühen sein, die auf demselben Grunde Stehenden in sich aufzunehmen. Die Symbole der lutherischen Kirche bekämpfen zwar an einzelnen

Stellen reformirte Lehren und Anschauungen, ja gehen selbst zu Erklärungen vor, die einen Bruch der Kirchengemeinschaft in sich schließen. Allein Letzteres thun sie im Widerspruch mit sich selber und ist irgend ein Recht, sie nach dieser Seite, wo sie ihrem eigenen Geiste, der sie gebar, selbst widersprechen, zu beachten; so ist das Recht viel größer, sie an den Stellen und in den Punkten beim Wort zu halten, wo sie ihrem ursprünglichen Karakter gemäß es ablehnen, Normen der Lehre zu sein, wo sie Evangelisches nicht aus- sondern einschließen. Heben wir Einzelnes von derartigem hervor.

Die „freie Schriftforschung" hat von jeher als eins der köstlichsten Güter in evangelischer Kristenheit gegenüber dem Papismus und Romanismus gegolten. Hält man dagegen den Standpunkt des Konfessionalismus ein und will die Symbole zur Norm der Lehre erheben; so sind auch nur die Lehren der Symbole kirchlich berechtigt. Alles, was sich ihnen gegenüberstellt, gleichviel, ob es sich auf die heilige Schrift beruft und gründet oder nicht, fällt unter die Kategorie der Ketzerei, des Irrthums und Unglaubens und hat auf das Recht der Duldung keinen Anspruch. Was kann da noch von freier Forschung in der Schrift übrig bleiben? Ja es läßt sich dabei noch eine Forschung in der Schrift ertragen, aber nur in der Weise wie in der römischen Kirche. Wie dort nur an der Hand des Tridentinums und mit dem Auge oder der Brille des päbstlichen Klerus in der h. Schrift gelesen, geforscht, verstanden werden darf, so hier allein an der Hand der symbolischen Bücher und mit den Augen oder der Brille sogenannter „bekenntnißtreuer Autoritäten." Stahl selbst erklärt die Ueberzeugung von der Untrüglichkeit ihrer Grundlehren als ein karakteristisches Merkmal der lutherischen Kirche, welche eine Forschung in der Schrift nur zuläßt, „um ihr Bekenntniß zu erproben." Das will mit andern Worten sagen: Es ist erlaubt das Exempel der lutherischen Rechtgläubigkeit an der heiligen Schrift nachzurechnen, aber nicht erlaubt, irgend ein andres Resultat oder Facit herauszubringen, als es durch dieselbe schon festgestellt ist. Natürlich, wenn von „freier Forschung" noch geredet werden sollte, so ist das nichts als purer Hohn. Eine Forschung in heiliger Schrift, die allerdings die gesammten Schätze früherer Erkenntniß gern benutzt, aber sich allein an das bindet, was der heilige Geist und die menschliche Wissenschaft der Vernunft gewährt, ist da zur vollen Unmöglichkeit geworden. Wem aber könnte es verborgen sein, daß unsre Symbole nur aus freier Schriftforschung geboren sind, daß sie nichts sind und sein wollen als thatsächliche Zeugnisse freier Forschung, daß sie als solche lebendige Zeugnisse nicht nur in ihrer Zeit, sondern auch zu den Kristen der späteren Jahrhunderte reden wollten? So können sie aber nur da aufgefaßt werden, wo die Freiheit der Forschung noch gleichsam der göttliche Lebensodem der Kirche ist, den man einathmet. Wo dagegen die Schrift unter dem Bann irgend einer Orthodoxie liegt, da sind jene Zeugnisse evangelischer Wahrheit in todte Mumien umgewandelt und werden zur Unfähigkeit verurtheilt, evangelisches Leben zu vermitteln und mitzutheilen. Das thun diejenigen, die, sich besonderer Bekenntnißtreue rühmend, eine freie Schriftforschung aufheben. Ja indem so mittelbar über freie Schriftforschung der Stab gebrochen wird, werden damit auch thatsächlich die Kinder derselben, die Symbole der Reformazion, verdammt. So lange die Symbole sich deshalb nicht selbst das Urtheil der Vernichtung sprechen wollen, müssen sie gegen den Konfessionalismus, der sie zum Lehrsatz erhebt, aufs Entschiedenste protestiren und aus dem ganzen Sein und Wesen der lutherischen Symbole klingt uns dasselbe entgegen, womit die erste Helvetische Konfession so ächt evangelisch schließt: „Endlich unterwerfen wir „dieses unser Bekenntniß dem heiligen Bibelbuch und versprechen, „falls wir aus vorgenannten Schriften des Bessern unterwiesen „werden, daß wir zu jeder Zeit Gott und seinem heiligen Wort „mit höchstem Danke gehorchen werden*)."

„Der Geist ist es, der lebendig macht" gilt auch von den lutherischen Symbolen. Ja, sprecht ihr, dieser Geist der Symbole hat aber in dem Buchstaben d. h. in der Lehrfassung seinen entsprechenden, darstellenden Leib gefunden. Nun gut, wir nehmen das

*) Augusti p. 109.

so vorläufig an. Hat der Leib aber nicht viele Glieder und ist er nicht allein dadurch Leib, daß ein Glied als das Hauptglied, vielmehr als Haupt selbst, über alle anderen Glieder dominirend emporragt und mit seinem Lebensodem und Lebensgeist dieselben durchdringt, beseelt, bestimmt? Nun an meinem gesunden Leibe ist mir allerdings kein Glied unwesentlich, mag keins verlieren; aber muß z. B. das Glied eines Fingers oder das Haupt verloren gehen; es ist keine Frage, jenes wird geopfert, dieses erhalten. Aber streifen wir das Hinkende des Gleichnisses ab. Mein Leib ist des schaffenden Gottes Werk, daran natürlich kein Glied zu viel oder zu wenig, daran das gesunde Ebenmaaß und die gesunde Verbindung, daran kein Glied unbedeutend und unwesentlich. Ein Lehrsystem dagegen ist das Werk schwacher, kurzsichtiger Menschen und wird auch das Gepräge eines solchen tragen. Da begibt es sich wohl, wenn man es mit einem Leibe vergleicht, daß diese oder jene Lehre, anstatt ein wesentliches Glied zu sein, nur ein unwesentliches Anhängsel oder gar ein krankhafter Auswuchs ist, daß andre nothwendige Glieder noch fehlen und ihre Stelle von Ueberflüssigem besetzt ist, daß diese also ihre Ausbildung und für ihre Existenz die Reinigung des Ganzen fordern. Bei einem kristlichen Lehrsystem, das in seinen einzelnen Theilen als ein gegliederter Leib gelten will, kommt es deshalb nicht allein darauf an, sein Haupt scharf ins Auge zu fassen und festzuhalten, sondern stets die übrigen, angeblichen Glieder der Lehre von demselben aus in stete Prüfung zu nehmen, ob sie auch zum Haupt und dessen Geist und Leben in Harmonie stehen und wirklich wesentliche Glieder sind, kommt es darauf an, wenn sie als solche sich nicht ergeben, sie ohne jedes Bedenken als Auswüchse hinwegzuschneiden oder als Nebensächliches auf das gebührende, bescheidene Maaß zurückzuführen, kommt es darauf an, wo Haupt und Glieder im Widerspruch stehen, der letzteren sämmtlich sich zu entledigen, um nur das erstere sich zu sichern. Wohl ruht hier im Haupt das Vermögen, wieder einen schönen Leib zu gestalten; aber alle einzelnen Glieder haben in sich nicht das Vermögen, das Haupt wieder hervorzubringen. Wir fassen nun die symbolische Lehre der lutherischen Kirche nicht als ein zusammenhangloses Aggregat einzelner Sätze, sondern als einen lebendigen Organismus, als einen gegliederten Leib evangelischer Wahrheit. Was ist in diesem Leibe das Haupt, in dem der lebendige Gottesodem evangelischer Wahrheit sich konzentrirt, von wo aus dieser auch die andern Glieder des Lehrganzen belebt und ihnen richtigen Sinn und Deutung verleiht? Da sind manche auf der entgegengesetzten Seite geneigt, anknüpfend an das Wort des Augsburgischen Bekenntnisses von der Kirche mit reiner Lehre und unverfälschten Sakrament, auf den Artikel von der Kirche als einer Institution, die auch außerhalb und über den einzelnen Gemeinen mit unwidersprechlicher Autorität waltet, das Hauptgewicht zu legen, ja praktisch gehen ihre Bestrebungen ganz nach dieser Seite. Andre suchen das so zu vervollständigen, daß sie den Artikel vom heiligen Nachtmahl (oder den Sakramenten überhaupt) besonders urgiren und damit zugleich in der Weise, wie sie es thun und wie sie eine gewisse, damit zusammenhängende Beichtordnung wieder einführen wollen, das Amt als erste göttliche Institution in einen priesterlichen Nimbus hüllen. Allein das ist auf dem Gebiet evangelischer und auch lutherischer Kirche eine durchaus unhaltbare Stellung, die sich allein unter Roms schützenden Flügeln einnehmen läßt. Wo Luthers Geist und Wort noch etwas gilt, da kann ein solch romanisirendes päbstelndes Wesen nicht Stich halten und Kraft gewinnen. Selbst Stahl, der so stark auf diese Seite neigt, muß durchweg der Wahrheit die Ehre geben und was die Geschichte so mächtig bezeugt hat, in der Lehre von der Rechtfertigung allein durch den Glauben das Haupt des lutherischen Systems anerkennen. Unwidersprechlich haben wir in der Lehre von der Rechtfertigung des Sünders allein durch den Glauben an Jesum Kristum Kern und Stern, Haupt und Princip, Geist und Wesen des evangelisch-lutherischen Systems. Der Gehalt dieser Lehre dürfte folgender sein. Für die sich Sündigfühlenden, die Schuldbewußten, und andre kommen nicht wirklich in die wahre Gemeinschaft der Kirche und haben in ihr auch gar nichts zu suchen und zu hoffen, gibt es allein in der Gnade Gottes Trost und Hülfe. Diese Gnade Gottes hat sich in der Person Jesu von Nazareth dargegeben, hat in seinem Leben und Lehren, besonders aber in seinem Leiden und Sterben eine vollgültige, ewige Erlösung gestiftet. Jede Seele, an welche der Ruf des Evangelii ergeht, hat zu dem Heilande und damit zur Gnade Gottes unmittelbaren Zutritt, indem er niemand, der zu ihm kommt, von sich hinausstößt. Auch gibt es keinen andern Mittler zwischen Gott und den Menschen als allein ihn. Wer also mit bußfertigem Herzen die feste Zuversicht besonders auf sein Leiden und Sterben, auf die sündenvergebende Gnade Gottes in demselben setzt und sich so in rückhaltslosem Glauben ganz an ihn hingibt, der und der allein hat Vergebung der Sünden und damit auch Leben und Seligkeit, ihm wird, wie dem Vater der Gläubigen, dem Abraham, sein Glaube zur Gerechtigkeit gerechnet. Dazu kann nichts geben und davon kann nichts nehmen, was man gute Werke nennt, dabei hilft nicht und kann nicht helfen irgend ein priesterlich, stellvertretendes Thun der Kirche und ihrer Beamten, indem diese nur sind die Stimme des Predigers, die alle Seelen von sich zu dem Lamm Gottes hinweist. Die unmittelbar gegenwärtige Gnade Gottes in Kristo Jesu auf der einen Seite, der sie direkt erfassende Glaube auf der andern Seite sind die beiden wesentlichen Momente dieser Lehre. Das wollten die Reformatoren und auch die lutherischen Symbole jeder Lehrsatzung gegenüber feststellen und festhalten, die irgendwie gebraucht würde, gläubigen Kristen den unmittelbaren Zugang zum Gnadenthrone zu verkümmern. Nur wer dies als das eigentliche Wesen der Symbole erfaßt hat, ist in ihr Herz eingedrungen, fühlt den Pulsschlag desselben auch in andern Gliedern ihrer Lehre. Was thun nun diejenigen, welche die Symbole in ihrer ganzen Lehrfassung als Norm der Kirche, als Grenze der Kirchengemeinschaft aufstellen? Sie erklären: Nur wer sich die Werke menschlicher Denkthätigkeit, wie sie in den einzelnen Lehrsatzungen der Symbole vorliegen, aneignet, kann an der Kirche, und damit auch an Kristo Theil haben. Sie machen das Seelenheil von der Lehre, also von den Werken und Erzeugnissen menschlicher Thätigkeit abhängig und heben damit auf den Artikel von der Rechtfertigung allein durch den Glauben. Indem sie dem Buchstaben in den Bekenntnißschriften nachjagen und Silben stechen, werfen sie den eigentlichen, köstlichen Gehalt derselben über Bord. Während sie jeden Auswuchs an dem Körper symbolischer Lehre konserviren, reißen sie das Haupt von demselben herunter, während sie ihrer Bekenntnißtreue sich rühmen, laden sie selbst schwere Versündigung gegen die Symbole als testes veritatis (Zeugnisse evangelischer Wahrheit) auf ihr Gewissen. So lange es feststeht, daß die Rechtfertigung allein durch den Glauben Haupt- und Kernlehre der lutherischen Symbole ist, so lange steht auch fest, daß es ihnen schnurstracks zuwider ist, nach ihren einzelnen Lehrsatzungen die Zugehörigkeit zur evangelischen Kirche zu bemessen und sie weiter damit zugleich als Hindernisse der Union, als Scheidewand zwischen Lutheranern und Reformirten aufzurichten.

Sind die symbolischen Bücher der lutherischen Kirche in der Weise rechtsverbindlich, daß an ihre einzelnen Lehrsatzungen die Gesammtheit und die einzelnen Glieder gefesselt sind, daß sie nur innerhalb derselben Kirchengemeinschaft gestatten und darüber hinaus jede Union verbieten; so ist die nothwendige Voraussetzung dabei, daß sie die „reine Lehre" enthalten. Wenn auch nicht absolut, schlechthin reine Lehre, doch „reine Lehre" spricht ihnen Stahl wirklich zu. Haben sie „reine Lehre," so muß für ihre Entstehung die göttliche Inspirazion angenommen werden. Die volle Inspirazion nimmt Stahl freilich nicht in Anspruch, aber, sagt er, „ohne göttlichen Beistand wurden auch die Bekenntnisse nicht." Das ist freilich sehr wenig gesagt. Der rechte Krist ist sich bewußt, daß alle Werke seines allgemeinen und besondern Berufes nicht ohne den göttlichen Beistand geschehen, dennoch weiß er, daß er Ursach hat, für alle, auch die besten, um Vergebung zu flehen. Kommt des Kristen Erkennen durch den göttlichen Beistand zu Stande und hat demgemäß göttlichen Wahrheitsgehalt in sich, so geht von der menschlichen Thätigkeit auch Irrthümliches mit hindurch und er hat alle Ursach, die Reinigung desselben sich zur Aufgabe zu stellen und nicht, es zur Untrüglichkeit zu erheben und dadurch unverbesserlich zu machen. Man darf wohl behaupten, daß keine Homilie des Chrysostomus ohne den göttlichen Beistand geworden ist; aber

Stahl selbst wird in dieser und jener nicht die „reine Lehre" finden. Wie schwach es aber mit der „reinen Lehre" bestellt ist, haben wir schon vorher erkannt. Jetzt kommt es uns nur auf Beantwortung der Frage an: Was halten die symbolischen Bücher und ihre Verfasser in dieser Beziehung von sich selbst? Zwar sprechen sie sich weniger darüber ausdrücklich aus, wie es mit dem Kristen in Beziehung auf die Erkenntniß der Wahrheit und ihre Darstellung sich verhält, wohl aber finden sich in ihnen klare Urtheile über den ganzen inwendigen Menschen, namentlich über sein Verhältniß zur Sünde auch nach der Wiedergeburt. Sie mögen in einzelnen Stellen hier zum Worte kommen. Die Konkordienformel sagt*): „Wenn wir aber lehren, daß durch die Wirkung „des heiligen Geistes wir neugeboren und gerecht werden, hat es „nicht die Meinung, daß den Gerechtfertigten und Wiedergebornen „keine Ungerechtigkeit nach der Wiedergeburt im Wesen und Leben „mehr sollte anhangen, sondern daß Kristus mit seinem vollkommnen Gehorsam alle ihre Sünden zudeckt, die doch in der Natur in „diesem Leben noch stecken. Aber solches unangesehen, werden sie „durch den Glauben und um solches Gehorsams willen (den Kristus „dem Vater von seiner Geburt an bis in den allerschmählichsten „Tod des Kreuzes für uns geleistet hat) für fromm und gerecht „gesprochen und gehalten, ob sie gleich ihrer verderbten Natur halben noch Sünder sein und bleiben bis in die Gruben." An anderem Ort**): „Nachdem aber die Gläubigen in dieser Welt nicht „vollkommen erneuert, sondern der alte Mensch hänget ihnen an „bis in die Gruben; so bleibet auch in ihnen der Kampf zwischen „dem Geist und Fleisch, darum haben sie wohl Lust an Gottes „Gesetz nach dem innerlichen Menschen, aber das Gesetz in ihren „Gliedern widerstrebet dem Gesetz in ihrem Gemüth" u. s. w. Endlich heißt es dort***): — — — „so viel sie nach dem innerlichen Menschen neugeboren sein; gleichwohl aber führen sie einen „stetigen Kampf wider den alten Adam. Denn der alte Adam,

*) Solida declaratio Art. III. Hase p. 686.
) Ib. Art. VI. Hase p. 722. *) Hase p. 723.

„als der unstallig streitige Esel, ist auch noch ein Stück an ihnen, „das nicht allein mit des Gesetzes Lehre, Vermahnung, Treiben „und Dräuen, sondern auch oftmals mit dem Knüttel der Strafen „und Plagen zu zwingen ist.“ Die Apologie, nachdem sie im Allgemeinen von den Wiedergebornen und über die Unzulänglichkeit ihrer guten Werke geredet, fährt, indem sie zu Einzelnem sich wendet, fort*): „Denn es ist keiner, der Gott so von ganzem Her„zen fürchtet und liebet, als er schuldig ist, keiner, der Kreuz und „Trübsal in ganzem Gehorsam gegen Gott trägt, keiner, der nicht „durch Schwachheit oft zweifelt, ob auch Gott sich unser annehme, „ob er unser achte, ob er unser Gebet erhöre. Darüber murren „wir oft aus Ungeduld wider Gott, daß es den Gottlosen wohl „gehet, den Frommen übel. Item, wer ist, der seinem Beruf „recht genug thut? der nicht wider Gott zürnet in Anfechtungen, „wenn Gott sich verbirgt? Wer ist ohne allerlei böse Lüste? Von „den Sünden allen sagt der Psalm: Dafür werden bitten „alle Heiligen zur rechten Zeit. Da sagt er, daß alle Hei„ligen müssen um Vergebung der Sünden bitten.“ Es bedarf nicht weiterer Anführungen, oder aber man lese noch, was Melanchthon in einer Ausgabe des Augsburgischen Bekenntnisses zum zwanzigsten Artikel desselben ausführt, erinnere sich, wie Luther im kleinen Katechismus die fünfte Bitte beten lehrt, wie er im großen Katechismus den dritten Artikel auslegt, ja man schlage jede beliebige Schrift von Luther und Melanchthon auf und man wird nicht lange nach ihrem Bekenntniß zu suchen brauchen, daß sie, wie alle Gläubigen auch nach der Wiedergeburt noch mit Sünde zu kämpfen haben, und daß eben darum die Rechtfertigung des Sünders und die Vergebung der Sünden allein durch den Glauben ihr einziger Trost bis ans Grab hin bleibt. Nun ist es ja wahr, daß wir die Sünde in ihrer tiefsten Wurzel mehr auf dem Gebiet des Wollens als des Erkennens, mehr im Herzen als in der Vernunft suchen. Aber wer möchte den allerinnigsten Zusammenhang zwischen beiden verkennen? Keine klare und wahre Erkenntniß göttlicher Dinge gibt

*) Nach der Uebersetzung von Jonas. Bei Hase p. 91.

es ohne Reinheit und Heiligkeit des Willens. Wie aus dem argen Herzen arge Gedanken kommen, so können nur die, welche reines Herzens sind, Gott schauen. Deshalb so weit der Mensch in seinem Gemüth und Willen noch nicht erneuert ist, so weit kann er auch nicht richtig vernehmen und erkennen, was des Geistes Gottes ist. Vorstellungen, wonach das Vermögen des Erkennens und das des Wollens, überhaupt die einzelnen Vermögen des Geistes, in einzelnen Fächern mechanisch von einander gesondert erscheinen, sind Eigenthum entweder der pelagianischen Strebungen des römischen Katholizismus oder der Denkträgheit einer seichten und hochmüthigen Aufklärung. In jedem einzelnen Vermögen ist eben der ganze Geist wirksam, nur in bestimmter Richtung und Selbstzusammenfassung. Viel weniger, als es bei den Gliedern des Leibes der Fall ist, kann deshalb ein bestimmtes Vermögen des Geistes leiden, ohne die andern in ein lebendiges Mitleiden hineinzuziehen. Ist die Verderbniß in dem einen, in dem andern muß sie sich ebenfalls offenbaren. Darum, ist das Herz von Gott gewichen, ist der Wille von dem heiligen Gotteswillen abgekehrt; so verfällt auch die Vernunft mehr oder weniger der Verfinsterung und die Erkenntniß, wenigstens so weit sie sich auf Gott und auf die gottgestellten Aufgaben für das menschliche Leben, auf das eigentliche Ziel desselben, bezieht, wird wesentlich verdunkelt. Daraus folgt, daß die Vernunft zur Gesundheit, die Erkenntniß zur lebendigen Wahrheit nur dann zurückkehren kann, wenn Herz und Wille gesunden. Daß die reformatorischen Bekenntnisse sich in solchen, auch ächt biblischen Vorstellungen bewegen, geht schon aus dem hervor, was wir in der Apologie in dem Artikel über die Erbsünde lesen, welche letztere dort darum „eine Seuche" genannt wird, um anzuzeigen, „daß „nicht ein Stück, sondern der ganze Mensch mit seiner „ganzen Natur mit einer Erbseuche von Art in Sünden geboren wird." Eben so sieht die Apologie als das Größte in Adams ursprünglicher „Reinigkeit und unverrücktem Wesen" an „ein „helles Licht im Herzen, Gott und sein Werk zu erkennen" und damit verbunden „eine rechte Gottesfurcht, und ein herzlich Vertrauen" u. s. w. Dem entsprechend wird auch die Erbsünde neden den Mangel der Gottesfurcht, der Gottesliebe, des Gottvertrauens darein gesetzt, daß „wir Gott oder Gottes Werk nicht „kennen, nicht sehen, nicht merken," wird mit Hugo als „Blindheit „im Herzen und böse Lust im Fleische" bestimmt. Wie gesagt, wir verkennen mit den Symbolen es nicht, daß der eigentliche Sitz der Sünde im Willen zu suchen ist, dürfen aber gleichfalls mit den Symbolen nicht vergessen, daß mit der Verderbniß des Willens die Blindheit im Herzen, im Geiste Hand in Hand geht. Wenn nun für diejenigen, welche in die Erlösung Jesu Kristi und in die neue Geburt durch den Glauben eingetreten sind, nicht eine urplötzliche, volle Reinigung des Willens und Herzens angenommen werden kann und wird, so auch selbstverständlich keine ungetrübte Erkenntniß der Wahrheit; vielmehr ein beständiges Hineinwachsen wie in die Heiligkeit, so in die Wahrheit Jesu Kristi, das noch tägliche Hemmungen durch eigne und fremde Schuld erleidet. So sagt auch der Apostel von seiner Erkenntniß, sie sei, wie durch einen Spiegel im Räthsel, eine theilweise, Stückwerk, wie Luther verdeutscht. Das ist ja eben der Grund, warum der Heiland verbietet, daß niemand in seiner Gemeine an seiner Stelle als Rabbi oder Lehrer auftreten und gelten solle, sondern daß er es sich allein vorbehalte, der Lehrer derer zu bleiben, die alle Brüder sind. Unsre Bekenntnißschriften lassen das vollkommen gelten, wenn die Apologie auch bei den Wiedergebornen die Sünde als „eine greuliche Verderbung an der menschlichen Natur" (an dem ganzen Menschen) faßt, und wenn deshalb die Schmalkaldischen Artikel selbst dem Ansehen eines Augustin gegenüber gebieten*): „Gottes Wort „soll Artikel des Glaubens stellen und sonst niemand, auch kein „Engel." — Auf dem Schlachtfelde ist es eine große Hauptsache, zur rechten Zeit die rechten Wendungen in unerwarteter Weise zu machen, die gesparten Kräfte urplötzlich auf den Plan rücken zu lassen. Im geistigen Kampf ist es sehr ähnlich. Eine geschickte Redewendung, ein geschickt eingesetzter Trumpf blendet immer wenigstens einzelne Gegner, verwirrt eine Zeit lang und gibt so Raum,

*) Pars II. Art. II. Hase p. 308.

für nächstfolgende Gänge sich von Neuem zu waffnen. Die Geschicklichkeit in Erfindung solcher Redewendungen und im Gebrauch pikanter Schlagwörter müssen wir den Kämpen im gegenüberstehenden Lager zugestehen. Dennoch sind die Erfolge, die in dieser Weise errungen werden, nicht beneidenswerth. Sie können eben nur vorübergehende sein und nur bei jener von unsern Gegnern selbst so verachteten Masse errungen werden, die stets mit der Majorität und mit dem, was eben oben aufschwimmt, stimmt und heute ihr Hosiannah, morgen ihr Kreuzige ruft. Kundige und solche, die eigner Ueberzeugung und eignem Gewissen leben, werden auf diese Weise weder geblendet noch gefangen. Wir ziehen bei dieser Gelegenheit eine Redewendung vor Gericht, die sehr beliebt war und auch wohl noch ist, um das Zusammenfallen der symbolischen Lehren mit dem Worte Gottes nachzuweisen. Das Bekenntniß, sagt man, ist nichts anders als das Ja und Amen zum Worte Gottes. Gott spricht in seiner Offenbarung die ewigen Heilswahrheiten aus, die Kirche gibt im Bekenntniß dazu ihre bejahende Antwort. Wer also an das Wort Gottes sich bindet, hat sich selbst damit zugleich an das Bekenntniß der Kirche gebunden. Gehen wir dem ein wenig näher auf den Grund und das Leere der ganzen Rede wird sich aufdecken. Es ist ja wahr, wenn die Offenbarung göttlicher Gnade in Kristo lebendigen Heilsglauben weckt, dann können die Seelen nicht anders, im innigen Danke bringen sie durch Wort und That der Wahrheit und Liebe Gottes ihr Ja und Amen entgegen und dies ihr Ja ist ihr Bekenntniß. Aber dies ist doch eben nicht ein bloßes, abstraktes, unlebendiges Ja und Amen; sondern ein Mehreres und nur als ein Mehreres kann es Bekenntniß sein. Ehe der Mensch nämlich bekennen kann, muß er glauben. Beim Glauben aber werden die Thatsachen und Wahrheiten des Heils von dem Menschen in seine in bestimmter, individueller Weise fühlende, vorstellende, denkende Seele aufgenommen, der Inhalt der göttlichen Offenbarung, vielleicht ist es zu sagen erlaubt, der göttliche Logos, zieht das Kleid oder den Leib der Vorstellungen und Begriffe an, wie sie grade im Menschengeiste sind, tritt in die mannigfachen Herzensbedürfnisse ein, wie sie dem Menschen seine eigenthümliche Richtung geben. Uebt nun auch der Inhalt göttlicher Wahrheit auf das menschliche Vorstellungs- und Begriffsvermögen mit einen reinigenden Einfluß aus, so geschieht das, wie die Erfahrung lehrt, meist nur in sehr allmähliger Weise. Deshalb auch, nicht wie der Offenbarungsinhalt in und an sich ist, sondern wie er von dem Gemüth in seinen Schwächen, von der Vernunft mit ihren besseren oder schlechteren Vorstellungen und Begriffen erfaßt ist, so strömt er im Bekenntniß hervor. Nur so gibt es überhaupt ein wirkliches, lebendiges Bekenntniß. Wenn deshalb die Väter und die Reformatoren mittelst ernster, schwerer Geistesarbeit die göttliche Wahrheit in ihre Begriffe zu fassen, auch gegen Verunreinigung durch Fassung in falsche Begriffe zu vertheidigen suchen; so tadeln wir es keineswegs. Wenn sie Gott in Dreipersönlichkeit und Wesensgleichheit, den Erlöser in zwiefacher Natur mit der communicatio idiomatum bekannten, wir wissen das nicht zu mißbilligen. Auch ihr so gestaltetes Bekenntniß ist uns werth, um uns daran zu stärken und zu reinigen. Aber auf das Entschiedenste müssen wir es tadeln, wenn hierbei, was nur Erzeugniß ihrer irrthumsfähigen Vorstellungs- und Denkungsweise ist, mit zu untrüglichem Inhalt göttlicher Offenbarung gestempelt und mit ungeziemender Autorität bekleidet wird. So weit die Symbole den Inhalt der göttlichen Offenbarung wiedergeben, so weit sind und wollen sie Zeugen der göttlichen Wahrheit auch für uns sein und wir binden uns an sie; so weit sie diese Wahrheit in ihre dem Irrthum ausgesetzten Begriffe fassen, so weit lehnen sie es selbst entschieden ab, eine die Gewissen bindende, die Kirche beschränkende und einengende Autorität zu üben, indem sich ihre Verfasser selbst für sündige und irrthumsfähige Menschen ausgeben und nachdrücklichst behaupten, daß nur Gottes Wort und sonst niemand Artikel des Glaubens zu stellen habe. So ist es nichts anders als eine Verleugnung der Bekenntnißschriften selbst, wenn man an etwas mehr in ihnen als an das Wort Gottes, wenn man auch an die menschlichen Begriffsbestimmungen und Lehrfassungen die Kirche und die Seelen fest schmieden will. Die alten Lehrdifferenzen aber zwischen reformirter und lutherischer Kirche gehören ganz und gar in dieses Gebiet, um ihretwillen die Union aufhalten, heißt den lutherischen Symbolen ins Angesicht schlagen.

Doch wir können an einem handgreiflichen Beispiel sehen, wie die Symbole in diesem Punkt gesonnen sind und urtheilen. Die Apologie sagt von der Kirche*): „Dieselbige Kirche ist eigentlich, „wie Paulus sagt, eine Säule der Wahrheit, denn sie behält das „reine Evangelium, den rechten Grund. Und wie Paulus sagt: „Einen andern Grund kann niemand legen außer dem, der gelegt „ist, welcher ist Kristus. Auf den Grund sind nun die Kristen ge„baut. Und wiewohl nun in dem Haufen, welcher auf den rechten „Grund, das ist, Kristum und den Glauben gebaut ist, viel Schwache „sein, welche auf solchen Grund Stroh und Heu bauen, das ist. „etliche menschliche Gedanken und Opinion, mit welchen sie doch „den Grund, Kristum, nicht umstoßen und verwerfen. Derhalben „sie dennoch Kristen sind und werden ihnen solche Fehl vergeben, „werden auch etwa erleuchtet und besser unterrichtet. Also sehen „wir in Vätern, daß sie auch bisweilen Stroh und Heu auf den „Grund gebaut haben, doch haben sie den Grund damit nicht um„stoßen wollen.“ Ist nun die reformirte Kirche auf den Einen Grund gebaut, und das gibt Stahl ja bereitwilligst zu, so kann die lutherische sie nach ihren Symbolen nicht von sich ausschließen, sondern gewährt und fordert die Vereinigung. Jene dissentirenden Lehren der Reformirten über die Person des Herrn, über das heilige Nachtmahl mögen solche menschliche Opinionen sein, Heu und Stroh, aber damit stoßen sie den Grund nicht um, damit sind sie deshalb nicht vom Grunde der Kirche und von der Gemeinschaft derselben zu bannen. Es ist ja keine einzelne Lehre der Reformirten, die sich im Wesentlichen nicht schon bei diesem und jenem Kirchenvater fände, den aus der Gemeinschaft zu schließen, die Symbole, wie wir hören, keineswegs gesonnen sind. Unstreitig haben die lieben Kirchenväter andere Lehren, die in viel tieferem Widerspruch zu der symbolischen Lehre der lutherischen Kirche stehen als die abweichenden, reformirten Lehrbestimmungen, die viel mehr

*) Hase p. 148.

als „Heu und Stroh" erscheinen als diese. Das Einzelne soll uns das klarer machen, wobei wir, was in den Vätern „Heu und Stroh" oder „irrige Opinion" ist, nicht nach unserm Ermessen, auch nicht nach heiliger Schrift, sondern allein nach dem Lehrgehalt der Symbole bestimmen.

Ein Hauptstück der Rechtgläubigkeit bleibt nach dem Standpunkt der Symbole die orthodoxe Lehre von der Dreieinigkeit, von den drei Personen in der Gottheit mit vollster Wesensgleichheit und mit Ausschluß jeder Subordinazion (Unterordnung) der einen Person unter die andern. Kommen wir aber zu einem Justin, dem Märtyrer, Klemens und Origenes; so wollen diese von einer Zeugung des Sohnes aus dem Wesen des Vaters durchaus nichts wissen, sondern gestehen nur eine Zeugung oder Schöpfung des Sohnes durch den Willen Gottes, des Vaters, zu. Sie tragen deshalb auch nicht Bedenken Kristum ein Geschöpf zu nennen, ihm die Wesensgleichheit mit dem Vater abzusprechen und ihn dem Vater auf das Entschiedenste unterzuordnen. Ja eine ganze Synode zu Antiochien verwirft in der zweiten Hälfte des dritten Jahrhunderts die Wesensgleichheit des Sohnes mit dem Vater als dem reinen Kristenglauben zuwider. Origenes will das Aus und durch sich selbst Gott (αὐτοθεος) nur dem Vater zuschreiben und hält es darum nicht für recht, zu dem Sohne zu beten, allein zum Vater sei zu beten durch den Sohn. Geht auch der lateinische Vater Tertullian, der, beiläufig gesagt, bekanntlich Gott einen Körper zuschrieb, nicht so weit, eine Unterordnung des Sohnes unter dem Vater hält auch er vollständig fest. Er läßt den Sohn der Persönlichkeit nach nicht von Ewigkeit her im Vater existiren, sondern nur dem Gedanken, der Potenz nach. Es gab nach ihm eine Zeit, wo der Sohn, der Logos, als Person noch nicht war. Daß für diese Väter der heilige Geist noch weniger mit dem Vater auf gleicher Stufe stand, ja auch dem Sohn untergeordnet erschien, würde sich, wenn auch nicht besondre Stellen dafür zeugten, schon von selbst ergeben. Gewiß nach symbolischer Lehre ist das viel „Heu und Stroh," sind dies eitel „irrige Opinionen" noch in ganz anderer Weise als wenn man gut reformirt nur einen geistigen Genuß des Leibes Kristi annahm und die communicatio idiomatum in lutherischer Ausdehnung verwarf*). Gleichwohl haben die angeführten Männer den Reformatoren und den Symbolen für Väter in den Kirchen gegolten, welche mit solchen Opinionen den Grund nicht umstießen und damit von der Kirche sich nicht schieden. Es wäre ihnen unkristlich gewesen, deshalb die Kirchengemeinschaft mit ihnen aufzuheben, um wie viel mehr unkristlich, wenn es bei viel geringeren Differenzen mit den Reformirten geschieht.

Es entgeht niemandem, daß für das ganze Gebäude der kristlichen Lehre die Auffassung der Sünde von wesentlicher und tiefer Bedeutung ist. Wenn uns gegenwärtig ist, was das Augsburgische Bekenntniß in seinem zweiten Artikel über die Sünde lehrt, was andre, ausführlichere Stellen in den Symbolen über deren Wesen, Entstehung und Verbreitung aussagen, und wir sehen darauf einen Origenes oder Chrysostomus an, wie sind ihre Ansichten der Orthodoxie so ganz widerstrebend. Ersterer läßt für den Fall Adams auf der Erde gar keinen Platz, sondern verlegt ihn und den Fall aller Seelen in ein früheres, vorweltliches, rein höheres Dasein. Die Seelen sind für diesen Fall in einem rein geistigen vorweltlichen Sein zur Strafe aus diesem verstoßen und mit Thierfellen als Schürzen bekleidet, d. i., in die Leiblichkeit gebannt und verbannt worden. Chrysostomus aber kann sich nicht dazu verstehen, eine Erbsünde, sondern nur ein Erbübel anzunehmen. Das ist ihm nicht widersinnig, daß, weil ein Mensch sterblich wurde, sie es alle werden mußten. Wohl aber erklärt er es für völlig grundlos, daß andre Sünder werden mußten, weil ein Mensch ungehorsam gewesen. „Unser Geschlecht für böse zu erklären," ruft er, „das sei ferne." Oder er sagt: „Am Können fehlt es Dir nicht, „denn ich beweise Dir, daß alle zur Tugend fähig sind." Demgemäß erkennt er allein dem Menschen den Anfang der Bekehrung

*) Nach früherer Auseinandersetzung gehört die Prädestinazion nicht zu den ursprünglich differenten Lehren, sondern war eben so lutherisch wie kalvinisch und ist später theilweise eben so gut von Reformirten wie von Lutherischen aufgegeben, von einzelnen auch natürlich nicht.

zu und leitet von der göttlichen Gnade nur eine dem Anfang erst folgende Mitwirkung her. Bei solchen Ansichten, bei dem, was in entsprechender Weise über Glaube und Tugend und Werke so bedenklich geäußert wird, muß einem rechtschaffnen Konfessionellen ganz angst und bange werden, so daß er zitternd fragt, ob unter dem vielen „Heu und Stroh“ auch noch ein Goldkörnlein der Rechtgläubigkeit verborgen sei. Und doch nach dem Urtheil unsrer Symbole, wie die angeführte Stelle beweist, gehört der Mann sicherlich zu den Vätern in der Kirche Kristi, der mit seinen nicht unbedenklichen Meinungen den Grund Kristum nicht umgestoßen hat. Was sind die Differenzlehren der Reformirten dagegen, wie berühren sie, man mag auch sonst urtheilen über dieselben, wie man will, im Verhältniß zu solchen Anschauungen den Grund Kristum, fast gar nicht! Wie fern sind deshalb die lutherischen Symbole davon, die Union mit der reformirten Kirche zu verwerfen.

Bei der Person des Heilandes erwähnen wir hier nur noch einmal des Werkes der Versöhnung und heben darin einen auch schon besprochenen Punkt hervor. Bis auf die Konkordienformel wird in den Symbolen die Versöhnung im Tode des Gottmenschen, als in einem vollgültigen Opfer gesucht und gefunden. Als Lösegeld gibt der Gottmensch sein Leben für die Menschen in den Tod und stiftet so in seinem Blute eine ewige Versöhnung. Wem kommt dies Lösegeld zu? Dem heiligen Gott, antworten die reformatorischen Symbole, denn Kristus hat eben durch sein Blut Gottes Zorn versühnet. Wir haben, wie gesagt, schon der kindlich naiven Lehre gedacht, nach welcher das Lösegeld dem Teufel gegeben wurde, der als ein dummer Teufel dabei bald einfach, bald doppelt getäuscht erscheint. Stahl wirft es dem Zwingli vor, daß er mit dieser Lehre weit von evangelischer Wahrheit abweiche, und scheint nicht abgeneigt, ihn deshalb eines Platzes in evangelischer Kirche für unwürdig zu erklären. Die lutherischen Symbole haben doch viel mehr Maaß, als der Mann der mitunter in so gemäßigtem Tone spricht. Sie wußten es sehr gut, daß ein Origenes, Basilius, Gregor von Nyssa dasselbe gelehrt hatten, aber sie hielten dafür, daß trotz dieses Heu's und Stroh's die genannten Väter den Grund nicht umstießen und in die Gemeinde gehörten. Wollten sie nicht mit ihnen, so gewiß noch weniger mit Vater Luther brechen, der, wie wir ja auch schon gesehen haben, in Lehre, Lied und Predigt hier mit Zwingli auf demselben Irrwege sich befand. Gleichwohl hat Stahl sehr recht, wenn er von dieser Lehre sagt, sie weicht weit ab von evangelischer Wahrheit, heißt hier, von der symbolischen Lehre der lutherischen Kirche, sicherlich weiter als die eigenthümlich reformirten Lehren. Indem aber unsre Symbole um solcher Lehren nicht die Väter und nicht Luther verdammten, verdammen sie noch weniger die Union mit der reformirten Kirche.

Von den lutherischen Symbolen wird die Nothwendigkeit der Taufe zum Heil nicht nur für die Erwachsenen, sondern auch für die Kinder behauptet. Abweichender Lehren der Väter über die Taufe gedenken wir weiter nicht. Aber an Tertullians mächtigen Eifer gegen die Kindertaufe werde erinnert, an das kurze Wort, welches er wie in heiligem Unwillen ausruft: „Was stürzt das unschuldige Alter zur Vergebung der Sünden?" (nämlich in der Taufe). Gebührt dem Manne das Verdienst, zuerst den Grund zu dem kirchlichen Dogma von der Erbsünde gelegt zu haben, hebt er es nicht völlig wieder auf, wenn er sich in dieser Weise gegen die Kindertaufe ereifert? Ja, wenn wir es genau besehen, macht er, nach symbolischer Lehre gemessen, sich nicht mit einemmal zwiefacher Ketzerei schuldig? — Die Augsburgische Konfession verwirft den Chiliasmus. Aber siehe, nicht nur Papias und Justin der Märtyrer, auch Irenäus, der sonst so orthodoxe Mann, sind Chiliasten. — Wird in dem Augsburgischen Bekenntniß die Hoffnung auf die dereinstige Bekehrung der Verdammten, des Teufels und auf ihre Seligkeit als ein Irrthum der Wiedertäufer verdammt; so hat diesen Irrthum so gut Gregor von Nyssa wie Origenes gelehrt und auch Gregor von Nazianz erklärt, daß es „des Strafenden würdiger sei, die Strafen nicht blos zerstörend sich zu denken, sondern zu endlicher Heiligung d. h. zur Seligkeit bestimmt." Wie bauen wiederum Tertullian und Papias und Justin und Irenäus und Origenes und die beiden Gregore so mancherlei Heu und Stroh auf den Einen Grund und doch schließt sie die Apologie nicht von der Kirchengemeinschaft aus und verbietet es damit uns, es in ähnlichen Fällen zu thun.

Einen der Väter müssen wir noch zitiren, den hochgepriesenen Bischof, den manche sogenannte Lutheraner heute vorzugsweise als den Mann der Kirche zu rühmen geneigt sind. Einer Seite unsrer heutigen Lutheraner (ich meine, Stahl sucht auf derselben sich seinen Platz) sagt freilich die Weise ganz besonders zu, in welcher dieser Vater die Kirche (wohlverstanden: die Kirche in ihrer äußern Erscheinung und Darstellung als solche, Stahl dürfte sagen: die Institution) als alleinige Vermittlerin mit Kristo, wie er den Priester als alleinigen Vermittler zwischen der Kirche und dem Einzelnen, wie er der That nach den Bischof als unbedingte Autorität hinstellt, wie er so mit sichrer Hand den Grundstein für die künftige Herrschaft des Pabstes legt, wie er diesem Allen gemäß, das Schisma (die Trennung) von der Kirche zum höchsten Verbrechen stempelt. Wie gesagt, das behagt manchem unter den jetzigen Lutheranern, weil ihres Herzens Drang sie ja offenbar ganz ähnlichen Zielen zutreibt. Aber nach den Symbolen, wie diese nämlich (das Augsburgische Bekenntniß, die Apologie, die Schmalkaldischen Artikel, die Katechismen) die Kirche darstellen, hat der gute Vater mit dem Allen recht viel Heu und Stroh auf den Einen Grund zusammen getragen. Gewiß gestehen jene Lutheraner uns desto bereitwilliger zu, daß er dennoch nach den Symbolen nicht als ein Ketzer von der Kirche auszuschließen sei, damit aber auch, daß die Union mit den Reformirten, bei denen Abweichungen solcher Bedeutung sich gar nicht finden, noch weniger verworfen werden dürfe.

Das wären nur so einige irrige und unnütze Gedanken, weit abliegend von symbolischer Lehre der lutherischen Kirche, welche jede gute Kirchengeschichte an den Vätern uns sofort aufdeckt. Sobald aber ein kundiger Geschichtsforscher als erfahrner Bergmann den Schacht der Schriften irgend eines Kirchenvaters befährt, jedesmal wird er nicht allein Gold und Silber der Orthodoxie, sondern Schlacken und Erz irriger Gedanken und Opinionen an's Tageslicht fördern, gewiß nicht besser, als was die Lutheraner als reformirte

Irrthümer bezeichnen oder was sie an uns Unirten als Unglauben verdammen. Es ist wider alles Recht, Reformirte und Unirte mit anderm Maaßstabe zu messen, als irgend welche Glieder der Kirche in Vergangenheit, Gegenwart und Zukunft. Freilich wird geltend gemacht, bei den Vätern hätte die Schuld nicht an dem Mangel der rechten Glaubenssubstanz gelegen, sondern an den mangelhaften Begriffen und Vorstellungen, wie solche theils jener Zeit, theils ihrer besondern Eigenthümlichkeit entsprangen. Aber warum soll denn mit den nach lutherischer Meinung schwachen und fehlerhaften Begriffen und Vorstellungen der Reformirten und Unirten nicht auch Geduld getragen werden, oder wie läßt es sich beweisen, daß es ihnen an der Glaubenssubstanz gebricht und daß sie keinen Anspruch auf das gut symbolische „Alles entschuldigen und zum Besten kehren“ haben dürfen? Es ist uns freilich auch um richtiges Denken zu thun. Ja wir möchten die theuren Männer auf der entgegenstehenden Seite bitten, anstatt wider den Geist und das Wort der Symbole zu verdammen, die Philosophie wenigstens so weit zu kultiviren, daß in der Begriffsbildung wahre Logik walte und daß vor Allem keine Sophistik mehr mit begrifflosen Begriffen spiele und verwirre. Vielleicht werden dann auch die Augen klarer für das, was wesentlich zur Kirche und Kirchengemeinschaft gehört. — Für die Väter wird ferner angeführt, daß sie nur im schweren Kampfe gegen die mächtigen Irrthümer der Zeit selbst unwillkürlich in entgegengesetzte Irrthümer geriethen, daß sie aber dabei immer nur die Wahrheit des rechten Glaubens im Auge hatten und meinten und daß ihre Herzen fortwährend dem Herrn angehörten. O trefflichste Männer im lutherischen Lager, glaubt es uns, wir wissen das aufs Allerbeste zu würdigen. Aber wir bitten euch, schaut um euch, ob nicht in unsern Tagen gleich schwere und verderbliche Irrthümer unter uns ihren Umgang halten und ob nach dem Gewissen und nach Gottes Wort nicht eben so gegen diese der heiße Streit verordnet sei? Mit der Wahrheit kommt man am Weitesten, darum müssen wir euch gestehen, wir entdecken nicht nur links, sondern auch rechts sehr schlimme Irrthümer, nicht nur solche, welche in der Sprache des Unglaubens und der Heterodoxie verkündigt werden, sondern auch solche, welche in das Gewand der Orthodoxie gekleidet auf dem Plane erscheinen. Wenn ihr an Eures Stahl Sakraments- und Kirchenbegriff, ja an seine Vorstellungen von Glaube und Bekehrung denkt, sie können euch nach dem Maaßstab der lutherischen Symbole unmöglich behagen. Ihr findet da ein Ringen, nicht Luthers, sondern Cyprians und Roms Fährte zu verfolgen! Solchen bedenklichen Ausschreitungen müssen sich doch auch Reformirte und Unirte unserer Tage gegenüber stellen. Wenn sie da nach Eurer Meinung ein wenig über das Ziel korrekter Lehre hinausgehen, wollt ihr es ihnen nicht eben so zu Gute halten, wie ihr es nach dem Symbol den Vätern gewährt? Daß es auch ihnen im Kampfe um die Wahrheit des evangelischen Glaubens zu thun sei, müßt ihr ihnen zugestehen, wenn in euch selbst noch evangelische Wahrheit und Liebe wohnt. — Aber besinnt euch einmal recht, welch sonderbares Ergebniß für die lutherische Kirche sich herausstellt, wenn die symbolischen Lehren die Grenzen der Kirchengemeinschaft zu bestimmen, ja auch bis dahin zu bestimmen haben, daß sie eine Union zwischen beiden Schwesterkirchen unmöglich machen. Melanchthon hatte die lutherische Abendmahlslehre aufgegeben und eine wesentlich reformirte sich angeeignet. Von der Zeit ab, so lautet Stahls Erklärung, gehörte er nicht mehr zu den „Unsern,“ er gilt für einen aus der lutherischen Kirche Ausgeschiedenen. Luther haben wir auf bedenklichem Wege in der Versöhnungslehre gefunden. Das genügt aber nicht. Luther ist der kühnste, folgerichtigste, schroffste, härteste unter den Prädestinazianern. Das Buch, in welchem er diese Lehre durchgeführt hat, ist ihm bis an das Ende mit sein liebstes. Nun aber ist nach Stahl die Prädestinazion noch ein weit stärkeres Hinderniß der Union als der Gegensatz über die Sakramente, und die Konkordienformel, wie sie sich auch in Widersprüchen ergeht und wie sie von Luther auch der Denk- und Glaubensschwäche geziehen werden würde, verwirft doch mit ausdrücklichen Worten die Prädestinazion zum Bösen, die Luther so schneidend hervorhebt. Damit gehört auch Luther nicht mehr, ja noch weniger als Melanchthon, zu diesen „Unsern“ d. i. zu den wirklichen Lutheranern. Ja die fünf ersten Symbole der lutherischen Kirche sind nach früherer Auseinandersetzung als prädestinazianisch selbst zu verwerfen. Danach eine lutherische Kirche ohne Melanchthon, ohne Luther! Ihr habt aber recht, nach solchem engen und engherzigen Maaßstabe lassen sich solche Heroen des Glaubens nicht messen, in solche die Gewissen beengende Schranken nicht einfangen. Ihr habt recht, diese Männer gehören nicht euch Lutheranern, so lange ihr nach dem Buchstaben messet, wohl aber uns, die wir in ihnen mit allen ihren Irrthümern die erstgebornen, herrlichen Söhne des wiedererweckten evangelischen Glaubens, der wiedererstandenen evangelischen Freiheit verehren. Doch gewiß, auch ihr wollt sie nicht missen und wie bei den Vätern, so laßt ihr nach der Apologie euch das „Heu und Stroh,“ was bei ihnen vorkommt, nicht irre machen, ihr überlaßt es Herrn Stahl, diese Männer aus der Reihe der Seinen auszuscheiden! Wohlan, was euch der wesentliche Anstoß an den Reformirten zu sein dünkt, darin grade theilen sich Melanchthon und Luther, wollt ihr diese nicht lassen, so ist durch eure Symbole euch auch die Union mit den Reformirten geboten.

Wie die Apologie mit jener Stelle, überhaupt mit dem, was sie über die Kirche und ihr Wesen sagt, sofort als Bekenntniß von der deutsch-evangelischen Kristenheit an- und aufgenommen wurde, gewann damit Melanchthon thatsächlich das Recht, den zehnten Artikel des Augsburgischen Bekenntnisses wenigstens durch Fortlassung des „improbamus secus docentes,“ „die Gegenlehr wird verworfen“ zu ändern, sofern diese Worte gegen die Reformirten und eine Vereinigung mit ihnen gerichtet waren. Es ist der unirende Zug der lutherischen Kirche, welcher ihm aus ihrem innersten Wesen heraus dabei Hand und Feder führte. Allerdings die Konkordienformel kann später nicht sorgfältig und scharf genug die Union mit allen Sakramentirern (welche den Genuß im heiligen Abendmahl als einen Akt des Geistes oder des Glaubens auffassen) abwehren und verwerfen. Dennoch auch nach der Konkordienformel ist der Konfessionalismus verurtheilt, die Union gefordert und sie ist uns deshalb grade von großer Bedeutung, von hohem Werth. Was nämlich bis dahin im ganzen Verlauf der deutschen Reformazion allgemeine Voraussetzung war, was namentlich durch die Bekanntschaft mit Luthers Schriften für selbstverständlich und allgemeingültig angesehen wurde, wurde in den früheren Symbolen deshalb nicht ausdrücklich und ausführlich ausgesprochen, sondern nur etwa einmal nebenbei und gelegentlich angedeutet. Es ist der evangelische Grundsatz von der heiligen Schrift und ihrem Verhältniß zu allem andern Zeugnissen kristlicher Lehre gemeint. Die Konkordienformel hilft hier einem früheren Mangel ab und spricht klar und entschieden von vorn herein aus, was in evangelischer Kirche Rechtems sei. Die betreffende, früher schon angezogene Stelle folge hier ausführlicher*). „Wir glauben," lautet es, „lehren und bekennen, daß die einige Regel und Richtschnur, nach welcher zugleich alle Lehrer gerichtet und geurtheilt werden sollen, seien allein die prophetischen und apostolischen Schriften alten und neuen Testamentes, wie geschrieben steht: Dein Wort ist meines Fußes Leuchte und ein Licht auf meinem Wege (Ps. 119.). Und Skt. Paulus: Wenn ein Engel vom Himmel käme und predigte anders, der soll verflucht sein. Andre Schriften aber der alten und neuen Lehrer, wie sie Namen haben, sollen der heiligen Schrift nicht gleich gehalten, sondern alle zumal mit einander derselben unterworfen und anders oder weiter nicht angenommen werden, denn als Zeugen, welcher Gestalt nach der Apostel Zeit und an welchen Orten solche Lehre der Propheten und Apostel erhalten worden." Wenn auch bald darauf bei Anführung der gültigen Bekenntnißschriften dies und das vorkommt, was diesen Hauptgrundsatz der evangelischen Kirche zu trüben scheint; so versteht sich von selbst, daß wir nicht an der Trübung, sondern an der ausgesprochnen Wahrheit ohne Trübung festhalten. Auch berichtigen die Verfasser sich alsballd selbst, indem sie den Grundsatz wiederholen und ihn schließlich noch nachdrücklich auf das Verhältniß zu den Symbolen anwenden**). „Solchergestalt," heißt es nämlich, „wird der Unterschied zwischen der heiligen Schrift altes und neues Testamentes und allen andern Schriften erhalten und bleibt allein die heilige Schrift der einige Richter, Regel und Richtschnur, nach

*) Hasse p. 570. **) Hase p. 572.

„welcher, als dem **einigen** **Probirstein** sollen und müssen alle „Lehren erkannt und geurtheilet werden, ob sie gut oder bös, recht „oder unrecht seien. Die **andern** **Symbole** aber und angezoge- „nen Schriften sind **nicht** **Richter** wie die heilige Schrift, sondern „allein Zeugniß und Erklärung des Glaubens, wie jederzeit die hei- „lige Schrift in streitigen Artikeln in der Kirche Gottes von den „damals Lebenden verstanden und ausgelegt und derselben wider- „wärtige Lehre verworfen und verdammt worden.“ Also nur die heilige Schrift ist und bleibt Richter, Regel und Richtschnur kristli- cher Lehre und kristlichen Glaubens, die Symbole sind Zeugnisse des Glaubens, wie die heilige Schrift irgendwann und irgendwo ausge- legt wurde und wollen selbst nur so angesehen werden. So müßt ihr Lutheraner den Symbolen gemäß euch selbst richten und rich- ten lassen von heiliger Schrift und dürft euch nicht dabei beruhigen, daß ihr sprecht: Wir haben die Reformatoren zu Vätern und stim- men mit ihren Bekenntnissen. Sonst dürftet ihr euch nicht wun- dern, daß Gott den Reformatoren aus den Steinen Kinder er- weckte, und daß, während sie von Morgen und Abend kämen, mit ihnen in des Vaters Reich zu sitzen, ihr, die ihr eurer Reichskindschaft so gewiß seid, euch ausgeschlossen sähet. So dürft ihr nicht richten und verdammen, wenn Reformirte und Unirte hier und dort den Buchstaben symbolischer Lehre verlassen, sondern habt sie allein nach heiliger Schrift zu beurtheilen. Handelt ihr anders; so, indem ihr den ersten Hauptgrundsatz der evangelischen Kirche, den sie als eins ihrer beiden Prinzipien zu betrachten sich gewöhnt hatte, vernichtet, untergrabt ihr die Mauern dieser Kirche selbst und kämpfet an wi- der ihre Symbole. Die Verfasser der Konkordienformel sind frei- lich diesem Grundsatz am Wenigsten treu geblieben. Sie haben lustig ohne und auch wider die heilige Schrift verworfen und ver- dammt. Ihr ganzes Streben war dahin gerichtet, die deutsch evangelische Kirche nicht nach der heiligen Schrift allein, sondern nach der von ihnen abgeschlossenen symbolischen Lehre zu säubern. Das kann uns jedoch wenig irren. Verstoßen sie gegen ihren eig- nen Grundsatz, welcher zugleich der der evangelischen Kirche ist, so haben sie das zu verantworten, wir aber haben es nicht nachzumachen, nicht uns in die Gemeinschaft ihres Irrens und Sündigens hineinziehen zu lassen, nicht mit ihnen jene herrliche Wahrheit feierlich anzuerkennen, um sie im nächsten Augenblick mit Füßen zu treten. Wir haben hier nur ein abschreckendes Beispiel, das uns zeigt, wohin der Hochmuth untrüglicher Rechtgläubigkeit führt. Uebrigens ist es von besonderer Wichtigkeit, daß grade die Verfasser der Konkordienformel diesen Hauptgrundsatz evangelischer Kirche so rund und klar aussprechen und gewissermaßen offiziell sankzioniren mußten. Offenbar waren diese Männer ja von ganz andern Ansichten und Bestrebungen erfüllt. Eine ihnen gegenüberstehende Theologie, die sich kurz als die Melanchthonische bezeichnen läßt, wollten sie in der lutherischen Kirche verdrängen und unterdrücken. Es galt, in die engen Kreise ihres Buchstabens die Geister zu bannen und das System einer abgeschlossenen, fertigen Orthodoxie aufzustellen, damit im Anschauen desselben jede abweichende, freie Regung und Richtung eigenthümlichen evangelischen Glaubens und eigenthümlicher Theologie erstarre. Was aber damals in der evangelischen Kirche Deutschlands eine schlimme, fanatische Orthodoxie in Ketzerrichterei und Verdammungssucht schon geleistet hatte, wie auch damit auf Abstumpfung evangelischer, protestantischer Gewissen hingearbeitet war; es ließ sich nicht vergessen und verleugnen, daß die Reformazion allein aus dem freien Gebrauch des göttlichen Wortes geboren war, daß Luther, wenn und wo er in seiner ganzen Größe und Herrlichkeit sich gezeigt, sich allein auf dem Grunde dieses Wortes gewußt und mit demselben allein gekämpft hatte, daß der Ehrenname Protestanten von den Evangelischen geführt wurde, weil sie feierlich vor dem Reiche die im Namen des Kaisers an sie gestellte Zumuthung, daß ihre Prediger Gottes Wort nach der Auslegung der von der Kirche approbirten und angenommenen Schriften lehren sollten, entschieden abgewiesen und erklärt hatten, daß sie mit ihren Predigern für das Gewissește erkenneten, bei Gottes Wort zu bleiben und Schrift durch Schrift zu erklären. Es ließ sich nicht verschleiern, wie Alles in der evangelischen Kirche wie auf der einen Seite auf das Allein durch den Glauben, so auf der andern

Seit auf das Allein nach der heiligen Schrift hindeute. Wenn nicht das eigene Gewissen diese Männer nöthigte, das mächtige Gesammtbewußtsein und Gesammtgewissen evangelischer Kristenheit zwang sie, als sie selbst Artikel des Glaubens stellen wollten, der Wahrheit die Ehre zu geben und mit klaren Worten es auszusprechen, daß solches nur dem Wort Gottes gebühre, daß allein die heilige Schrift Richter, Regel und Richtschnur des kristlichen Glaubens und Lebens sei. Tief erbaulich ist es, wenn man sieht, wie Gottes Macht, Gnade und Wahrheit alle Zeit in das Streben und Thun derer hineingreift, welche ihn zu bestreiten und seine Rathschlüsse aufzuhalten suchen. Wir erinnern uns nur an zwei Beispiele aus heiliger Schrift. Bileam ist gefordert und gekommen, um dem Volke Israel zu fluchen, und siehe er muß segnen. Kaiphas will den Heiland der Welt vernichten und muß des Heilandes Prophet werden. Was hindert hier die Anwendung? Die Verfasser der Konkordienformel wollen die evangelische Wahrheit in die engen Formeln pressen und damit die evangelische Glaubensfreiheit, die nur im Herrn ihrer Gebundenheit und ihres Freiseins sich freut, ersticken, — sie grade müssen mit ihren ersten Worten die alleinige Autorität der heiligen Schrift und unter derselben die Freiheit der Gewissen in evangelischer Kirche feierlich proklamiren. Das ist die heilige Ironie Gottes, welche durch die Geschichte der Menschheit im Allgemeinen und durch die Kirchengeschichte im Besondern sich hindurchzieht. Dieser Ironie Gottes werden auch heut alle engherzig konfessionellen und unionsfeindlichen Bestrebungen verfallen und sind ihr schon verfallen. Stahl schreibt ein dickes Buch, das ihm der Haß gegen die Union inspirirt, und wie viel Aussprüche und Urtheile finden sich in demselben, die nur der Ausführung bedürfen, um die gehaßte und bekämpfte Union glänzend zu rechtfertigen. Im Namen der lutherischen Symbole und der Autorität derselben wird die Union verworfen, und grade sie sind es, welche dieselbe fordern. Die Ausführungen der Konkordienformel, wenigstens ihrem Kern nach, sind es, auf welche Stahl auch seine Polemik gegen Vereinigung stützt, und grade sie räumt durch ihren Hauptgrundsatz solchem Thun den Boden unter den Füßen hinweg. Zum Schluß dieses Abschnittes deshalb noch die Bitte: Vertieft euch recht in die Symbole und ihr seid auf dem besten Wege zur Union, werdet rechte Lutheraner und ihr werdet wahrhaft Unirte.

VII. Bekenntniß und Union.

Die Gegner der Union rühmen sich des Bekenntnisses und gefallen sich darin, sich Bekenntnißtreue zu nennen. Union und Bekenntniß werden als zwei sich einander ausschließende Gegensätze angesehen. Wird auch nur eine besondre Richtung mit dem Namen „bekenntnißlose Union" geschmäht, ein rechtes Bekenntniß wird auch den Männern der sogenannten „positiven Union" nicht zugetraut. Wer sich der Union hingibt, verleugnet das Bekenntniß, wer das Bekenntniß festhält, muß die Union von sich stoßen. Da stände es schlecht um die Union! „Bekennen," „Bekenner," „Bekenntniß" sind in der Kirche des Herrn von jeher Ausdrücke besten Klanges gewesen. Das „gute Bekenntniß" wird an den Jüngern Kristi gesucht und gepriesen. Die „Bekenner" stehen bei den Gemeinen in höchsten Ehren. Der Heiland selbst macht es von dem Bekenntniß auf Erden (vor den Menschen) abhängig, ob er jemand in die höhere Welt aufnehmen, sich vor dem himmlischen Vater zu ihm bekennen werde. Der Apostel Paulus gründet die Seligkeit auf das Bekenntniß des Mundes. — Mit dem Entstehen der evangelischen Kirche in Deutschland leuchtet die Herrlichkeit derselben besonders aus ihrem getrosten, freudigen Bekennen hervor. Vergegenwärtigen wir uns augenblicklich nur Luther in Worms, die evangelischen Stände auf dem Reichstage zu Augsburg. Sie bekannten und leugneten nicht, das ist der unauslöschliche Glanz, der in Ewigkeit um die Häupter dieser treuen Zeugen strahlt. Vieler anderer herrlicher Bekenntnißakte hat sich außerdem die evangelische Kristenheit zu rühmen und groß ist die Schaar ihrer Bekenner (im prägnanten Sinne des Wortes) seit der Zeit ihres Bestehens. Es muß auch uns die höchste Aufgabe sein, daß es von uns einst heißen kann: Sie bekannten und leugneten nicht. Hinderte uns die Union am Bekennen und Bekenntniß, wir müßten sie mit heiligem Zorn von uns schleudern. Aber es ist ein schlimmes Ding, wenn sich die Parteien solcher altehrwürdiger Worte bedienen, indem sie nichts als Falschmünzerei damit treiben. Der innere Gehalt, das Gold wird entfernt, ein unächtes, schlechtes Metall untergeschoben und nur darum gesorgt, wenigstens einige Aehnlichkeit im äußern Gepräge zu erhalten. So auch mit dem Worte Bekennen und Bekenntniß, das im Munde der kirchlichen Parteien seiner gehaltvollen Bedeutung völlig beraubt und mit dem dann ein falsches Spiel getrieben wird. Dem gegenüber dürfen wir uns nicht scheuen, vor Allem von biblischem Grunde aus die ächte Bedeutung jener Worte wiederherzustellen und nur so sie zu gebrauchen. Gewiß es ergibt sich damit ein völlig anderes Verhältniß des Bekenntnisses zur Union, als unsre Gegner vorzugeben sich gewöhnt haben.

In der heiligen Schrift kommen zwei Ausdrücke für die in Rede stehende Sache vor, nämlich der unser deutsches „Bekennen" bezeichnende ὁμολογεῖν und der für unser deutsches „Zeugen" stehende μαρτυρεῖν nebst den von beiden abgeleiteten Wörtern. Die allgemeinste Bedeutung in ersterem Worte ist „mit einem andern zugleich und zwar dasselbe sprechen." Aber mit gutem Grunde hat der Sprachgebrauch für die Zusammensetzung hier sich nicht das gewöhnliche λέγειν „sagen" angeeignet. Bei diesem allgemeinen Worte wird die Gesinnung gewöhnlich gar nicht berücksichtigt, es wird so gut von dem Wahrhaftigen wie von dem Lügner gebraucht. Zu einem andern Wort, das einfach (ohne in der Zusammensetzung) gar nicht vorkommt, wird gegriffen, um treffend den Gegenstand zu bezeichnen. Von λόγος wird λογεῖν gebildet. Wie nun das Wort λόγος, besonders wo Johannes damit den ewigen Sohn bezeichnet und damit einen bekannten Sprachgebrauch sich aneignet, das Eigenthümliche an sich hat, daß es sowohl die Darstellung der Gedanken in der Rede als auch die die Gedanken erzeugende Vernunft in sich zusammenfaßt, so kann mit ὁμολογεῖν auch nur ein solches Sprechen gemeint sein, welches die innersten Gedanken des Menschen wiedergibt, welches aus der innersten Gesinnung geboren wird und deshalb auch der treuste Abdruck dieser Gesinnung ist. Deshalb gehört dieses Wort besonders dahin, wo die innere Gesinnung in feierlicher Weise als eine zuverlässige und gewisse hingestellt werden soll. So finden wir es öfters im neuen Testament auch abgesehen von der besondern Beziehung aufs Religiöse. Herodes bekennt (Luther übersetzt: verheißt) mit einem Eide der Tochter seines Weibes, daß er ihr geben wolle, was sie fordern würde (Matth. 14, 7), wo beides darin liegt, das innere Ergriffensein seines sinnlichen Herzens, das ihn drängt, dieses Gefühl klar darzulegen, und die Absicht, es zugleich in feierlicher, sich selbst auf die Gottheit beziehender Weise als zuverlässig auszudrücken. Paulus nennt sich vor dem Hohen Rath in Jerusalem einen Pharisäer (Actor. 23, 6) und der Verfasser der Apostelgeschichte bemerkt dazu karackteristisch (V. 8), die Sadduzäer sagen (λέγειν wird gebraucht), es sei keine Auferstehung, noch Engel, noch Geist, die Pharisäer aber „bekennen" beides. Die Sadduzäer „sagen," sie reden es so hin, weil sie in ihrem rein sinnlichen Leben sich nicht auf sich selbst besinnen, weder in die Vernunft, noch in das Gewissen, noch in die Offenbarung Gottes sich versenken, weil sie rein auf der Oberfläche bleiben. Sie haben eben deshalb nichts zu bekennen, sondern nur zu meinen und zu sagen. Die Pharisäer, natürlich nur die aufrichtigen und ernsten unter ihnen, wie sie ein großes Gewicht auf die Offenbarung Gottes legen und aus der sinnlichen Welt in die geistige sich erheben, haben wenigstens noch etwas Wahrhaftiges in sich und können bekennen. Eben so weist Paulus vor Felix die ungegründeten Beschuldigungen seiner Ankläger zurück und fährt dann feierlich fort (Actor. 24, 14): „Dies aber „bekenne ich Dir, daß ich nach dem Wege, welchen sie eine Sekte „nennen, so diene dem väterlichen Gott" u. s. w. und will mit dieser Wendung ausdrücken, daß er gewissenhaft, wahr und zuverlässig ausspreche, was er im Herzen trage. Die nach dem Glauben gestorbenen Väter (Abel, Henoch, Noah, Abraham, Sara), welche die Verheißung noch nicht in Besitz genommen, sondern sie nur von fern gesehen und begrüßt hatten, „bekennen“ (Hebr. 11, 13), eben weil sie die Verheißung gesehen und froh begrüßt hatten und es ihr Innres erfüllte, daß sie Gäste und Fremdlinge auf der Erde wären. So kann in allen Stellen, wo vom „Bekennen“ der Sünde die Rede ist (z. B. 1 Joh. 1, 9) es nur verstanden werden als ein aus innerer Erkenntniß, aus dem Gefühl und Bewußtsein des Herzens wahr hervorströmendes Aussprechen. Auch wenn der Heiland sich „bekennen“ will zu den Seinen (Matth. 10, 23. Apocal. 3, 5), und wenn er den Herr Herrsagern „bekennen“ wird (Matth. 7, 23), ich habe euch noch nie erkannt; so liegt dem ersteren zum Grunde, daß er sie in wahrhaftiger Liebe als die Seinen in der Seele trägt, dem zweiten, daß er sie vermöge seiner Alles durchschauenden Heiligkeit im Innersten seines Geistes nie habe für die Seinen halten können. Matth. 11 steht dem Heiland der vielfache Unglaube, der ihm begegnet, vor der Seele und er hat um deswillen einzelne Städte (Bethsaida u. s. w.) gescholten. Aber da „bekennt“ er zugleich dem Vater (V. 25, wo Luther dem Sinn nach nicht uneben übersetzt: „Ich preise dich“), daß er es den Weisen verberge und den Unmündigen offenbare und daß er ihm (dem Sohn) Alles übergeben habe. Auch dem erfahrnen Unglauben gegenüber ist dieser Wahrheit und Zuversicht seine Seele voll und so bricht der Mund aus in dieses dem Innern gemäße „Bekennen“ oder Preisen. Kurz allenthalben liegt im neuen Testamente in dem Worte „Bekennen“*) entschieden der Sinn, daß die Aeußerung des Mundes das im Herzen, im Geiste tief Gefühlte und Empfundene klar und wahr ausspreche. Nur die Stelle Titus 1, 16 scheint eine Ausnahme zu machen, indem unser Wort dort von einem heuchlerischen „Bekenntniß“ vorkommt, Luther es denn auch kurzweg mit sagen verdeutscht. Allein diese Ausnahme dürfte auch nur auf Schein beruhen. Es heißt von den Unreinen und Ungläubigen, denen Vernunft und Gewissen befleckt ist: „Sie be„kennen, daß sie Gott erkennen, aber mit den Werken verleugnen

*) Daß von ἐξομολογεῖν dasselbe wie von ὁμολογεῖν gilt, versteht sich von selbst.

„sie.“ Man merke wohl: Sie bekennen nicht Gott, was nach dem Bisherigen ein innerliches Ergriffensein voraussetzen würde; sondern sie bekennen, daß sie Gott wissen, von ihrer Gotteserkenntniß sind sie selbst überzeugt und eingenommen und rühmen sich nun auch derselben. Es findet also bei ihnen wirklich ein Bekenntniß statt, aber nicht das Bekenntniß Gottes, sondern das Bekenntniß ihres Wissensdünkels, das dann eben ganz folgerecht die Verleugnung Gottes im Leben zu seiner Begleitung hat. Doch nun zu solchen Stellen, in denen vom „Bekennen“ als von einem religiösen Handeln im engsten Sinne gesprochen wird.

Die Hauptstelle ist hier natürlich das Wort des Herrn Matth. 10, 32. 33: „Jeder nun, wer mich bekennen wird vor den Men-„schen, den will ich auch bekennen vor meinem Vater im Himmel. „Wer aber mich verleugnen wird vor den Menschen, den werde ich „auch vor meinem Vater im Himmel verleugnen.“ Wie ihn bekennen? Das spricht sich in der vom Herrn gebilligten Weise des Petrus aus: „Du bist Kristus, der Sohn des lebendigen Gottes.“ (Matth. 16, 16.) Es ist also das Bekenntniß, daß in der Person Jesu von Nazareth der wahrhaftige und leibhaftige Sohn Gottes erschienen sei, welcher das Licht und Reich Gottes, die vergebende, segnende und das Heil spendende Liebe Gottes bringt, weil er eben wie keiner ist des lebendigen Gottes Sohn, aus der Gottheit kommend und der Gottheit Gnade und Wahrheit in sich schließend. Dasselbe liegt in dem Bekenntniß, welches Johannes in seinem ersten Briefe als Prüfstein der Geister aufführt, daß nämlich „Jesus Kristus ins Fleisch gekommen ist“ oder „daß Jesus ist der Sohn Gottes“ (1 Joh. 4, 2 u. 15). Der Inhalt ist auch hier die erlösende Gnade Gottes in dem geschichtlichen Menschen Jesus. Erwägen wir nun, wie der Heiland bei der zuerst angeführten Stelle (Matth. 10) vorher seinen Jüngern gesagt hat, daß er sie wie Schafe in die Mitte der Wölfe sende, daß sie gleich ihm der Mißhandlung und dem Tode ausgesetzt sein und den grimmen Haß der Welt zu tragen haben würden; dann ist an sich selbst klar, daß er nur an ein „Bekennen“ denkt, welches aus innigem, kräftigen Glauben hervorgeht. Wenn schon in andern Verhältnissen und

Verbindungen „Bekennen“ nur ein Sich äußern bezeichnet, welches der wahrhaftige Ausdruck des Innern ist; so gewiß ganz besonders auf religiösem Gebiet. Bekenntniß ist hier die aus dem innersten Drange des Herzens geborne Darstellung des Glaubens im Aeußern. So wird denn Röm. 10, 9—10 „Glauben“ und „Bekennen“ zuerst unmittelbar und dann durch das jedem Hinzugefügte so innig verbunden, daß das Eine ohne das Andere gar nicht denkbar ist. „Wenn Du,“ heißt es, „mit Deinem Munde bekennen „wirst den Herrn Jesum und in Deinem Herzen glauben wirst, „daß Gott ihn erweckt hat von den Todten; so wirst du selig“ (erlöst); „denn mit dem Herzen wird geglaubt zur Gerechtigkeit, „mit dem Munde aber bekannt zur Seligkeit“ (zum Heil). Zuerst also verbindet der Apostel „Glauben“ und „Bekennen“ unmittelbar; dann läßt er aus dem „Glauben“ die Gerechtigkeit, aus dem „Bekennen“ das Heil (die Seligkeit) hervorgehen. Giebt es aber auch Gerechtigkeit ohne Heil oder Heil ohne Gerechtigkeit? Sicherlich nicht und dann auch nicht ein „Bekennen“ ohne „Glauben.“ Ganz besonders aber ist hervorzuheben, daß wie sich der Glaube in den Evangelien, beim Paulus, Johannes fast immer auf die Person des Erlösers als auf ihren einigen Gegenstand bezieht; so auch überhaupt der Gegenstand und Inhalt des kristlichen Bekennens nichts Anderes ist und sein kann als „Kristus in das Fleisch gekommen,“ „Jesus der Sohn Gottes.“ Der übergewaltige Eindruck Jesu Kristi, die aus seiner Person hervorbrechende Gnade, Wahrheit und Heiligkeit Gottes erfaßt unwiderstehlich die Gemüther; so daß sie es ihm aussprechen müssen: Wir können Dich nicht lassen, denn wir wissen, daß Du bist unser Eins und Alles, daß sie bei ihrem vollen Herzen solches auch vor der Welt wiederholen müssen. Selbst wenn es 1 Tim. 6, 13 von dem Heilande heißt, daß er vor Pilato „das gute Bekenntniß“ bezeugt hat; so kann kein anderes gemeint sein, als welches ihn selbst zum Inhalte hatte, daß er sich eben der Welt als ihren Kristus bekannte, indem er zu Pilatus sagte: „Ich bin König“ u. s. w. Nur im Hebräerbrief (10, 23) kommt das „Bekenntniß der Hoffnung“ vor, aber so, daß es gleich weiter geht, „denn treu ist, der sie verhieß,“

damit auch er selbst wieder als der Gegenstand des Bekennens erfaßt wird, wie dieser Brief den Heiland denn auch sonst als den Apostel und Hohenpriester unsers Bekenntnisses bezeichnet. So bleibt es denn dabei, daß nach dem neuen Testamente „Bekennen" und „Bekenntniß" allein in dem mächtigen Ergriffensein von der Person des Erlösers, in dem persönlichen Glauben an ihn seinen Grund und sein Wesen hat, daß es somit die nothwendige, durch das eigene Innere gebotene Darstellung dieses Glaubens ist und damit wie das Eigenste (im Verhältniß zu andern) so auch Wahrhaftigste, was es für den Menschen gibt. Daraus folgt, daß das „Bekenntniß" nur als ein Erzeugniß der Freiheit denkbar ist, daß nichts mehr ihm widerspricht als Zwang und äußere Nöthigung, daß es nirgend weniger zu finden ist, als in einem angelernten Nachsprechen und Nachbeten, auch wenn es aus der schönen Quelle der Pietät gegen irgend eine Autorität flösse.

Zu einem gleichen Ergebniß führen uns die neutestamentlichen Ausdrücke „Zeuge," „zeugen" (*μάρτυς, μαρτυρεῖν*), die wir in verwandter Weise gebraucht finden. Mit diesen Ausdrücken fühlen wir uns zunächst vor die richtende Obrigkeit versetzt. Diese hat aus Liebe zum Recht und zur Wahrheit auch Recht und Wahrheit zu handhaben. Aber auf biblischem Gebiet giebt's in dieser Beziehung keine Liebe und Begeisterung für das abstrakte Recht und für die Wahrheit an sich, wie das auf modernem Rechtsgebiet als das Höchste gilt, sondern Recht und Wahrheit erscheinen dort stets in den Gerechten verkörpert, welche die Wahrheit thun, wie Ungerechtigkeit und Lüge verkörpert in den Gottlosen. Zum Schutz der Gerechten und Frommen ist die richtende Obrigkeit berufen. Wo sie nun Recht und Wahrheit nicht zu erforschen vermag, da sucht sie Zeugen und fordert von ihnen heilige Hülfe, daß sie nämlich vermöge ihrer vorausgesetzten Liebe zu den Gerechten die Wahrheit an's Licht bringen und es ihr möglich machen, denselben Schutz und Recht zu gewähren. Sie sucht aber als Zeugen solche, die selbst gesehen und gehört haben, die das Selbsterfahrene, Selbsterlebte bekunden. Ganz in diesem Sinne sagt der Herr zu den Aposteln (Actor. 1, 8), daß sie für ihn Zeugen sein würden in Jerusalem, Judäa, Samaria und bis an das letzte Ende der Erde. Eben so ruft er (Joh. 15, 24): „Ihr aber auch zeuget, denn von Anfang seid ihr bei mir gewesen.“ Wenn auf der einen Seite das Selbst gesehen und gehört haben die nothwendige Grundlage solchen Zeugens bildet, so auf der andern Seite das Ergriffensein von der Fülle göttlichen Seins und Lebens in Kristo, die Liebe zu dem Gerechten, in welchem alle Gerechtigkeit, wie wurzelt, so auch gipfelt, zu dem Gnädigen, von dem alle Gnade strömt, der Drang, die Gewissenspflicht, für ihn vor der Welt unumwunden und ungeschminkt einzustehen. Das Selbsterleben und Selbsterfahren, das Hervorsprudeln aus dem eigensten Innern, damit die vollste Wahrhaftigkeit ist es demnach, worauf auch hier alles ankommt. Jedes von außen Aufgenöthigte, jedes nur Angelernte, gewohnheitsmäßig Nachgeahmte, jedes aus Respekt oder Liebe zu irgend einer Autorität Angenommene, jedes Mitschreien mit der Majorität, repräsentire diese den Staat oder die Kirche, sei sie die einer Generalsynode oder einer bunt zusammengewürfelten Kasinogesellschaft, will sie sich als die Autorität einer gelehrten Zunft (der Männer des Einsehens) oder der Massen auf der Gasse geltend machen, ist, ganz abgesehen selbst vom Inhalt, kein „Zeugen,“ sondern grade sein Gegentheil. Sollen wir aber zwischen beiden Bezeichnungen einen Unterschied machen, der natürlich nur ein fließender sein kann; so möchten wir sagen: Beim „Bekennen“ will der Jünger des Herrn mehr sich selber genügen, beim „Zeugen“ will er dem Herrn und seinem Reiche dienen, jenes ist mehr Sache des Glaubens, dieses mehr Sache der Liebe. Daß das Gesagte nicht mißverstanden werde, ziehen wir eine Analogie aus der Götheschen Poesie herzu. In der Ballade „der Fischer“ bedient sich der alte Meister der Rede eines entweder selbst gebildeten oder als Provinzialismus entlehnten Wortes, was sofort gar meisterhaft malt:

„Ach wüßtest Du (singt das Meerweib) wie's Fischlein ist
So wohlig auf dem Grund“ u. s. w.

Was drückt das Wörtlein „wohlig“ anders aus als den Zustand des innigsten Behagens, weil die äußre Umgebung, des Wassers Grund, so ganz dem innern Wesen der Fische entspricht, ihnen so völlige Gewähr leistet, ihrer Natur gemäß zu leben und zu weben. Auch auf höherem, auf geistigem Gebiet, will sich, was innerer Geist und inneres Leben ist, in entsprechender äußrer Welt bewegen, will sich äußerlich gestalten, äußerlich als ein Lebenskräftiges hervortreten und sich geltend machen. Das gilt am meisten vom Höchsten und Göttlichsten im Menschen, vom Glauben. Auch der Mensch des Glaubens kann sein Genügen nur finden, wenn sein Glaube hervorbrechen, wenn er „bekennen“ kann und darum sagt der Apostel: Wer bekennet, wird selig. Das aber ist eben das Hocherhabene dieses Gebietes, daß dem wirklichen Glauben das „Bekennen“ nicht geraubt werden kann, daß es aller feindlichen Macht gegenüber nur zunimmt an Energie, ja daß es selbst im Tode seinen höchsten Gipfel, damit sein volles Genügen, seine volle Seligkeit, erringt. Das sollte es heißen, daß im „Bekennen“ der Krist sich selbst mehr genügen wolle. Wie dieses Seligkeitsbewußtsein im bekennenden Glauben aber stets die Vergegenwärtigung „des ewigen Erbarmens, das alles Denken übersteigt,“ das Gefühl der erfahrenen Liebe in sich trägt; so drängt sich auch aus demselben stets die Frage hervor: Was kannst du thun, um dieser reichen Liebe deine Dankbarkeit zu zeigen? Da bietet sich denn nichts Anderes, als das Zeugniß der Liebe für den Heiland der Welt gegenüber, zugleich ein Zeugniß für die Welt, daß sie durch dasselbe das Heil gewinne. So entspringt das „Zeugen“ der Liebe und will zunächst dem Herrn der Liebe dienen. Doch, wie gesagt, der Unterschied ist fließend, so daß Eins ins Andere übergeht, Eins im Anderen ist. Der rechte „Bekenner“ ist auch ein „Zeuge“ Jesu Kristi. Auch werden in der Sprache des kristlichen Alterthums das lateinische confessor und das griechische μάρτυς ganz gleichbedeutend gebraucht. Wie aber in den ersten Jahrhunderten bei diesen Ausdrücken das höchste Gewicht auf die vollste Wahrhaftigkeit, auf das aus dem innersten, eigensten Leben Geborensein gelegt wurde, geht schon daraus hervor, daß der Name Konfessor oder Märthyrer nur denen zuerkannt wurde, welche in schweren Trübsalen der Verfolgung die Lauterkeit des Bekenntnisses bewährt hatten. Hatte doch auch der Heiland das Zeugen seiner Jünger mit den Leiden um des Zeugnisses willen in unmittelbare Verbindung gesetzt, auch wird im neuen Testament der Ehrenname μάρτυς nur denen beigelegt, die durch den Tod ihr Zeugniß besiegelt hatten, wie dem Stephanus (Actor. 22, 20), dem Antipas (Apocal. 2, 13), den Heiligen, von deren Blut der Seher das Weib trunken sieht. (Apocal. 17, 6.)

Wo ist nun für den Kristen die Stätte des Bekennens oder Zeugens? Aus dem Glauben soll sich bei ihm Alles gestalten, der Glaube soll bei ihm das Alles erleuchtende Licht, die Alles erfüllende Kraft, der Alles durchziehende Sauerteig sein. Damit ist das Bekennen bestimmt, sich über das ganze Leben zu verbreiten d. h. alle Aeußerungen des innern Lebens sollen bei dem Kristen auch Aeußerungen des Glaubens sein. In diesem Sinn kann man statt des Paulinischen „Was nicht aus dem Glauben kommt, das ist Sünde," sagen: Was nicht Bekenntniß ist, das ist Sünde. So soll sich das Bekennen in Wort und Werk, in Arbeit und Erholung, in Ernst und Scherz, in der Art, wie des Lebens Freude genossen und wie seine Last und sein Leid getragen wird, geltend machen. Je mehr es aber so für's ganze Leben gefordert wird, desto weniger kann es in Aneignung kristlich klingender Formeln, in salbungsvollen Redensarten u. dergl. m. bestehen, desto mehr muß es der natürliche Abdruck des starken oder schwachen, des reinen oder unreinen Glaubens sein. Wie das Bekenntniß aus dem Schooße des mütterlichen Glaubens geboren wird, so hat es deshalb auch an dem Glauben sein Maaß und zwar nach zwiefacher Seite. Einmal, ist der Glaube die Gnadenwirkung des Herrn, so muß, was Bekenntniß sein will, sich als von ihm gewirkt bewähren, muß deshalb ihn zum Gegenstand und Inhalt haben. Das andre schon mehrfach Hervorgehobene ist, daß Bekenntniß nur sein kann, was dem Herzen entsprungen ist, was nicht aufgenöthigt oder angelernt, nicht nachgesprochen oder gemacht ist. Man wirft hier aber vielleicht ein, daß das Gesagte nur vom Bekenntniß des Einzelnen, nicht von dem der Kirche handle. Die Wahrheit aber ist, daß die Kirche auch als solche, als ein Ganzes, nie anders als in und aus ihren einzelnen Gliedern bekennt. Redet man von einem Bekenntniß der Kirche als Institution, also einer solchen, die nicht in der wirklichen, lebendigen Gemeine ihr Wesen und Leben hat; so spricht man von einem Dinge, das es überhaupt nicht gibt. Nur was die Gemeine in kleineren oder größeren Theilen wahr oder lebendig als ihren Glauben ausspricht, darf sich Bekenntniß nennen, was Bekenntniß der Institution im Gegensatz zur Gemeine genannt wird, mag einst ein solches gewesen sein, hat aber aufgehört, es noch zu sein. Darum sah die alte Kirche ihr Bekenntniß in den zwei Worten „Jesus der Krist," weil, wie mannichfach die einzelnen Kristen dies auch auffaßten und wieder individuell aussprachen, sie doch dies als den gemeinsamen Inhalt sämmtlich besaßen. Will man von einem gemeinsamen Bekenntniß der Kirche dem individuellen der einzelnen Glieder gegenüber sprechen; so kann dies auch heute kein wesentlich anderes sein als dies kurze Wort der alten Kirche*), wie es sich uns schon als wesentlicher Inhalt alles kristlichen Bekennens dargelegt hat und es zugleich das eigentlichste Prinzip der evangelischen Union bildet. Indem eben die Union diese einige Grundlage der Kirche ergriffen hat und alle, welche auf derselben stehen, an sich zu ziehen und in sich zu sammeln strebt, ist sie es, welche ihre Mitglieder wieder zu freiem, lebensvollen Bekenntniß aufruft und dazu nach Möglichkeit erhebt und belebt. In dieser Rückkehr zur Grundlage und zur Freiheit der alten Kirche, dürfen wir die Union als die treue Mutter kristlichen Bekennens preisen. Indeß hat man auf entgegenstehender Seite bei dem Worte Bekenntniß besonders die Lehre im Auge und zwar stellt man eine besondere, sogenannte Kirchenlehre vorzugsweise als das Bekenntniß der Kirche hin. Die Frage, die hiermit gestellt wird, ist also: Welches Verhältniß findet zwischen Lehre und Bekenntniß statt, was haben wir von einer sogenannten Kirchenlehre, wenn sie für das Bekenntniß der Kirche ausgegeben wird, zu halten? Wir wollen

*) Das sogenannte Apostolikum steht wesentlich nicht viel anders, obgleich es mit dem „Jesus der Krist" doch nicht die vollkommen gleiche Dignität beanspruchen kann.

uns derselben nicht entziehen und bemerken in der Kürze Folgendes. — Wenn sich das Bekennen auf alle Lebensäußerungen erstreckt; so gewiß auch auf das Lehren, Mahnen, Warnen, Trösten, sofern dasselbe das Heil, die Angelegenheiten des Himmelreichs betrifft; aber nicht so, daß das Lehren als etwas neben oder über dem Leben Stehendes erschiene, sondern als im Leben wurzelnd und aus demselben hervorgehend, nicht als Bekenntniß für sich oder an sich, sondern als ein Theil des Bekennens. Wie sonst, so auch in der Lehre bekennt der Krist, wenn dieselbe den Heiland zum Ziel und Inhalt hat und Ausfluß und Abdruck des eigenen Glaubens ist. Aber allerdings wird grade nach der Seite der Lehre hin die Gemeine als solche, als Einheit und Gesammtheit, den Trieb und die Pflicht haben, den Herrn zu bekennen, genauer, von ihm zu zeugen, damit durch solch Zeugniß die Welt, wie sie dieselbe außer sich hat, aber auch in sich selber noch weiß, dem Heilande gewonnen und selig werde. Dieser Pflicht und diesem Triebe kann sie nicht allein auf dem, so zu sagen, zufälligen Wege genügen wollen d. h. sie kann sich nicht damit begnügen, es ihren einzelnen Gliedern zu überlassen; sondern sie wird eine geordnete, möglichst allumfassende, tief gehende Ausübung dieser Thätigkeit fordern und erzeugen. Zu dem Zwecke beruft sie solche, denen sie Gabe, Geschick und Kunde genug zutraut, daß sie in ihrem Namen das Zeugniß von dem Herrn treu, eindringlich und nachhaltig ablegen, oder sie ordnet, was dasselbe ist, in ihrer Mitte das Amt der öffentlichen Lehre. Was hat die Kirche diesen ihren öffentlichen Lehrern zur Gewissenspflicht zu machen und als Aufgabe zu stellen? Wie haben diese, um sich und der Kirche zu genügen, in der Lehre zu bekennen? Hier ist der Punkt, wo die Gegner behaupten, daß Union und Bekenntniß sich gegenseitig negiren, wie wir grade in dem gegenüberstehenden Konfessionalismus hier bittre Feidseligkeit gegen Bekennen und Bekenntniß erblicken. Um den Streitpunkt klarer und näher ins Auge zu fassen, haben wir uns zwei wesentlich verschiedene Anschauungen über die Kirche und ihr Wesen, wie sie sich gegenseitig bekämpfen, lebendig zu vergegenwärtigen.

Die Kirche ist die vom Heiland gestiftete Gemeinschaft, welcher er seine Gnadenschätze verheißen hat und spendet, welche er erlöst, heiligt und erleuchtet, daß sie von ihm mit seiner Gnade und Wahrheit (auf die letztere kommt es für unsre Frage hier besonders an) durchdrungen wird. Das ist das auf beiden Seiten Gemeinsame und Anerkannte. Aber wie geschieht das? nämlich in welchem Maaße? durch welche Vermittlungen? Dies sind die streitigen Fragen, auf welche in entgegengesetzter Weise geantwortet wird. Nach den Anschauungen der einen Seite gibt es heilige Aemter, heilige von diesen ausgehende Handlungen, welche allein den einzelnen Gliedern der Kirche die Gnade und Wahrheit Kristi vermitteln können. Danach gibt es einen Klerus als den wesentlich erwählten Stand des Herrn den Laien (dem an sich profanen Volk) gegenüber. Dieser Klerus ist eigentlich erst die rechte Kirche in der Kirche, der unmittelbar vom Herrn den heiligen Geist und die Fülle seiner Gnade empfängt. Das Volk aber (die Laien) hat nur Theil an den Gütern der göttlichen Gnade und Wahrheit sofern und soweit es von diesem Klerus sein bescheiden Theil begehrt und erhält. Ohne die Kirche d. h. ohne diesen Kern der Kirche, den Klerus, hat keiner an Kristo und seinem Reiche Theil. Dieser Klerus, auf welchen sich unmittelbar allein alle Verheißungen Kristi beziehen, empfängt auch die Wahrheit in uneingeschränkter Fülle. Er wird durch den heiligen Geist in alle Wahrheit geleitet, das soll sagen, er ist jeder Zeit der vollen Wahrheit theilhaftig, ist damit untrüglich, damit geschickt und bestimmt, Kristi Stellvertreter zu sein, so daß seinen Sprüchen alles Volk sich gehorsamst zu unterwerfen hat. Dieser Klerus als vollkommene Kirche setzt somit unbedingt fest, was christliches Glaubensbekenntniß ist, was nicht, und was er festsetzt, daran hat kein Mitglied der Laienkirche zu zweifeln, sondern es demüthigst anzunehmen. Diese Anschauung ist die des äußern oder äußerlichen Katholizismus, welcher durch sein Zauberwort die wirkliche und streitende Kirche in die ideale und vollendete umsetzt. Die großartigste, imposanteste Verkörperung desselben steht uns im römischen Pabstthum vor Augen. Das Wesentliche dieser Anschauung waltet aber wie in jeder abgeschlossenen Konfessionskirche, so insbesondere auch in der lutherischen, sofern sie sich als solche in Verwerfung der Union, im Ausschluß der Reformirten, fixirt. Die Konsequenz Roms fehlt freilich. Dort ist der Pabst, (die volle Repräsentazion in der Kirche) nicht nur untrüglich in der Lehre, sondern auch der allerheiligste Vater. Dazu hat sich die lutherische Kirche niemals verstiegen, in ihrer Mitte einen Klerus, gleichviel, wie wenige oder viele dazu gehören, als vollkommen heilig aufzustellen. Auch in Betreff der Untrüglichkeit der Lehre wagt sie nicht die Behauptung, daß dieselbe jemand besitze. Aber eine untrügliche, eine reine Lehre ist da, ist in der Kirche ausgebildet. Wie irrende Menschen sie zu Stande gebracht haben, darauf wird wenig eingegangen, darüber nicht gern Auskunft gegeben. Genug, daß die reine Lehre als sogenanntes kirchliches Bekenntniß in den lutherischen Symbolen vorhanden ist. Diese reine Lehre ist nach der Vorstellung wirklich das, was der Pabst in der römischen Kirche; sie ist die Herrscherin, Grund und Grenze der Kirchengemeinschaft, sie hat das Recht, den Glauben und das Gewissen aller Glieder der Kirche zu binden, wer sich ihr nicht fügt, versagt damit eigentlich der Kirche, ja Kristo den Gehorsam, gehört zu den Ungläubigen, zu den Ausgestoßenen oder Auszustoßenden. In thesi scheint damit nur die reine Lehre mit einer der päbstlichen ähnlichen Gewalt bekleidet zu sein; in der Praxis aber gestaltet es sich alsbald anders. Die reine Lehre will gehandhabt, will auf die einzelnen Erscheinungen angewendet sein und die Handhaber müssen, soll irgend Sinn und Konsequenz im Ganzen liegen, wenigstens so weit untrüglich sein, daß sie die „reine Lehre" auch richtig auffassen, ihr Vorhandensein oder Nichtvorhandensein in den einzelnen Erscheinungen klar erkennen und darnach zuverlässig urtheilen und beschließen. So muß das Kirchenregiment, welches nach Herrn Stahl wesentlich im Pastorat ruhen sollte, indem es die Macht zu binden und zu lösen besitzt, auch eine gewisse Untrüglichkeit in Beziehung auf die reine Lehre haben. Wenn der Pastor Primarius Gregorius Richter erschrecklichen Andenkens den Görlitzer Schuster, als philosophus teutonicus hochgepriesen und hochberühmt, durch seinen Terrorismus über Hals und Kopf mit Schimpf und Schmach in die Verbannung treiben ließ, so wendet sich jeder rechtschaffene Lutheraner heutigen Tages von solchem Treiben mit Abscheu hinweg und freut sich vielleicht über den großen Dogmatiker Johann Gerhard, der über Böhm, zum Urtheil berufen, sagte: „er wolle die ganze Welt nicht nehmen und „den Mann verdammen helfen." Hätte Richter sich aber damit begnügt, unsern Mystiker für einen Ketzer zu erklären und von Kirchen- und Abendmahlsgemeinschaft auszuschließen; so muß jeder konsequente Lutheraner urtheilen, er hätte aus dem Wesen der Konfessionskirche heraus, also recht gehandelt, dagegen sei Gerhard mit seinem Urtheil demüthiger Milde von derselben abgefallen. Die Kirche in ihrem Bekenntniß ist vollendet, was ihm sich entgegengestellt, hat nur noch ein Recht, in ihrer Mitte zertreten oder aus derselben durch Bannfluch hinausgetrieben zu werden.

Daß diese ganze Anschauung, wie sie im römischen Katholizismus oder Pabstthum ihre volle Entfaltung und Verkörperung gewonnen hat und von der lutherischen Konfessionskirche wenigstens theilweise beibehalten ist, mit wesentlich pelagianischer Gesinnung zusammenhängt, ist in Beziehung auf das Pabstthum schon von andern schlagend und treffend auseinandergesetzt. Es dürfte das eben so aber nicht selten auch vom konfessionellen Lutherthum beziehungsweise seine Geltung haben, sofern es auf der Voraussetzung „reiner Lehre" oder der Vollendung in der Erkenntniß ruht. Wo man in Betreff der Selbsterkenntniß auf der Oberfläche bleibt, in eitler Selbstgefälligkeit sich den Blick in die Tiefe seiner Sünde unmöglich macht, da verursacht einem auch die Wahrheit eben nicht Kopfweh und man meint sehr schnell mit ihr fertig zu sein. Das oberflächliche Herz ist mit einem unaussprechlich dürftigen Maaße der Heiligkeit, der seichte Kopf mit unglaublich wenig Licht befriedigt und bilden sich doch beide ein, daß sie aller Heiligkeit und Wahrheit voll wären und daß sie eben deshalb über Alles und Alle zu Gericht sitzen könnten. Oberflächliches Gemüth und seichter Kopf gehören nun einmal zusammen. Auch im Bereich protestantischer Kirchengemeinschaften bieten sich hierfür oft genug Beläge. Der sogenannte vulgäre Razionalismus in seiner Blüthezeit (ich weiß, daß es einen Razionalismus von ganz anderer Natur gibt und denke an einen solchen hier am wenigsten), mit welcher Seelenruhe spiegelte er sich bei manchen seiner Vertreter in der Vortrefflichkeit menschlicher Natur an und für sich selber, mit welcher stolzen Selbstgewißheit sah er in sich das Licht aller Aufkärung und außer sich nur krasse Finsterniß und dunkeln Aberglauben. Wie manchmal hat aber die Orthodoxie, eben wo sie als solche sich fühlt, sich ganz gleicher Weise geberdet! Oder spräche ich da etwas Thörichtes? O ich weiß es sehr wohl, daß ursprünglich die Orthodoxie auf lutherischem und reformirten Gebiet aus vollster, lebendigster Erkenntniß der Sünde entstand und daß eben deshalb von ihren wahrhaftigen Trägern Kristus so energisch ergriffen wurde. Aber ich weiß auch, daß ein System, eine Lehre, wie sie später von Schülern der ursprünglichen Lehrer auf Katheder und sonst vorgetragen wird, oft himmelweit von der Gesinnung verschieden ist, welche das Herz erfüllt. Die Zunge gehorcht oft dem Augustin und unserm Vater Luther, aber das Herz gehört dem Palagius*) und die Füße wandeln auf seinem Wege. Hinter immer wiederkehrenden sehr langen Bußgebeten versteckt sich gar oft die Einbildung, daß man doch eine ungeheuer wichtige, große und treffliche Kreatur sei wie oft ungemessener Hochmuth im Gewande, man darf nicht mehr sagen: der Demuth, sondern eines kriechenden Servilismus einherzieht. Wäre in der Orthodoxie nicht vielfach die Gesinnung, die eben durch das System als solches über die Berge aller Sünde und alles Irrens weit hinaus zu sein glaubt, woher dann das pharisäische „Ich danke dir Gott“ u. s. w., woher das schnelle, unendlich hochmüthige Verwerfen aller Formen des Lebens und aller Weisen des Erkennens, welche sich nach der eignen kurzen Elle nicht wollen messen lassen? In irgend einer Weise

*) Es steht der Name des Pelagius hier nicht, um ihn selbst als Ketzer zu stempeln, sondern nur zur Bezeichnung der einmal nach ihm genannten Gesinnungs- und Anschanungsweise, vermöge welcher die Erlöungsbedürftigkeit im Menschen geleugnet wird. So sind überhaupt die Wörter Pelagianismus und pelagianisch gebraucht, aber nicht nur in Betreff der Sünde, sondern auch des religiösen und sittlichen Irrthums.

wird es in der Gesinnung das sein, was man als Pelagianismus bezeichnet, worauf das Wesen des Konfessionalismus ruht. Bei dieser Anschauung des äußern Katholizismus, der im Konfessionalismus sich wiederfindet, ist es natürlich, daß der Jünger mit dem Meister gleich, damit aber zugleich, weil er der äußerlich erscheinende, mündlich redende, lebendig gebietende ist, sofort über den Meister gestellt wird. Es ist auch vollkommen geschichtliche Wirklichkeit, daß der römische Pabst in der ihm anhängenden Kristenheit mehr zu sagen hat als der Herr, daß er für den spezifisch Römisch-Gläubigen der That nach über dem Heilande steht. Eben so wirklich und wahr ist es, daß dort das sogenannte Bekenntniß der Kirche dem göttlichen Worte nicht mehr allein gleich gilt, sondern daß der That und Wahrheit nach das Licht des göttlichen Wortes unter dem Scheffel des kirchlichen Bekenntnisses gefangen liegt und diesem weit untergeordnet ist. Durchaus nicht anders ist es in der lutherischen Konfessionskirche. Nicht der Herr und sein Wort hat in streitigen Fällen das Regiment und die Entscheidung, sondern die sogenannte Kirchenlehre. Was von ihr abweicht, ist, da sie die richtig verstandene Lehre der Schrift enthalten soll, Mißverständniß. Nur diese Kirchenlehre ist, wie es heißt, Bekenntniß

Alle Sorge geht demnach in der Konfessionskirche dahin, daß die Inhaber des Amtes die spezifische Lehre des sogenannten kirchlichen Bekenntnisses wiedergeben und jede Abweichung und Ausschreitung vermeiden. Auf diese Lehre wird feierlich verpflichtet, sie streng überwacht, ihre Bewahrung wird als „Bekenntniß" gerühmt, jedes Verlassen derselben als Verleugnung geächtet. Doch sehen wir jetzt davon ab und versuchen die gegenüberstehende evangelische Ansicht, in welcher die Union wurzelt, zu zeichnen.

Nach dieser evangelischen Ansicht gibt es zwischen dem Herrn und seiner Gemeine nur sein Wort und seine Sakramente als Vermittlungen. Sie will zwar das Amt, welches jenes verkündigt und diese spendet; aber nicht so, daß diesem Amte selbst noch eine spezifische, vermittelnde Heiligkeit beiwohnte, daß nur zunächst dieses die Gnade und Wahrheit in sich aufnähme, die Glieder des Volkes aber nur durch dasselbe und von demselben. Abgesehen von besonderer persönlicher Würdigkeit und Begabung dessen, der im Amte steht, ist es das verkündigte, gelesene, geschriebene Wort, durch welches der heilige Geist in die Herzen einkehrt, wo und wann er es für gut hält, oft vielleicht früher und kräftiger in die Seele des letzten Gemeindegliedes, als in die des ersten kirchlichen Beamten. Haben aber so alle empfängliche Seelen gleichen Anspruch an die Verheißung und Mittheilung des heiligen Geistes, sind alle auf den unmittelbaren Zugang zur Gnade Gottes, die sich eben durch Wort und Sakrament vermittelt, angewiesen; so kann ferner diese Mittheilung nur als eine allmählig fortschreitende gedacht werden, so gut bei den Dienern des Wortes, wie in jedem andern Mitgliede der Gemeine. Mit der durch den Glauben ergriffenen Vergebung der Sünden und in derselben beginnen auch die von der Sünde selbst erlösenden Kräfte des Heilandes im Gemüth und Leben ihre Wirksamkeit zu üben und zu offenbaren. Aber daß diese Erlösung bei einem Kristen eine vollendete wäre, davon ist's so weit entfernt, daß, je frommer, je gläubiger jemand geworden, er desto mehr erkennt, wie die Sünde auch in ihm noch sich findet und er täglich den verordneten Kampf mit ihr zu kämpfen hat. Wie die Gläubigen aber in die versöhnende und erlösende Gemeinschaft ihres Heilandes eingetreten sind; so leuchten auch die Strahlen seiner ewigen Wahrheit in ihre Seelen und sie werden sich damit bewußt, das Licht des Lebens zu haben. Aber je tiefer sie aus dem Born seiner Wahrheit schöpften, je mehr sie schon durch sein Licht erleuchtet wurden, desto entschiedner bekennen sie auch, daß sie's noch nicht ergriffen haben, daß sie noch nicht die volle Wahrheit ohne Trübung in sich tragen, sondern die Wahrheit nur wie durch einen Spiegel im dunkeln Räthselwort schauen, daß sie nur theilweise, damit nur unvollkommen erkennen. Das gilt von allen einzelnen Gliedern, wie von der Gesammtheit derselben, der ganzen Kirche in gleichem Maaße. Der heilige Geist leitet die einzelnen Gläubigen und die Gemeine in alle Wahrheit oder in die Tiefe Kristi, als des Lichtes der Welt, hinein, aber so daß es von einer Stufe zur andern im beständigen Fortschritte geschieht und der Vollendung erst in einer höheren Ordnung der Dinge geharrt wird.

Wie demnach die Kirche, wie sie in sich selber ist, niemals sich anmaaßen kann, daß sie sich im ganzen Vollbesitz des untadelhaften, heiligen Lebens Kristi befinde, so daß dieses ganz in das ihrige umgewandelt wäre, ihr Leben ganz dem des Herrn entspräche; so ist auch von ihr der Hochmuth fern, daß sie in irgend einem ihrer besondern Bekenntnisse, in einer von ihr ausgebildeten und ausgeprägten Lehre die reine, untrügliche Wahrheit des Herrn ungetrübt wiedergeben könne. Zwar ist und will sie nach dem Wort der Schrift eine Säule der Wahrheit sein; aber das vermag sie eben nur, wenn sie mit aller Kraft sich jedem verwegenen und frevelhaften Unternehmen entgegenstellt, durch welches irgend eine Autorität in oder außer ihr an die Stelle der ewigen, einigen Wahrheit, welche ist Jesus Kristus, zu setzen versucht wird, wenn sie nie in dem Kampf ermüdet, daß in ihr der unmittelbare Zugang zu dem Brunnen des göttlichen Wortes gleich frei und offen bleibt, also auch durch keine bessere oder schlechtere Menschenlehren, durch keine mehr oder weniger rechtgläubige Konfessionen, die mit Gesetzes-Ansehen umkleidet werden, versperrt wird. Hier geht alles aus von dem Gefühl, dem Bewußtsein tiefster Erlösungsbedürftigkeit. Weil man die Schwäche der menschlichen Natur in sich erkennt, die Macht der Sünde, wie sie auch auf das Erkennen nothwendig verdunkelnd einwirkt, an sich erfahren hat; so lebt man der Ueberzeugung, daß man unaufhörlich allein von dem nehmen muß, in welchem allein alle Gnade und Wahrheit beschlossen ist, daß dies überhaupt ist und bleibt das Bedürfniß der menschlichen Natur in allen Gliedern der Kirche, also auch in der Gesammtheit. Das wahre Kristenthum in den Einzelnen und in der Gesammtheit besteht in dem fortwährenden Sitzen zu Jesu Füßen, in dem beständigen Hineinwachsen in die Heiligung und Erleuchtung seiner Gnade. Die Erklärung des Fertigseins und der Vollendung wäre nur ein Attest des Abfalls von ihm. Diese bleibende und völlige Abhängigkeit von ihm schließt aber als ihre andere Seite nothwendig die Freiheit von aller Autorität neben oder über ihn in sich. Mit seinem Glauben und Wollen, mit seinem Gewissen und seiner Seele kann vom Heilande nur ganz abhängig sein, wer darin ganz frei ist von der Herrschaft anderer Mächte. Deshalb lehnt Petrus so entschieden von sich und den Aposteln jede Herrschaft über den Glauben der Gemeine ab. Daher die dringende Mahnung des Paulus: Ihr seid theuer erkauft, werdet nicht wieder der Menschen Knechte! Aus diesem Grunde gebietet der Heiland mit so nachdrücklicher Wiederholung: Ihr sollt euch nicht Meister nennen lassen, denn einer ist euer Meister, Kristus. Hiernach fällt es der Kirche, die im Herrn steht, unmöglich, ihre Diener an eine bestimmt ausgeprägte Lehre, als an ein sogenanntes kirchliches Bekenntniß, stamme es aus der Vergangenheit oder Gegenwart, werde es von dem Regiment oder von den Massen dargeboten, zu binden. Wie trefflich ein solches System der Lehre auch wäre, als von sündigen, weiterer Heiligung und Erleuchtung bedürftigen Menschen ausgegangen, wird es doch ein trübes Etwas in sich tragen, das auf Sünde und Irrthum zurückweist. Daran fesseln wollen, hieße freveln an Glauben und Gewissen, ganz besonders aber gegen den Heiland, indem man ihn dadurch seiner souveränen Stellung, die er wie kein anderer König besitzt, zu berauben sucht. Nicht zu einer schulgerechten Lehre, sondern zum Heiland, der selig macht, die Seelen zu führen, erkennt die Kirche als ihre Aufgabe und stellt dieselbe denjenigen, welche sie mit dem Amt und Dienst des Wortes betraut.

Allerdings aber kommen wir hiermit an eine zwiefache Voraussetzung, wie für das Leben der Kirche überhaupt, so auch für ihre Lehre insbesondere. In dieser hatte die alte Kirche wie ihre heilige Schranke, so auch ihr innerstes Leben, auf dieser ruht die evangelische Kirche und die Union, darin findet sich die Quelle wie auch die Norm der Lehre. Das erste Postulat: Die Kirche will auch und besonders mittelst des Dienstes am Wort zu der Person des Herrn führen. Wohlan, so muß der Heiland auch noch unverdunkelt, in seiner vollen Herrlichkeit uns vor Augen stehen, wir müssen ihn selbst noch in vollster Wirklichkeit schauen können. Die Apostel hatten seine leibhafte Gestalt vor sich, sahen und hörten ihn, begleiteten ihn bis zur Vollendung seines Werkes. Die folgende Gemeine hatte den Herrn in dem treuen Zeugniß der Apostel, die immer zunächst Evangelisten waren. Als aber in der Ueberlieferung die heilige Gestalt des Herrn von dem Dunstkreis menschlicher Sünde und Finsterniß nach und nach gänzlich verdunkelt wurde, wie war's möglich, wieder zu ihr zu gelangen? Nur so, wie es in der Wirklichkeit geschehen ist, nämlich durch das Zurückgehen auf die heilige Schrift, als auf das gewisse, apostolische Zeugniß (die Erfüllung des prophetischen) von der Person Jesu Kristi, von dem, was er durch That und Wort, durch Tod und Auferstehung, durch die Gabe des heiligen Geistes als Leben und Lehre in seiner Gemeine, besonders in den Aposteln gewirkt hat. Gott hatte in seiner waltenden Vorsehung durch die besondern Umstände und Verhältnisse gesorgt, daß die Apostel und ihnen innigst verbundene Männer ihre evangelische Verkündigung auch in die Schrift faßten, ohne daß sie selbst wußten, welche Tragweite und Bedeutung grade diese ihre Thätigkeit für die Kirche haben werde. Weil wir nur in der heiligen Schrift die Person des Heilandes in geschichtlicher Wirklichkeit und Lauterkeit finden; deshalb gilt sie in der evangelischen Kirche allezeit als alleinige Norm des Glaubens, Lebens und auch des Lehrens. Keineswegs ist dies jedoch so zu verstehen, daß damit der Kritik der Zutritt zu dem heiligen Boden der Bibel gewehrt werden soll. Im Gegentheil, so lange die evangelische Kirche evangelische Kirche und damit auch Protestantismus bleibt, muß sie auch hier die Kritik fordern, ja selbst erzeugen. Was eine wahrheitsliebende, ernste, gewissenhafte Kritik nicht zu ertragen vermöchte, dem könnte die evangelische Kirche nimmer sich hingeben. Zudem ist grade das ohne ängstliches Buchstabenwesen ihre Gewißheit, daß, während auf dem Gebiet weltlicher Wissenschaft noch manches vom Feuer der Kritik verzehrt werden dürfte, das Gold der evangelischen Ueberlieferung in heiliger Schrift sich schon immer von Neuem bewähren wird. Wo aber von Geistern, die sich alles religiösen Sinnes entleert haben und denen es deshalb nirgend wohl ist, wenn es in Beziehung auf das Religiöse nicht so wüste und leer wie in ihren Köpfen aussieht, jene maaßlose, alles geschichtlichen Wahrheitssinnes entbehrende Kritik in anmaaßungsvollster Weise geübt wird, da freilich ist es aus mit evangelischer Anschauung, da, wie wir den

Autoritätsgläubigen den Weg in den äußerlichen Katholizismus, so können wir diesen die Reise ins Blaue und Graue nicht wehren. Daß wir den Heiland, wie er wirklich leibte, lebte, liebte, in heiliger Schrift finden, ist die Grundlage unserer Kirche und ihres Glaubens und so auch ihrer Lehre. — Wir kommen hiermit zum zweiten Postulate. Zunächst ist diese Zuversicht zu der heiligen Schrift eins mit dem Glauben an die treue, allwaltende Vorsehung der heiligen Gnade, die ja ihren Mittel- und Brennpunkt in Jesu Kristo hat. Ohne den Erlöser bleibt der Menschheit Sinn und Geschichte ein unlösbares Räthsel, ein unentwirrbares Chaos, in dem wir vergebens die Strahlen vorhervorsehender Liebe zu entdecken suchen. Aber eine feste und bleibende kann diese Zuversicht nur werden, kann nur als sein selbstgewisser, lebenskräftiger Glaube Alles überwinden, wenn er aus innerer Erfahrung erwächst, d. h. aus der Wirkung des Erlösers auf das Innere des Gemüthes und von da aus aufs ganze Leben. Dieser eigene Glaube, durch den Erlöser selbst gewirkt, oder, wie unsre Väter es ausdrückten, durch das Zeugniß des heiligen Geistes, der Glaube, der den Erlöser als seinen Erlöser und die Gnadenschätze als die grade ihm zugetheilten ergreift, ist die zweite Voraussetzung, in welcher der Protestantismus seine Grundlage hat, auf welcher die evangelische Kirche ruht, von wo aus sie ihre Lehre normirt, aber auch lebendig und frei erhält. Beide Voraussetzungen laufen in Eins zusammen, wie das besonders klar wird, wenn wir hier noch Falsches oder Mißverständliches fern zu halten versuchen. Die heilige Schrift ist nicht als ein Lehrsystem (sie gibt keins, oder gibt verschiedene), nicht als ein Gesetz (abgesehen von der Person des Erlösers spricht sie es so aus, daß es weder Kraft noch Leben zur Seligkeit gewährt) die allbedingende Autorität, der Quell des Glaubens, die Norm des ganzen Lebens; sondern rein wie sie ein vollbeglaubigtes, durch Propheten und Apostel ausgesprochenes Zeugniß von Kristo enthält, wie sie seine lebensvolle Gestalt uns bewahrt und wie von da aus erst alle Lehre und alle Satzung ihr volles Licht, ihre rechte Bedeutung und wirksame Kraft gewinnen kann. Luther hat in seiner glaubensmuthigen Kritik, die er gelegentlich an biblischen Büchern übte, unstreitig hier und da geirrt, aber das Prinzip, wonach er diese Kritik handhabte, wie weit nämlich die einzelnen Bücher Kristum trieben, ist das rechte, welches sich die evangelische Kirche nimmermehr nehmen lassen darf, ja darf sich auch des Zirkels nicht scheuen, daß, wie sie es aus der Schrift entlehnt, so doch selbst gegen einzelne Theile der Schrift anwendet. Ein Schriftglaube, der nicht so in dem Glauben an den Erlöser seine Quelle, seine Kraft, sein Leben, sein Maaß hat, der irgendwie die Bibel zu einem Gesetzeskodex der Lehre macht, ist hölzern und ledern, nimmer geeignet, die Welt zu überwinden, selber den Luftstreichen jener toll gewordnen Kritik gegenüber in kläglicher Stellung und Verfassung. Es ist vielmehr hier der Punkt, an dem sich jene beiden Voraussetzungen vereinigen, oder wo jene beiden sogenannten Prinzipien unserer Kirche, das materiale und formale, sich nur als die zwei Seiten eines und desselben Prinzips ausweisen. Dies eine und einige Prinzip ist der Herr, in dem sogenannten formalen: der Herr, wie er mittelst der heiligen Schrift, so lange es eine Geschichte der Kirche und der Menschheit gibt, in voller Lauterkeit außer uns dasteht, in dem sogenannten materialen: der Herr, wie er lebendig von den Seinen ergriffen und aufgenommen wird, nach anderer Ausdrucksweise: jenes die objektive, dieses die subjektive Seite des einen Prinzips unserer Kirche. Das „Allein die heilige Schrift“ und das „Allein durch den Glauben“ schließt sich so zusammen in das „Kristus allein.“ Er wie der eine ewige Grund seiner Kirche, so auch der einige Quell und die einige Norm alles Lehrens in ihr. Was danach die Kirche im Sinne der Union oder als evangelische Kirche, ja als Kirche Kristi ihren Dienern des Wortes als verpflichtende Aufgabe hinstellt, ist Kristum aus heiliger Schrift in sich aufzunehmen, ihn lebendig aus ihrem eigenen Herzen und darum in ihrer eigenthümlichen Lehrweise zu bekennen und zu ihm allein die Seelen zu führen.

Wird so durch das Medium der Lehre die Person Kristi in heiligem Wort und Werk, im Verlauf ihres Lebens, Leidens und Sterbens den Hörern vor Augen und in die Seele gemalt, so ist's allwege genug; geschieht das nicht, so ist, was und wie auch gelehrt wird, stets zu viel und zu wenig, indem auch eine völlig korrekte Lehre in Ballast, evangelische Wahrheit wie durch böse Magie in kraft- und saftlose Schale umgewandelt wird. Setzt z. B. in geschicktester, feinbegränzter Sprache den Gemeinen die orthodoxe Lehre von den beiden Naturen in Kristo im Gegensatz zum Nestorianismus und Monophysitismus auseinander, führt sie durch stete Wiederholung dahin, daß sie die Bestimmungen dieser Lehre fassen und behalten, so daß sie in scharfer katechetischer Unterredung auf's Beste zu bestehen vermöchten, — wahrlich, daß sie an den Heiland, als ihren Heiland, glauben und von ihm den Frieden für's Gemüth und die Heiligung für den Wandel nehmen, dafür dürftet ihr nur allzuwenig geleistet haben. Reproduzirt dagegen in lebendiger Weise eine Szene seines Lebens, laßt z. B. die Hörer den Heiland wieder lebendig sehen, wie er vor Jerusalem sitzt, in seiner Barmherzigkeit über ihre Kinder bitterlich weint, wie er in mildester Sanftmuth doch so tiefernste, gewaltig schwere Worte spricht, wie er bei aller Verhärtung der Insassen jener Stadt doch in alter, unermüdlicher Liebe zu ihnen zurückkehrt, sie warnt, mahnt, lehrt, ruft, ob er nicht wenigstens welche gewinne, bis in solchem Thun sich seine Geschicke vollenden, laßt das lebendig anschaulich werden, und auch, wenn noch kein Wort von der zwiefachen Natur Kristi laut wurde, jedes Gemüth, das aus der Wahrheit ist, schaut die echte reine Menschheit in ihm und fühlt sich von dem Odem der Gottheit, des ewigen Erbarmens angehaucht, erkennt den guten Hirten, versteht seine Stimme und gibt sich hin an sein Führen und Regieren. — Tragt immer wieder und wieder die kirchlichen Lehren von der Versöhnung durch Kristi Tod, von der Rechtfertigung durch den Glauben in dogmatisch unanstößiger Weise vor, ohne jedoch in das konkrete Leben und Leiden des Herrn hineinzuführen; ihr werdet schlechte Werkzeuge sein, um seine Versöhnung in die Gemüther hinüberzuführen, und die Seelen ihrer Rechtfertigung gewiß zu machen. Aber laßt die himmlische Tragödie seines Leidens und Sterbens, welche die Engel zu schauen gelüstet, durch lebendiges Hineinführen gleichsam wieder vor der Gemeine vorübergehen, laßt sie das Thun seines Leidens betrachten und gleichsam in die Tiefe seiner Worte hineinlauschen; wenn sie auch noch nichts von dem Dogma der Versöhnung und Rechtfertigung in einzelnen Bestimmungen vernahmen; sie fühlen dennoch, daß versöhnende Gotteskräfte von ihm ausströmen, sie beginnen sich des Friedens der Rechtfertigung zu freuen. Wohl weiß ich, daß aus dem ewigen Inhalt des Glaubens, der eben die Person des Herrn selbst, sein Leben und sein Sterben ist, auch eine Lehre des Heils hervorgewachsen ist, hervorwächst und stets hervorwachsen wird. Aber diese Lehre ist nicht das Primäre, sondern das Sekundäre, ist nicht der Grund des Heils, sondern wie ein Erzeugniß, das diesem Grunde entsproßte, so ein Mittel, zu diesem Grunde zu führen, ist nicht der eigentliche Gehalt der Gottesoffenbarung, sondern die menschliche Form, darin derselbe gefaßt wird, ist darum nicht die eine und einige, sondern von Anfang an die mannigfaltige. Noch einmal: Kristus in heiliger Schrift bezeugt, Kristus, wie er mit der Macht der Gnade und Wahrheit die Gemüther erfaßt und erfüllt, so daß sie ihn im Glauben ergreifen, ist, wie der Grund, das Leben, das Heil, das Band der Kirche, so auch die alleinige Quelle, das alleinige Maaß, die alleinige Norm alles Lehrens in ihr*).

---

*) Eine gewisse Aufklärung des sogenannten Razionalismus vulgaris hat es allerdings versucht, ein Kristenthum ohne Kristum ans Tageslicht zu fördern. Was dabei herausgekommen ist, liegt jetzt für jeden Kundigen offen zu Tage. Indeß suchen grade wieder in unsern Tagen tiefere Geister den Zusammenhang des Kristenthums mit der geschichtlichen Person des Erlösers in ihrer Weise zum Theil zu lockern. Sie thun es besonders, wenn ich sie richtig verstanden habe, im Interesse der Humanität, und ich stehe dann nicht an zu sagen, im Interesse des Kristenthums selber. Aechte Humanität ist eben eine der köstlichsten Früchte des Kristenthums und wo diese Frucht fehlt, da ist die Pflanze, der Baum des Kristenthums in den Gemüthern weder ächt noch gesund. Sie thun es in einem vollständig berechtigten Gegensatz gegen jenes armselige Zu Gerichtsitzen und Verdammen nach dem Maaßstab rechtgläubiger Formeln. Wer wollte sie tadeln, daß sie gegen das Unkristliche, das sich kristlich geberdet, gegen diesen Greuel an heiliger Stätte, das Schwerdt ziehen und führen? Sie berufen sich dabei auf die Unterscheidung zwischen dem idealen, ewigen Kristus und der beschränkten Persönlichkeit jenes Jesu von Nazareth. Sie machen geltend, daß Jesus selbst bei den Synoptikern noch so gar nicht seine Person akzentuire, daß dies vielmehr

Jetzt läßt sich auf die Frage, wo in der Lehre kristliches Bekenntniß sei, wo es in Verleugnung umschlägt, ob in der lutheri-

---

erst durch Johannes und Paulus geschehen sei. Dies in den Mittelpunkt Hereinheben der Person Jesu Kristi scheint ihnen zwar eine Nothwendigkeit gewesen zu sein, um eine Gemeinschaft des Glaubens zu bilden; aber es ist ihnen doch irgend wie eine Trübung des ächten Kristenthums, weil damit zu enge Grenzen und ein zu kurzer Maaßstab für das Kristliche aufgestellt würden. Sie gehen mit besonderem Nachdruck auf reformatorischen Boden, namentlich auf Luther, zurück, indem sie nachzuweisen versuchen, daß bei ihm die Rechtfertigung durch den Glauben ihren eigentlichen Kern und ihr eigentliches Wesen in dem habe, was wir am kürzesten als die subjektive Seite bezeichnen. Gott, so wird gesagt, gibt seine Offenbarung den verschiedenen Geistern in verschiedenem Maaße und in verschiedener Weise; — das treue Aufnehmen dieser göttlichen Offenbarung im Gemüth je nach ihrem Maaße, die darauf sich stützende, feste Zuversicht, das danach gestaltete Leben sei das eigentlich Rechtfertigende vor Gott. Deshalb tadeln sie es z. B. an Schleiermacher als ein Zurückfallen auf einen niederen Standpunkt, daß er das Kristenthum nicht nur als Erlösung auffasse, sondern es auch entschieden an die geschichtliche Person Jesu von Nazareth als des einigen Erlösers anknüpfe und durch seine ganze Wirksamkeit jenes Petrinische, daß in keinem andern Heil sei, vertreten habe. (Diese Skizze ist freilich allein nach dem Gedächtniß gegeben, aber, wie ich glaube, bringt sie die wesentlichen Momente.) Wie schon gesagt, wir ehren diese Männer und ihr Streben und wissen es recht wohl, daß sie nicht allein vom Kristenthum, sondern auch von Kristo ausgehen. Gleichwohl halten wir eben das, worin sie ein neues Licht zu bringen glauben, für einen wesentlichen Irrthum. Grade, wo sie sich für stark halten, sind sie schwach. Um an das Letzte anzuknüpfen, wir sind der Ueberzeugung, daß die unermeßliche Wichtigkeit und Wirksamkeit Schleiermachers für Heilsglauben, Kirche und Theologie eben in seinem entschiedenen Zurückkehren zu dem geschichtlichen Erlöser, in dem festen Ruhen auf diesem einigen Grunde besteht. Jedenfalls hätte er auch ohne dies, was ihm der Mittelpunkt seines Lebens von früh an geworden und um dessetwillen er sich als einen Herrnhuter in verklärter Gestalt ansieht, in seiner Zeit wohl für einen bedeutenden, geistvollen Mann gegolten, aber sein Einfluß auf die Kirche, auf kristliches Glauben und Leben der Zukunft wäre verloren gewesen. Lassen wir uns ferner den idealen Kristus einmal gefallen, oder um eine alte und doch treffendere Bezeichnung zu wählen, den Logos in seiner Wirksamkeit vor und nach der Erscheinung Jesu von Nazareth; so fordert grade das Festhalten an einem fortwährenden Wirken des Logos in der Menschheit die konkrete, lebensvolle, leibhaftige Erscheinung und Offenbarung desselben in einer reinen, vollendeten, menschlichen Persönlichkeit, da ohne dies das Wirken des Logos seines Zieles und Mittelpunktes entbehrte. Weiter liefe ohne diese leibhaftige Offenbarung des Logos das Ganze darauf hinaus, daß die Menschen zwar nicht absolut durch sich selbst, sondern noch irschen Konfessionskirche oder in der Union, antworten, wenn wir dabei im Gedächtniß behalten, daß zum kristlichen Bekenntniß einmal

---

gendwie durch den von oben her wirkenden Logos erlöst würden, daß aber ihre Natur doch eine derartige Empfänglichkeit besäße, die wirklich nur mit wesentlicher Ungetrübtheit vereinbar wäre, vollständig geschickt, die mittelbaren Ausstrahlungen des Logos in der Welt unmittelbar und unverletzt in sich aufzunehmen. Kurz die Menschen hätten danach eine natürliche Beschaffenheit, wie sie sich nicht etwa Pelagius, sondern ein vollendeter Pelagianer vorstellt, so daß bei einer solchen Anschauung das biblische Kristenthum zuletzt nothwendig zum Aergerniß werden muß. Auch abgesehen von der Beschaffenheit unsrer Natur verlangt die Idee des idealen Kristus oder des Logos d. h. die Idee des sich in seiner Gnade und Wahrheit offenbarenden Gottes, daß er sich auf einem Punkte der Menschheit völlig und ungetrübt mittheile, um von hier aus das ganze Gebiet derselben zu gewinnen, zu verklären, zu beseligen. Ein idealer Kristus nicht voll und wirklich in dem geschichtlichen, der ewige Logos nicht in Jesu Kristo Fleisch und Blut geworden, führt, wie zu jener selbstgenugsamen Anschauung des eignen Ichs, zur Verkennung der eignen Erlösungsbedürftigkeit, so zur Verflüchtigung der Liebe Gottes. — Wir legen auch bei der Rechtfertigung aus dem Glauben ein sehr großes Gewicht auf das subjektive Element in ihr, wir wissen, daß sie ohne dasselbe gar nicht gedacht werden, nicht existiren kann. Wir ehren diese subjektive Seite, die eigene, ihrer selbst gewisse Ueberzeugung, auch noch in schwer Irrenden, selbst wenn sie dadurch in Sünde versinken. Wir sind der Ueberzeugung, daß, wo Gott richtet, dies Moment ganz besonders schwer ins Gewicht fällt. Aber so die Rechtfertigung aus dem Glauben völlig in die aus der Ueberzeugungstreue umsetzen, worauf es bei der Loslösung von der Person Kristi doch schließlich hinausläuft, das dürfte sie doch wesentlich nicht nur der heiligenden, sondern auch der tröstenden Kräfte berauben. In den tiefgehenden Prüfungen des Lebens und Sterbens will solche Ueberzeugungstreue, die ihrer objektiven Grundlage in Kristo entbehrt, uns schwachen Menschen doch keinen festen Stab gewähren, während der Glaube an die geschichtliche Person des Erlösers, wenn er wirklich Glaube ist, d. h. wenn die Seele wirklich seine Herrlichkeit voll Gnade und Wahrheit erfaßte, eine wunderbare Freudigkeit verleiht und wirklich der Sieg ist, welcher die Welt überwindet. — Auch wir wissen, daß Johannes und Paulus den Heiland noch anders aufgefaßt und dargestellt haben als die Synoptiker; uns aber, wie wir es gern bezeugen, ist das vielmehr eine Verschiedenheit des Grades, der geringeren oder größeren Tiefe, als daß es sich dabei um Reinheit oder Verdunkelung handelte. Wenn wir übrigens die Reden und Aussprüche des Herrn bei den Synoptikern unbefangen lesen und in ihrer wirklichen Tiefe würdigen; so wird es uns schon klar, wie er sich auch hier als licht-, leben- und heilbringend, als alleiniger Mittler zwischen Gott und den Menschen darstellt. Heben es auch Paulus und Johannes mehr hervor; so gibt doch bei den Synoptikern der Herr dasselbe Zentrum, nämlich sich selbst. — Hat man der Heiland als Inhalt und sodann der lebendige, eigenthümliche und eigene Glaube, als Ergriffensein von ihm und als ein Ergreifen seiner nothwendig gehört. Wir stehen nicht an, zu behaupten, daß eben die Konfessionskirche es ist, welche vielfach das Bekenntniß in Verleugnung umwandelt und zur Verleugnung oft mächtig versucht. 1) In der Konfessionskirche soll und darf von allen ihren Lehrern nur die fixirte Kirchenlehre gelehrt werden. Nun, wie sehr sich eine Konfessionskirche auch erhöhen mag, sie unterliegt als ein geschichtliches Wesen eben dem Loose aller geschichtlichen Gemeinschaften. Dies Loos aber ist ein Wechsel, ein verschiedenartiges Strömen der geistigen Richtungen und Anschauungen. In verschiednen Zeiten, in verschiednen Landesstrichen, von verschiednen Mittel- und Brennpunkten der Bildung oder auch religiöser Erweckungen aus bemächtigen sich der Herzen und Geister neue Ansichten. Davon bleibt auch kein Klerus in der Welt, nicht einmal

---

aber die Humanität im Auge; so ist nichts geschickter, sich dieselbe anzueignen und zu wahren, als das treue Festhalten an der geschichtlichen Person des Erlösers. Grade der Herr, wie er in den Evangelien erscheint, läßt nicht von sich hinausstoßen, was ihm wesentlich gehört, was sein Brod gegessen und seinen Wein getrunken hat, wenn es auch durch die Schuld der Zeit eine Binde vor den Augen trug und den Geber nicht erkannte und seinen Namen deshalb nicht genügend ehrte. Grade der Herr in der evangelischen Geschichte erkennt und pflegt alles wahrhaft Menschliche, alle wirklichen Rechte und Gaben der menschlichen Natur. — Endlich wo er, der geschichtliche Heiland, von den verschiednen theologischen und kirchlichen Richtungen als das Höchste gesucht, gefunden und anerkannt wird, da haben sie bei allen ihren Verschiedenheiten in ihm wie den immer frischen Quell der Liebe, so auch den gemeinsamen Grund endlicher Verständigung. Wird aber irgendwie die Person des Herrn in den Hintergrund gestellt, dann kann es bei den verschiedenen Richtungen an babylonischer Sprachverwirrung nicht fehlen, in der keine mehr die andre versteht und anerkennt, keine für die andre etwas übrig behält als das traurige Anathema, das immer am mehrsten auf den selbst fällt, welcher es ausspricht. Darum jeder Orthodoxie, aber auch jeder Heterodoxie, jeder falschen Objektivität, die Institutionen, Aemter u. s. w. als allein heilbringend rühmt, jeder falschen Subjektivität, die in sich selbst das Heil sucht, gegenüber ist es uns tiefste, innerste Nothwendigkeit, bei dem geschichtlichen Herrn und Heiland als solchem, der alle Gottesgnade und Gotteswahrheit in sich schließt und darbietet, unverrückt und unerschütterlich festzuhalten und nur von ihm den befruchtenden Lebensodem für die Kirche und alle Gebiete der Menschheit zu erwarten.

der römische, also viel weniger ein lutherischer unberührt. Wenn nun der Klerus oder Lehrstand zu andern Anschauungen, in denen er das Evangelium auffaßt, geführt ist, als sie jener fixirten Kirchenlehre zu Grunde liegen und wenn doch diese Kirchenlehre als Lehrgesetz gilt, er wird versucht und halb und halb gedrängt zum Nachbeten ihm fremder Lehre, zur Verleugnung des eignen Glaubens, zum Abfall vom Bekennen. Die Geschichte der lutherischen Kirche bietet hierfür die reichlichsten Beläge.

2) Stahl will in unsrer Landeskirche, die einmal den Sauerteig der Union schon in sich hat, den Reformirten thatsächlich die Abendmahlsgemeinschaft gewähren, jedoch soll dem lutherischen Pastor ein Urtheil über die Kommunikanten und das Recht gewährt werden, pronunziirte Gegner der lutherischen Lehre vom Tisch des Herrn zurückzuweisen. Solche pronunziirte Gegner sind aber nicht, wie Stahl sagt, diejenigen, welche nur um die Gleichgültigkeit des Lehrunterschiedes kund zu geben, zum Abendmahl kommen; — welcher wirkliche Krist erschiene so frevelhaft beim Sakrament des Herrn? — sondern die eben ihre reformirten Anschauungen offen, wo es sein muß, vor Pastor und jedem Gemeindegliede aussprechen. Den von der Union noch nicht berührten Landeskirchen erkennt er es dagegen als etwas Ordnungsmäßiges zu, daß sie die Reformirten ganz von der Kommunion ausschließen. Das ist dem Wesen des Konfessionalismus, der lutherischen Konfessionskirche, wie sie die Union perhorreszirt, entsprechend. Nun, was heißt das? Die Differenzen der Lehre zwischen Luther und Kalvin, Melanchthon und Zwingli, lange nicht von der Bedeutung, wie die Lehrdifferenz zwischen den Aposteln Paulus und Jakobus, ruhen auf der ihnen vom Schöpfer bestimmten und gebildeten Eigenthümlichkeit. Wer aber irgendwie das wirkliche Leben mit offenem Auge beobachtet hat, der weiß, daß auf dem äußern Gebiet der reformirten Kirche sich stets Naturen gefunden haben, deren Ansichten durchaus lutherische Färbung trugen, daß aus dem äußeren Schooß der lutherischen Kirche immer Naturen geboren wurden, die als Kristen sich nur in zwinglische oder kalvinische Anschauungsweisen zu finden vermochten. Kommen diese zu einem selbstbewußten, kräftigen Kristenthum, so

werden sie weder dem Pastor, noch der Gemeine ihre reformirten Ansichten verhehlen, werden dem lutherischen Pastor auch in unsrer Landeskirche als pronunziirte Gegner lutherischer Lehre erscheinen und der Ausschluß vom heiligen Abendmahl ist ihnen gewiß. Aber fern von Gemeinen, in denen die Liebe des evangelischen Glaubens waltet, sollen sie da das Abendmahl (auch in der lutherischen Kirche „nicht ein Tisch der Kirche," sondern „ein Tisch des Herrn"), und seinen Trost entbehren? Die lutherische Kirche bietet es ihnen, aber um den Preis, daß sie ihren Glauben verhehlen, die lutherische Kirche steht ihnen gegenüber, wie sie das heilige Mahl für sie zum Köder der Verleugnung macht und zum Abfall vom Bekenntniß versucht. Indem die schöpferische Thätigkeit Gottes aber jene Naturen bildete und die erlösende Thätigkeit in Kristo die Eigenthümlichkeit nicht tilgen, sondern verklären will, die lutherische Kirche aber auf ihrem Gebiet den Unterdrückungs- und Vernichtungskampf gegen solche Eigenthümlichkeiten führt, kämpft sie gegen den, welcher der Inhalt alles Bekennens ist, gegen den Schöpfer und Erlöser, gegen den Vater im Sohn und gegen den Sohn im Vater.

3) Die lutherische Konfessionskirche versagt als solche den Reformirten die Kirchengemeinschaft, die Theilnahme am heiligen Tisch des Herrn. Dazu hat sie selbst subjektiv nur ein Recht, wenn sie die reformirte Kirche für eine vom Herrn abgefallne, den Herrn hartnäckig verleugnende hält. Luther dachte meistens so, viele Lutheraner der früheren Jahrhunderte nach ihm nicht anders. Subjektiv angesehen verleugneten sie deshalb den Heiland nicht, als sie die Reformirten von sich stießen; sondern ihre Augen waren nur gehalten, daß sie den Herrn in dieser Gestalt nicht erkannten. Die heutigen Lutheraner erkennen nach Stahls Zeugniß in den Reformirten evangelische Brüder, in der reformirten Kirche eine evangelische Schwesterkirche, die vom Heiland mit geistigen Gaben reich begnadigt ist und ihn selbst in ihrer Mitte hat. Indem sie dennoch Kirchen- und Abendmahlsgemeinschaft verweigern, verleugnen sie den Heiland in den Reformirten durch ihr Thun, zu dem sie mit ihren Lippen „Herr, Herr!" sagen. Mit diesem ihrem Selbst-

widerspruch dokumentirt die Konfessionskirche eben nur Feindschaft wider das Bekenntniß.

4) Wenn die lutherische Konfessionskirche ihre eigenthümliche, fixirte Lehre als das Maaß des Kristenthums, als die Norm, danach Alles zu richten ist, als die Grenze der Kirchengemeinschaft aufstellt; so macht sie ihre allein „reine Lehre" zur Meisterin in der Kirche. Der Heiland aber, der sich selbst allein als die Wahrheit weiß, will als solche auch allein die Meisterschaft üben, läßt seiner Kirche, die eine Gemeinschaft fehlender, irrender Menschen ist, das Gebot zurück, daß außer ihm keiner Meister sein soll. Mit ihrer „reinen Lehre" stellt sich die lutherische Kirche dem Herrn entgegen, hebt theilweise das Bekenntniß zu ihm, wie er allein die Wahrheit ist, auf.

5) Die lutherische Konfessionskirche steift sich zwar darauf, daß ihr Alles in Allem doch nur auf den Heiland ankomme, daß sie ihn auch nur mittelst ihres sogenannten Bekenntnisses, mittelst ihrer „reinen Lehre" suche, habe und den Seelen bringe. Erkennt sie aber in den Reformirten auch Kristum und stößt sie dennoch von sich; so zeigt sie klärlich, daß sie in ihrem sogenannten Bekenntniß doch nicht eigentlich den Herrn, sondern das Werk ihres Geistes, die Fassung der Lehre meint, daß sie sich damit nicht zum Herrn, sondern zu ihrer eigenen Untrüglichkeit bekennt, daß sie an seine Stelle ihr hochmüthiges Ich setzt. Auch nach dieser Seite können wir in der Konfessionskirche nur Verkümmerung und Zerstörung eines wahrhaft kristlichen Bekennens entdecken.

6) Alt ist die konfessionalistische Neigung und Strömung in der Kirche und wenn es mit dem Konsensus der Lehre durch die Jahrhunderte, wovon Stahl gelegentlich rühmt, auch schwach bestellt ist; ein Konsensus der durch diese Neigungen und Bestrebungen hindurchgeht, läßt sich nicht leugnen. Aber grade dieses Alter des Konfessionalismus, diese seine Entwicklung von Alters her zeigt ihn uns erst recht bekenntnißfeindlich. Die konfessionalistischen Anschauungen wagen sich hervor, wo und sobald das wirkliche Ansehen der Apostel zurücktritt, sie werden stärker, wie der Glaube an den Heiland sich abschwächt und verdunkelt, sie gewinnen in dem Maaße

an Spielraum und Geltung, als die heilige Schrift und ihr freier Gebrauch in den Hintergrund gedrängt wird, ihre Herrschaft befestigt sich, je mehr an Stelle der demüthigen Liebe zum Herrn der Zug zur stolzen Hierarchie sich der Gemüther bemächtigt, sie vollenden sich und gelangen zur höchsten Machtfülle im Pabstthum und Romanismus, wie das Wort Gottes und damit der Heiland im Wort aus der Mitte des Kristenvolks verschwunden ist.

Kreuzzüge wider die Waldenser, sogenannte Glaubensakte der Inquisition, in denen die Bekenner des Herrn und seines Evangelii gemartert und gemordet werden, das sind endlich die reifen Früchte des zur ganzen Manneskraft herangewachsenen Konfessionalismus. Denen reiht sich auf dem Gebiete der evangelischen Kristenheit die Art an, in welcher der Sakramentsstreit geführt wurde, die Verleugnung alles Mitleides und aller Barmherzigkeit gegen die armen Exulanten unter Lasko's Führung, die gut „lutherischen Streiche" des Henkers gegen die Kryptokalvinisten, von Theologen angestiftet, von Fürsten befohlen, von einem fanatisirten Pöbel beklatscht, die hämischen Verketzerungen eines Heinrich Müller und Arndt, eines Spener und Zinzendorf und dem Aehnliches. Das Alles ist aus dem Geist des Konfessionalismus hervorgewachsen, das Alles ist bittre Verleugnung des Herrn, das Gegentheil kristlichen Bekennens.

Die Union dagegen ist es, welche wahres kristliches Bekennen möglich zu machen und zu erhalten strebt, es aber auch in der Lehre erzeugt und pflegt. Als ihr Wesen und ihre Aufgabe haben wir es erkannt, von aller menschlichen Autorität hinweg zum Heiland allein hinzuführen. Er, wie er in seinem Wort sich gibt und mittelst seines Geistes wirkt, ist ihr A und O, ihr Eins und Alles, Grund, Herr und Meister in der Gemeine. Sie will die rechte Freiheit in der Gebundenheit, die rechte Gebundenheit in der Freiheit, Freiheit von allem, was Menschen setzen und sagen, um ganz gebunden zu sein an den Herrn, Gebundenheit an den Herrn, um die Freiheit von jedem knechtischen Joche zu wahren. Das gilt ihr wie für alle Gebiete, so auch für das des kristlichen Lehrens. Wird in ihrer Mitte lutheranisirt, zwinglisirt, kalvinisirt, tönt es in irgend einer eigenthümlichen Weise der Neuzeit; wird nur der Herr damit gemeint und gepriesen und kommt es nur aus dem eigenen Glauben und Herzen heraus; so freut sie sich dessen aufs Innigste, denn grade diese Mannigfaltigkeit in der Lehrweise bürgt für das lebendige Bekenntniß, darum grade die verschieden klingenden Stimmen vereinen sich ihr deshalb zu wunderbar lieblicher Harmonie. Dreierlei ist ihr bis in den Tod zuwider. Zuerst das Aufgeben des Herrn und seiner Gemeinschaft, wie sie sich mittelst seines Wortes und Geistes vollzieht, das Prunken mit einer Weisheit in der Lehre, die wo andersher entlehnt ist als von ihm. Sodann das Lehren sogenannter kirchlicher Lehren, das nicht aus eigenem Glauben entspringt, aus Respekt vor irgend einer Autorität, aus Liebe zu irdischem Gut und irdischer Ehre, aus Scheinheiligkeit und dergleichen mehr. Endlich das Streben, einen besondern Bekenntnißausdruck, eine besondre Bekenntnißweise allen oder einigen in der Kirche als Lehrgesetz aufzuzwingen. Dergleichen sind ihr schrillende Mißtöne, weil sie, wie gegen den Herrn und den Glauben an ihn, so auch gegen das Bekenntniß zu ihm verstoßen. Der Union ist die Sorge eigenthümlich, daß alle Thätigkeit der Kirche und ganz besonders auch das Lehren in wirkliches und wahrhaftiges Bekennen aufgeht.

Zum Schluß unsers Abschnittes einige Blicke in die heilige Schrift und die Geschichte. Wie oft ist's gesagt und muß immer wieder gesagt werden: Der Herr gab seinen Jüngern kein fertiges Lehrsystem, wie's seine Hauptsorge sein mußte, hätte die Kirche im Sinne des Konfessionalismus sich gestalten sollen. Als Leben sollte die Wahrheit in die Herzen getragen werden. Das war nur möglich, wenn sie auch lebendig aus den Geistern quoll, wenn sie als glaubensfrohes und glaubensfrisches Bekenntniß hervorströmte, wie jeder sie nach seiner besondern Begabung gefaßt hatte. Der Heiland hat kein Dogma gegeben, wohl aber Kern, Mark, Leben für alle kristlichen Dogmen; er hat weder paulinisch noch jakobisch, weder petrinisch noch johanneisch gelehrt; aber seine Wahrheit und Gnade hat er lehrend und handelnd, leidend und sterbend ergossen, seine Jünger auf den Beistand des Geistes vertröstet, daß durch denselben sie zeugen sollten von ihm, aber mit scharfem Wort ihnen verboten, sich in der eigenthümlichen Weise ihres Zeugens oder Lehrens selbst als Meister aufzuwerfen oder von andern dazu machen zu lassen. Demgemäß sehen wir nun die Apostel, die hohen, starken Säulen der Kirche, Eins in der Hingebung an den Herrn, im Gehorsam gegen sein Wort und seinen Geist, im Aufnehmen seiner Gnade und Wahrheit. Aber ebenso theilt sich alsbald bei ihnen der eine Strom des Glaubens in verschiedenen Richtungen der Lehre, anders bei einem Paulus, anders bei einem Jakobus, anders bei einem Johannes; aber grade so getheilt bewässert er fröhlich das Gebiet der Kirche und macht es fruchtbar. Denselben einen Glauben bekennen sie, aber aus ihrer Geisteseigenthümlichkeit heraus, mit ihrer besondern Sprache. Wie sorgsam und treu sie, ein jeder, ihr Gebäude kristlicher Lehre aufführten, sie wollten doch darin nichts wissen und nichts bringen als Kristum den Gekreuzigten, den alleinigen Grund, auf dem die Gemeinde und Alles in ihr ruht, sie wollten die Geister allein an dem Glauben und Bekenntniß geprüft wissen, daß Jesus Kristus in das Fleisch (in das volle, wirkliche menschliche Leben) gekommen ist. Dies und dies allein war das Evangelium, als welches auch kein Apostel oder Engel ein anderes verkündigen sollte, mit andern Worten, das gottmenschliche Leben des Herrn, wie es in Rede und That sich entfaltet und im versöhnenden Leiden und Sterben zur Auferstehung hindurchbringt, nicht aber ihre besondre Weise, diesen Inhalt lehrend zu verarbeiten. So waltete in der Apostel-Zeit die volle Union in der Kirche und bei großer Verschiedenheit wurde doch kirchlich gelehrt, weil alle auf dem Einen Grunde, der Person des Erlösers, standen. So war in den Aposteln und Lehrern der Gemeine auch die Lehre Bekenntniß, weil jeder das Wort vom Herrn frisch und lebendig brachte, wie er es in seinem Glauben aufgefaßt, wie es sich bei ihm in Saft und Blut verwandelt hatte. Grade dies freie Bekennen erhielt das freudige Bewußtsein der Gemeinschaft, diese Union in der Liebe und Freiheit des Herrn war Grund nnd Mutter des wirklichen Bekenntnisses, das seinem Wesen nach in der Kirche eins in der Mannigfaltigkeit, mannigfaltig in der Einheit sein muß. Darin vollzog sich aber auch allein der Wille und das

Wohlgefallen Gottes. Woher die Verschiedenheit der Lehrweise bei den Aposteln? Nicht von dem gemeinsamen Gehalt und Gegenstand ihres Glaubens (dem Herrn); wohl aber aus ihrer besonderen, menschlichen Eigenthümlichkeit, wie sie sich aus ursprünglicher Begabung, aus ihrem verschiedenen Lebens- und Bildungsgange, selbst aus der verschiedenen, sowohl befreundeten oder feindlichen Umgebung, in der sie zu wirken berufen waren, gestaltet hatte und gestaltete. Dies Alles, als der natürliche Boden verschiedener Lehrweisen, ist vom Vater in den Menschen angelegt und die apostolische Kirche wußte es, daß der Sohn nicht gekommen ist, des Vaters Werk zu zerstören, sondern es zu verklären und zu vollenden. Die Sonne ist eine und spiegelt sich in den Gewässern der Erde mit einem und demselben Licht und Glanz, aber verschieden sieht uns ihr Bild aus den verschiedenen Gewässern an, je nachdem Gott eben diesen ihre besondre Lage und Bestimmtheit verlieh. Kristus voll Gnade und Wahrheit, ist ein und derselbe in seiner Herrlichkeit, aber verschieden nehmen ihn auf und spiegeln ihn ab die Gläubigen, je nachdem sie durch ihre besondre Begabung von Gott verschieden gerichtet sind. So lehnen deshalb die Apostel jede Herrschaft über den Glauben ab und bekennen sich nur als die Mitarbeiter der Freude (2 Kor. 1, 24). So wollen sie nichts wissen und nichts bringen, nichts in die Seelen malen als Kristum allein. Wo eine besondere Lehre, die noch in etwas Anderem, in einem Gesetz Heil und Seligkeit sucht, aufgedrängt und angenommen wird, da schilt das der heilige Paulus als ein wiederholtes Kreuzigen des Herrn. Wie die Bewegungen zwischen den Heiden- und Judenkristen gleich den sturmbewegten Wogen des Meeres hoch anschwellen und der Einheit der Kirche schlimmen Riß, dem Schifflein derselben das Verderben drohen; da ertönt es aus apostolischem Munde: „Wir glauben wie jene durch die Gnade des Herrn Jesu Kristi selig zu werden", nichts mehr, nichts weniger und siehe in dem Wort spricht der Herr, der Sturm und Fluth sänftigt und Friede und Liebe den Gemüthern einhaucht, daß sich freudig die Bruderhand reichen, die noch im Streit hart wider einander standen. In der Korinthischen Gemeine sind reichbegabte Apostel und Lehrer aufgetreten, Paulus, Petrus, Apollo. Sie haben den Weg des Heils gelehrt, ein jeder in seiner Weise. Da hängt ein Theil der Gemeine sich an Paulus, der andre an Kephas. Nur die eine Lehrweise wird von jeder Partei als die kristliche anerkannt, die andre verworfen. So nennen sie sich Paulisch, Kephisch u. s. w. Wie zürnt der heilige Apostel ob solchem Gebahren! Nichts ist ihm ferner als die eigenthümlichen Lehren der verschiedenen Männer an einander zu halten, zu richten und zu sichten, danach rechtgläubig zu sprechen und zu verdammen, sondern auf den einigen Grund, Kristum, führt er alle zurück. Nicht sieht er in dieser Kephischen oder Paulischen Absonderung eine Frucht des Geistes, ein Glauben, ein Bekennen, sondern ein Verleugnen Kristi, ein durchaus fleischliches Wesen. In der That, die apostolische Lehre, wie hoch sie immer stehen mag und stehen muß, sie selbst ist nicht als solche über ihren Inhalt, Kristum, hinaus, verpflichtend in der Kirche. Apostolische Satzung war's, daß auch die Heidenkristen gleich den Judenkristen sich des Genusses vom Erstickten und Blut enthalten sollten. Wie lange Zeit hat diese apostolische Lehrvorschrift gegolten? Wer in evangelischer Kirche bindet sich jetzt an dieselbe? Paulus gebietet (1 Kor. 11), daß jeder betende oder weissagende Mann unbedeckten, jede betende oder weissagende Frau bedeckten Hauptes in der Gemeine erscheine. Wo gilt bei uns in der Kirche noch solche Lehre als heiliges Gebot? Oder lassen wir es uns mit demselben Apostel noch heut von der Natur lehren, daß langes Haar zu tragen, dem Mann eine Schande, dem Weibe eine Ehre sei? Paulus stellt offenbar (1 Kor. 7) den ehelosen Stand als den besseren, heilsameren, gottseligeren hin. Gewiß gilt nach dem Geist des Herrn in evangelischer Kristenheit diese Ansicht von der Ehe als eine zu niedrige, falsche und man erlaubt sich, den Apostel aus dem innersten Wesen der Kirche heraus durch das, was er selbst Eph. 5. entwickelt, zu berichtigen. Gewiß wir Evangelische können kaum eine apostolische Lehrentwicklung höher stellen als die Paulinische von der Rechtfertigung allein aus dem Glauben. Wir mögen mit Recht sagen, sie ist durch den heiligen Geist erzeugt, ist aus der tiefsten Tiefe des Kristenthums geboren. Aber dürfen wir behaupten, daß an ihr als Lehre die Kirche ihre verbindliche Norm habe, daß sie das Maaß und Kriterium des Glaubens und Bekennens abgebe? Gewiß nicht, oder das ganze nachapostolische Zeitalter bis auf Augustin hin, hätte des rechten Glaubens entbehrt, aller damaligen kristlichen Lehre hätte das wahre Mark und Salz gefehlt. (Daß Luther in der That solche Urtheile fällt, darauf kommen wir bald.) Wer aber möchte es leugnen, daß die Kirchenväter meistentheils als hohe, hehre Gestalten uns entgegentreten, als geisteskräftige Arbeiter im Weinberge des Herrn, als Lichtträger Kristi, welche seine Gnade und seinen Segen reichlich verbreiten? Wem ist jenes Zeitalter der Kirche nicht vor allen übrigen als reich am Glauben und der Liebe Kristi besonders erbaulich und vorbildlich? Und doch die dogmatische Entwicklung von der Rechtfertigung allein durch den Glauben lag für die Lehrer und Gemeinen jener Zeit wie ein ungehobner Schatz verborgen im Acker. Ja wäre diese Lehre das Maaß des Kristenthums, die nothwendige Form des kristlichen Glaubens und Bekennens, damit die Norm der Lehre; sie hätte es doch zuerst in der apostolischen Kirche selbst sein müssen. Wie sehr aber fehlt es daran. Wollte man in vorgefaßter Meinung diese eigenthümliche paulinische Lehrentwicklung auch bei Petrus, Johannes und dem Verfasser des Hebräerbriefes herausklügeln — in Wahrheit ist sie auch hier nicht —, beim Jakobus gelingt es nimmermehr. Heißt es aber, Johannes, Petrus, der Verfasser des Hebräerbriefes und selbst Jakobus haben freilich nicht dieselbe Lehrentfaltung, welche ja in paulinischer Eigenthümlichkeit begründet ist, dafür aber dasjenige, was den Kern jener Rechtfertigungslehre ausmacht, so wird das bereitwilligst zugestanden. Damit wird uns aber auch ein anderes Zugeständniß gewährt, nämlich, daß der innerste Kern und die tiefste Wahrheit der paulinischen Rechtfertigungslehre noch etwas anderes ist als diese Lehrentwicklung selbst, daß dieser Kern und diese Wahrheit deshalb auch nicht nothwendig und unzertrennlich an diese Lehrweise gebunden, daß darum selbst diese Lehre für's Glauben und Bekennen nicht allein normgebend ist. Paulus, der diese Lehre aus dem tiefsten Wesen des Kristenthums, wie es in ihm vollstes Leben geworden war, an's Tageslicht gefördert hat, würde nimmermehr dem Jakobus zugemuthet haben, dieselbe zu lehren, wie er es that, Jakobus hätte nimmer auf solche Zumuthung einzugehen vermocht. Beiden Männern wäre das Stellen solcher Zumuthung und das Eingehen darauf ein Frevel gegen die Freiheit in Kristo und gegen Kristum selber gewesen, beide hätten es für einen Eingriff in den Glauben, für einen feindseligen Streich gegen das Bekenntniß gehalten. War aber in der apostolischen Kirche die Kern- und Hauptlehre nicht normativ, wie kann sie, wie kann eine andere in der Kristenheit darauf Anspruch haben?

Ein Paar Beispiele aus der Mitte der lutherischen Kirche selbst mögen uns zeigen, wie verderblich es ist, einer Lehre unter dem Namen des Bekenntnisses die Herrschaft über die Geister und Gewissen zu gewähren, und wie grade das Leben im Glauben und Bekennen wieder fröhlich hervorbricht, wo solche Herrschaft sich lockert. Wir bleiben bei der Rechtfertigungslehre stehen und wenden uns zunächst zu Luther selbst. Allerdings ist er, indem er sich an der Hand dieses Dogma's oder an der Hand des Paulus und Augustin in den Herrn versenkte, der geistgewaltige Mann und Heros geworden, die Bewunderung und der Stolz wie der evangelischen Kristenheit, so auch seines Vaterlandes. Wir können ihn ohne dieses von ihm in Saft und Leben aufgenommene Dogma gar nicht denken. Ihm wurde diese Lehre wie der seligste Trost seiner Seele, so auch der gewaltige Hebel, mit welchem er die Welt des äußerlichen, römischen Katholizismus aus ihren Angeln hob, das scharfe Gottesschwerdt, mit dem er das Pabstthum, so weit es Antikristenthum in sich schloß, bis ins tiefste Herz verwundete, womit er dasselbe theils als Pelagianismus und Gesetzeswesen, theils als Hierarchie überwand. Auch die evangelische Kirche dürfte, so lange ihr der Kampf mit dem römischen Katholizismus oder ähnlichen, geistigen Mächten von Gott verordnet bleibt, auf dem Gebiet der Lehre in der Rechtfertigung allein aus dem Glauben stets ihre Hauptwaffe haben. Hatte Luther aber in diesem Dogma den Quellpunkt seiner Größe und Herrlichkeit gefunden, dadurch, daß er ein übergroßes Gewicht auf diese Lehre als Lehre legte; so wird sie auch der Grund seiner Schwäche, seines Irrens und Fehlens. Von hier aus begegnet es ihm, daß manchmal sein geistiges Auge vollständig geblendet wird und er die Gestalt seines Heilandes, wie sie ihm begegnet, nicht erkennt, ja anstatt sie zu grüßen, dieselbe mit scheltendem Worte anfährt. Hier sind seine Urtheile erwachsen, in denen er z. B. in folgender Weise über die Kirchenväter abspricht: „Hieronymum mag man lesen um der Historien willen; denn von dem rechten Glauben und von der wahren Religion ist nicht ein Wort in seinen Schriften." „Originem habe ich schon in den Bann gethan." „Chrysostomus gilt bei mir auch nicht, ist nur ein Wäscher." „Basilius taugt gar nichts, ist nur ein Mönch, ich wollte nicht ein Haar um ihn geben." „Tertullian ist unter den Kirchenvätern ein rechter Carlstadt." „Cyprianus der Märtyrer ist ein schwacher Theologus." „Thomas Aquinas ist ein Schwätzer, Bonaventura ist ein armer Sophist." Nur indem er sich auf eine bestimmte Lehre als Maaß des Glaubens versteift, gelangt er zu seinen der Orthodoxie so ärgerlichen Ansichten über einzelne Bücher der heiligen Schrift. Bekannt ist, mit welchem Prädikat er den Brief des Jakobus belegt und wie er dem, welcher Jakobi Lehre von den Werken und die Skt. Pauli vom Glauben mit einander reimen könnte, sein Barett verspricht und sich selbst dann einen Narren schelten lassen will. Der Brief an die Hebräer ist für ihn nicht nur nicht paulinisch, sondern überhaupt nicht apostolisch. Sein Geist kann sich durchaus nicht in die Offenbarung Johannis schicken und er hat genug Ursach, das Buch nicht hoch zu achten, so daß er es weder für „prophetisch, noch für apostolisch ansieht" und „nicht spürt, daß es vom heiligen Geist gestellt ist." Wir ehren auch hier in Luther den unbestechlichen und unerbittlichen Wahrheitssinn, die rechte, ächte Weise wirklicher Bekenner Kristi. Das Prinzip, was er hierbei gelegentlich als Maaßstab des Urtheils angibt (wiefern ein Buch Kristum treibe) ist gleichfalls von uns als ein richtiges anerkannt. Dennoch zweifeln wohl wenige Urtheilsfähige, daß selbst an der Hand dieses Prinzips Luther hier schwer irrt und sich namentlich nicht leicht gegen den Jakobus versündigt. Jakobus besitzt nicht die geistige Tiefe eines Paulus, aber den Heiland hatte er und dem Glauben an den Heiland hat er auch in seinem Briefe einen klaren Ausdruck gegeben. Weil die paulinische Ausführung der Lehre für Luther eine zu hohe Bedeutung gewonnen hatte, darum verfällt er in Ungerechtigkeit gegen den Jakobus. Aus demselben Grunde verfiel er in den Irrthum, in welchen ihm ein wackerer Mann der Neuzeit, der mit Geist und Kraft in den Fußtapfen des großen Reformators zu wandeln versuchte, folgen mußte, daß er nämlich Pauli Episteln mehr für ein Evangelium erachtete denn Matthäus, Markus und Lukas. — Wie man auch über lutherische und reformirte Abendmahlslehre selbst urtheilen mag; die Ungerechtigkeit, Härte und Lieblosigkeit, mit welcher der große Mann den Streit führte, in der er gegen die Schweizer eitel Bannflüche schleuderte und behauptete, daß den Zwingel der Teufel reite, kann niemand kristlich und sittlich rechtfertigen. Aber auch diese Flecken an Luther entspringen allein daher, daß er die für richtig gehaltene Lehre mit dem rechten Glauben und dem rechten Bekenntnisse verwechselte. Wenn das am grünen Holz geschieht, was will am dürren werden?

Die Paulinische Rechtfertigungslehre, von Luther tief, lebendig und energisch erfaßt, ist, wir bekennen es gern noch einmal, wie tiefste Wahrheit, so auch besonders geeignet, in das innerste Heiligthum des Kristenthums hineinzuführen und alle edlen Früchte desselben hervorzurufen und zu zeitigen. Der Orthodoxie des sechzehnten und siebzehnten Jahrhunderts ist man das Zeugniß schuldig, daß sie treulich und mit großer Sorgfalt diese Lehre bewahrt und entwickelt hat. Und die Früchte derselben grade in der Blüthezeit der Orthodoxie? Bei dieser sorgfältig bewahrten apostolischen reinen Lehre erfüllt oft ein finsterer dämonischer Haß die Gemüther, welcher nur von jener grimmen Wuth erreicht wird, die einst das „Kreuzige, kreuzige!" schrie und noch über den Gekreuzigten den giftigsten Hohn ausschüttete. Wir erstaunen, wie neben dieser reinen Lehre eine Rohheit und Unsittlichkeit waltet, ein Zustand geistiger Zerfahrenheit und Fäulniß sich ausbreitet, vor dem edlere und nicht oberflächliche Gemüther selbst in der römischen Kirche Rettung zu finden hofften. Welches ist der Erklärungsgrund für diese tief niederschlagende Erscheinung? Eben nur der, daß die dogmatische Lehrentwicklung als Lehre über Alles geschätzt wurde, daß die reine Lehre die Köpfe in einer Art einnahm, daß Augen und Ohren nicht mehr für den lebendigen Heiland selbst offen blieben, wie er als Gottes- und Menschensohn in den Evangelien vor uns handelt, lehrt, leidet, stirbt. Diese reine Lehre mit ihrer übermäßigen Geltung war auf dem Gebiet der evangelischen Kristenheit die schlimme Eiseluft, in welcher so oft die zarten Pflanzen des Glaubens und Bekennens verkümmerten und erstarben.

Dazu die Kehrseite! Vom Spenerschen Pietismus ging offenbar ein frischer Lebenshauch für die Kirche aus, eine theilweise Regenerazion trat in einzelnen Kreisen hervor, das Leben rang, sich kristlich zu gestalten. Der Grund dazu lag offenbar darin, daß einestheils der Werth der Rechtgläubigkeit gewaltig im Preise sank, anderntheils das unmittelbare Forschen in Gottes Wort eben so sehr im Werthe stieg, daß durch dies unmittelbare Schöpfen aus heiliger Schrift und durch einen persönlichen Zug zu dem Herrn das Anschauen seines Lebens und Sterbens Platz griff und wahrhaft versöhnend, rechtfertigend und heiligend auf die Gemüther wirkte. Indem aber der Pietismus von der Person des Herrn den Blick wieder mehr wegwendet und alles Gewicht auf eine von ihm als recht und ächt gestempelte, mit Händen greifbare Weise der Buße und des Glaubens legt, muß ihm, was uns bei Spener warm und lebensfrisch anhaucht, verkümmern, so daß er, sich ins Flache verlaufend zuletzt dabei anlangt, das Aeußerlichste, Kleidertracht und fromme Redensarten, als Kriterien des Kristenthums und gewissermaßen als Bekenntniß aufzustellen, in welcher Gestalt er selbst von Zinzendorf scharf gegeißelt wurde.

Zinzendorf aber und die Brüdergemeine entwickeln eine viel kräftigere und nachhaltigere Wirksamkeit als der Pietismus vorher. Tiefinnig und doch weltumspannend tritt hier das Evangelium wieder auf den Plan, so klein auch verhältnißmäßig die Schaar der Brüder ist. Im Innern der Gemeine glaubt man öfters einer Liebe zu begegnen, welche karacteristisch als die „erste Liebe“ bezeichnet zu werden pflegt, so daß aus solchem Boden naturgemäß die nothwendigen Ordnungen der Gemeinschaft hervorwachsen und die vorhandenen Gaben und Kräfte in den Dienst derselben hineingezogen werden. Die Wirksamkeit nach außen bewährt eine unbesiegliche Tapferkeit, namentlich im Aushalten unter den schwersten Leiden, die weder vor den Sklavenfesseln Westindiens, noch vor der verzehrenden Sonnengluth Afrikas, noch vor dem ewigen Frost und Eis Grönlands zurückweicht. In lebenskräftiger, nachhaltiger Weise geht hier wieder die Erkenntniß der Liebe auf, daß Reformirte und Lutherische die gleichberechtigten Theile einer evangelischen Gottesgemeine sind, daß die Lehrweisen derselben in ihren Differenzen eben nur verschiedene Tropen sind, durch welche eine und dieselbe Heilswahrheit die Herzen beseligt. So ist die von Zinzendorf gesammelte Gemeine ein belebendes Ferment für die evangelische Kristenheit geworden und bis in die Gegenwart ist manchmal von ihr aus über einzelne Glieder und Theile lutherischer und reformirter Kirche das stille Sausen dahingezogen, in dem sich Gottes wirksame Gnadennähe bekundete. Woher die Wirksamkeit des Mannes und der von ihm gesammelten Gemeine? Wir dürfen allerdings nicht sagen, daß er die lutherische Lehre von der Rechtfertigung aufgegeben habe; aber offenbar ist sie ihm doch nicht mehr dasselbe, was sie orthodoxen, ehrenfesten Lutheranern war. Wollen wir die Gestalt des Grafen und der Gemeine, so weit sie seinen Typus trägt, richtig beurtheilen; es geschieht am Besten in dem Lichte seines kurzen Bekenntnisses: „Ich habe nur eine Passion und die ist Er," wenn wir dabei behalten, daß er „Ihn" nur in seinem Leiden anzuschauen liebt. Die Person des Gekreuzigten sucht und erfaßt er mit der ganzen Kraft seines Geistes, „Ihn" selbst ringt er mit den gleichgesinnten Trägern des neuerwachten Lebens der Welt zu bringen, während der kalten, starren „Krystallisazion" der „reinen Lehre gegenüber sich bis auf einen gewissen Grad ein fühlbarer Indifferentismus offenbart. Das persönliche Verhältniß zum Erlöser ist das Karackteristische in der Brüdergemeine, damit die Abkehr von dem Regiment der „reinen Lehre" hin zu dem freien Glauben und Bekennen. Es sollen damit jedoch die Schwächen an der Brüdergemeine nicht beschönigt werden, wie sie namentlich manchmal in einem schwächlichen, sentimentalen Tändeln mit den Wunden und dem Blute Jesu, in einer gewissen Enge den Formen des Lebens und Wissens gegenüber, in einer zu großen Zurückgezogenheit vom bürgerlichen und nazionalen Leben sichtbar wurden. Der Grund dieser Mängel ist schon in Zinzendorf selbst zu suchen und zwar darin, daß er den Heiland fast nur leidend, in seiner „Blut- und Martergestalt,“ sieht oder daß für ihn das Leiden Jesu sein Thun, der Tod des Herrn sein Leben verdeckt. Wohl gipfelt alle Kraft der Versöhnung und damit auch der Erlösung im Leiden und Tode des Herrn; aber umgekehrt wurzelt sie in seinem heiligen, gottmenschlichen Leben, wie er dadurch als der rechte Prophet bewährt ist, mächtig in That und Wort. Auch hier, indem Zinzendorf und die Gemeine nicht gleich der Orthodoxie dem Idol „reiner Lehre“ huldigen, sondern unmittelbar der Person des Herrn sich zuwenden, erwächst ihnen die frische Kraft des Glaubens, ein mächtiges, welterobernedes Bekennen und Zeugen. Weil sie aber das Leben des Herrn weniger beachten, den Herrn nicht ganz im Auge behalten, ist ihr Glaubensleben mit jener Einseitigkeit und jenen Mängeln behaftet. — Wenn Stahl so vorzugsweise den Konfessionellen in heutiger Zeit reges, kristliches Glauben und Leben zuschreibt, so ist das eine hochmüthige Ueberhebung aus dem Boden der Partei hervorgewachsen, über die zu streiten es sich nicht der Mühe verlohnt. Gern aber wird das Bekenntniß abgelegt, daß unter den heutigen Lutheranern mancher wackre Mann sich findet, reich am Glauben, reich an gesegneter Wirksamkeit, daß mir selbst persönlich manche von ihnen als treue, evangelische Kristen bekannt geworden sind, die ich eben als solche auch in der Weise, wie sie das Evangelium in lutherischer Färbung bekennen, liebe und ehre. Aber was beweist das gegen das Vorige? Nichts. Erstens ist ja das nicht das Schlimme, daß in lutherischer Fassung geglaubt, bekannt, gelehrt wird, sondern nur das, daß diese eigenthümliche Fassung der Lehre als die allein reine, als Rechtgläubigkeit gestempelt zur alleinigen Herrschaft erhoben und zu einem knechtischen Joch für die Geister und Gewissen gemacht werden soll. Zweitens kommen die mehrsten Konfessionellen unsrer Zeit aus den Kreisen des

Pietismus, aus den Schulen von Schleiermacher und Nitzsch, von Neander, Müller und Tholuck u. a. und ist in ihnen auch der unmittelbare Zugang zum Herrn und das unmittelbare Stehen unter seinem Wort das Höchste. Das konfessionalistische Wesen sitzt ihnen noch nicht in Fleisch und Blut, sondern sie haben es mehr angethan wie ein Gewand, wie einen Ueberwurf, veranlaßt, wie man sagt, durch die Strömung der Zeit, als z. B. aus Furcht vor Revolution und Anarchie und Aehnlichem. Endlich drittens haben sie ihr Ziel nicht erreicht, haben keine abgeschlossene lutherische Kirche, sondern sehen sich anderen kirchlichen Parteien im Kampf gegenüber gestellt. So lange dieser Streit für sie dauert, haben sie in demselben täglich ein Gegengift gegen ihreu Grundirrthum und werden so vor Ueberstürzung auf abschüssiger Bahn bewahrt. Ein vollständiger äußerer Sieg wäre für sie eine gewisse Ankündigung ihrer völligen Niederlage d. h. des Versinkens in eine todte Orthodoxie, wie sie uns im Byzantinischen Kaiserreich und in vielen Theilen der lutherischen Kirche des siebzehnten Jahrhunderts erscheint. Doch lieber den letzten Blick auf die lutherische Kirche in ihrem frohen Werden, wie sie uns zugleich als die ächt evangelische sich kundgibt. Luther selbst hat in seinem ganzen Leben und in seiner ganzen Wirksamkeit allen, sogenannten objektiven, kirchlichen Mächten der damaligen Zeit in Lehre, Verfassung und Leben gegenüber sich kühn und stark auf das Wort gestützt: Der Gerechte wird *seines* Glaubens leben. So gering und demüthig er von sich dachte, dennoch hat er *seinen* Glauben für besser und stärker, gehalten als alles von „*der Kirche*“ gebotene Lehren, Setzen und Meinen. Ohne solches unkräftige Zurückgehen, wie auf den einigen Grund des Glaubens, auf Kristum, so auf das Recht seiner Freiheit und in die Tiefen seiner Subjektivität, hätte es nie eine Reformazion abendländischer Kristenheit gegeben. Auf dem Reichstage zu Speier 1529 führten die römisch-katholischen Stände grade dieselbe Sprache, wie sie jetzt aus konfessionellem Lager ertönt und ertönen muß. Sie beriefen sich auf die objektiven Mächte, auf die Autorität der Kirche, indem sie das Evangelium zu predigen gern gestatten wollten; aber nur nach den von *der Kirche approbirten* Schriften.

Aber rund und klar lehnen die evangelischen Stände ein solches Ansinnen ab, wollen ihre Prediger nur an die heilige Schrift binden und halten es für das allein Gewisse, „Schrift durch Schrift“ zu erklären. Das ist der Protestantismus, der dort mit ewig unverkennbaren Zügen auf den Schauplatz der Geschichte trat und sich zugleich seinen Namen erwarb. Das ist zugleich das Wesen der Union und so lange sich die lutherische Kirche als eine wesentlich protestantische faßt, muß sie sich zur Union und darin allein zum Herrn bekennen. Ihr Konfessionalismus ist Abfall von ihr selber, so früh er, ähnlich dem ersten Sündenfall, auch schon geschah. Nur da ist sie sich selber gerecht und ihrem ursprünglichen Wesen getreu, wo sie Union und Bekenntniß schützt, indem sie in das Wort Luthers aus seinem Buche vom knechtischen Willen einstimmt:

„Ist's nicht genug, daß du dich unterwerfest der Schrift, muß „man sich von nöthen auch der Kirche unterwerfen? — Sage, was „kann die Kirche weiter beschließen oder setzen über das in der „Schrift beschlossen ist? Und wo bleibt hier die Freiheit, zu rich„ten und zu urtheilen über alle Beschlüsse und Satzungen, so die „Kirche oder Konzilien machen? Lieber Erasme, ich halte von „dem Untergeben gar nichts.“

VIII. Katholizität und Union.

Unter der Ueberschrift „die wahre Katholizität“ hat Stahl in seinem Buche ein Kapitel gegeben, durch welches er den gerechten Forderungen, die wir unter dem Namen Union zu stellen pflegen, Rechnung zu tragen sucht. Er thut es in seiner Weise, nach der man bald den Mann des Evangelii, bald den geschickten Vertheidiger des Romanismus, bald ein Kind der Union, bald den Konfessionalisten zu hören glaubt. Der wesentlichste Irrthum ist bei ihm aber, daß er die Katholizität in einen gewissen Gegensatz zur

Union stellt, während wir in der Union eine Bethätigung der Katholizität, in der Bekämpfung der Union eine Verleugnung derselben erblicken. Bekanntlich haben lutherische Theologen, noch mehr in besonders scharfer Weise Kalvin der römischen Kirche den Anspruch auf Katholizität streitig gemacht und das mit vollstem Rechte. Ebenso ist oft für die evangelische Kirche, theils von lutherischer, theils von reformirter Seite, die Bezeichnung evangelisch-katholische gefordert. Indeß ist letztere Forderung doch mehr und mehr verstummt und die evangelische Kirche hat wohl darauf verzichtet, als geschichtliche Kirche das Prädikat katholisch zu führen. Es ist das auch ganz gut. Wohl kann man sagen, was evangelisch ist, hat auch den Anspruch katholisch zu sein und als Katholisches darf nur gelten, was evangelisch ist. Die evangelische Kirche nach ihrem Begriff, nach ihrer Idee, ist wesentlich die katholische Kirche. Aber mit der evangelischen Kirche als einem geschichtlichen Wesen verhält es sich anders. Da hat es so manches auf ihrem Gebiet gegeben und gibt es noch heut, was der wahren Katholizität widerspricht und ebenso müßte sie erst in römische Irrthümer hineingerathen, wenn sie behaupten wollte, daß es außerhalb ihrer Grenzen, in der Mitte der römischen und griechischen Kirche, keine wahre Katholiken und nichts wahrhaft Katholisches mehr geben sollte. In der Wahrhaftigkeit und Demuth der Selbsterkenntniß geziemt es der evangelischen Kirche als einer geschichtlich bestimmten Gesammtheit, während sie die ächte Katholizität kräftigst in sich hegt und nährt und namentlich in der Union bethätigt, doch zur Zeit auf den Namen katholische oder allgemeine Kirche zu verzichten. Noch viel weniger ist es aber der römischen Kirche zuzugestehen, daß sie, die grundsätzlich Evangelisches von sich ausschließt und damit grade die Katholizität zersprengt, die katholische Kirche sei. Aber da einmal der Sprachgebrauch sich festgesetzt hat, kann man ihr es neidlos gewähren, daß sie statt des Wesens den Namen, statt des Seins den Schein umklammert und krampfhaft festhält. Waltet doch überhaupt in der Welt eine eigene Ironie in solchen allgemeinen Namen. Leitet man in Scherz oder Ernst lucus a non lucendo ab, warum sollen sich die Jünger Lojolas nicht Jesuiten, warum soll sich die Kirche des römischen Pabstes nicht die katholische nennen? Genug, wenn wir nur wissen, was im gegenüberstehenden Lager darunter verstanden wird. Hier aber handelt es sich nicht um den römischen Katholizismus, sondern um den eigentlichen Sinn der Katholizität*) oder um die „Eine Allgemeine Kirche", die ein Gegenstand des kristlichen Glaubens ist. Ein Kristus ist es, so kann es auch nur Eine kristliche Kirche geben und diese ist damit auch die Allgemeine. Wir haben danach zuerst das Wesen der Kirche als der allgemeinen oder was dasselbe ist, das Wesen der Katholizität zu entwickeln und dann zu erwägen, in welchem Verhältniß zur Katholizität lutherische Kirche, Union und römischer Katholizismus stehen.

A) Wesen der Katholizität.

Um die Idee der allgemeinen Kirche oder der ächten Katholizität zu gewinnen, läßt uns Stahl sehr richtig auf die am ersten Pfingstfest geborne Kirche zurückgehen, indem diese die ganze Kristenheit befaßte und, wie es in der Apostelgeschichte lautet, Ein Herz und Eine Seele war. Diese Kirche aber wurde durch die Ausgießung des heiligen Geistes in die Welt geboren und hat deshalb im heiligen Geiste ihr Leben, ihr Wesen und ihr allumschlingendes Band. Danach ist die allgemeine Kirche, wo der Geist Gottes wohnt, wo dieser dagegen fehlt, hat es mit ihr und also auch mit der Katholizität ein Ende. Die Erzählung in der Apostelgeschichte (Kap. 2.) macht uns zwei Momente von dem Wesen der durch die Ausgießung des heiligen Geistes entstandenen Kirche anschaulich. Das eine durch die Sprachengabe. Wie verschieden die äußere Thatsache von den Theologen auch aufgefaßt wird, über die innere Bedeutung derselben herrscht große Uebereinstimmung. Die ver-

*) Unter dem Ausdruck Katholizität verstehen wir hier immer das Festhalten der Einen Allgemeinen Kirche Kristi. Das Zerrbild dieser Katholizität, das grade die Aufhebung derselben ist und das die leibhafteste Gestalt im römischen Lager gewonnen hat, wollen wir mit dem Namen Katholizismus bezeichnen.

schiedensten Sprachen erschienen hier als vom Geist geheiligte Organe, daß in ihnen die großen Thaten Gottes verkündigt werden, somit die verschiedensten Nazionalitäten als erwählt, um die Gnade Gottes in sich aufzunehmen und den Gedanken des Heils in ihrer Weise Ausdruck und Gestalt zu geben. Danach gehört es zur Katholizität, vom Standpunkt der Kirche aus, liebend alle Nazionalitäten und Individualitäten*) als erwählte Gefäße und Organe der göttlichen Gnade zu umspannen. Antikatholisch (ein Rückfall ins Judenthum) ist es, wenn eine Sprache, eine Nazionalität, eine Individualität, als soche für die heilige erklärt und damit die andern zugleich zurückgesetzt und verachtet werden; antikatholisch ist es, eine Sprache oder was sonst Ausdruck der Nationalität und Individualität ist, zu einem Bande der Gemeinschaft zu erheben. — Der zweite Zug. — Als dem Moses durch Gott siebenzig der Aeltesten des Volkes als Vorsteher zugeordnet werden, verheißt der Herr von dem Geist, der auf Mose ruhte, auch auf sie zu legen. Moses sammelt die Männer um das heilige Zelt und siehe, sie weissagen (predigen) in des Geistes Kraft wie er und auch zwei dieser Erwählten, die im Lager zurückgeblieben waren, thun gleich also. Diesen will Josua wehren, aber Moses verbietet es und bricht in die Worte aus: „Wollte ich doch, daß das ganze Volk „des Ewigen weissagete und der Ewige seinen Geist über sie gäbe." Das ist einer der schönsten Laute der Sehnsucht nach dem neuen Bunde im alten. Aber die Erfüllung fehlte damals, der Geist und das Weissagen blieben an den erwählten Stand gebunden. Am ersten Pfingstfest dagegen erscheint die ganze, neue Gemeine vom Geiste erfüllt und sie alle reden in neuen Zungen von den großen Thaten Gottes. Der Apostel aber, die neugeborne Gemeine gegen den ungesalzenen Spott in Schutz nehmend, erklärt, die prophetische Weissagung habe sich erfüllt, nach der Gott seinen Geist über alles Fleisch, über Söhne und Töchter, über Jünglinge und Aelteste, über Knechte und Mägde ausgießen wolle. Zum Wesen ächter Katholizität gehört es, daß kein besonderer Stand als

*) Nazionalität ist ja auch Individualität, in weiterer Ausdehnung.

solcher als der gottbegnadigte erscheint, sondern daß die Gnade eben alle Stände und Geschlechter umschließt und mit ihren Gaben erfüllt, daß das gesammte gläubige Volk für das königliche Priesterthum Gottes gilt. Antikatholisch ist es, einen besondern priesterlichen Stand mit besondrer Amtsgnade des heiligen Geistes und darum mit besondrer Dignität versehen neben und über der Gemeine, einen besondern Klerus neben und über den Laien, aufzurichten. Ein Abfall von der rechten Katholizität findet sich allenthalben da, wo man das Wesen der Gemeinschaft auf derartige Institutionen zu gründen sucht. Der heilige Geist theilt sich, wie allen Nazionen, so allen Ständen und Geschlechtern mit und es bleibt dabei: Wo der heilige Geist, da ist die Kirche. — Ein anderes Moment der Katholizität stellt sich uns dar, wenn wir Folgendes anknüpfen und erwägen. Der heilige Geist ist durch Kristum vom Vater verheißen und gesendet, er ist der Geist Kristi, der Geist des Vaters und des Sohnes selber. Das Wohnen des Geistes ist eben so gut ein Wohnen Kristi in den Herzen. „Ich will euch den Tröster senden" und „Ich und mein Vater werden kommen und Wohnung in euch machen" sind durchaus synomyme Reden. Wer den Geist empfängt, in den kommt Kristi Leben, der wird gleichsam in Kristum eingeleibt; er lebet in Kristo und Kristus in ihm und steht somit in dem Vollbesitz des Friedens und der Freude eines Gotteskindes. Demnach ist die Kirche nach des Erlösers trefflichem Gleichniß dargestellt als die Gesammtheit der Reben, wie sie, aus dem Weinstock hervorwachsend, aus diesem alle ihre Kräfte schöpft, wie sie lebt aus und in dem Weinstock und der Weinstock in ihr. Oder die Kirche ist nach St. Paulus der Leib, bestehend aus den vielen einzelnen Gliedern, mit dem Haupte in innigster Verbindung, vom Haupte aus beseelt und regiert. Wie das Theilhaben am heiligen Geist, so das Verbundensein mit dem Erlöser, das Leben in und aus ihm ist das Wesen der Kirche und die rechte Katholizität ist die Zusammenfassung aller derer, die in Kristo sind. Antikatholisch ist es, solche, die mit dem Heiland in Verbindung stehen, aus der Gemeinschaft ausschließen zu wollen. — Die Verbindung mit dem Heiland vollzieht sich aber in der Zuversicht, von ihm das Heil zu empfangen und in der Hingabe des Gemüthes an ihn, oder im Glauben, in der Aufnahme des von ihm ausgehenden Lebens oder in seiner Liebe („die Liebe Gottes ist ausgegossen in unser Herz „durch den heiligen Geist, welcher uns gegeben ist" Röm. 5, 5), in der Gewißheit, daß die Gnade, die das Herz ergriffen hat, auch in demselben ihr Werk vollendet, oder in der Hoffnung. Darum faßt Paulus Glaube, Liebe, Hoffnung als die drei bleibenden, wesentlichen Stücke kristlicher Gemeinschaft. So ist die Kirche als die Kirche Gottes, als die allgemeine die Gemeinschaft des Glaubens, der Liebe und der Hoffnung. So faßt es die Apologie, wenn sie sagt, „die Kirche stehe vornehmlich in Gemeinschaft, inwendig, der „ewigen Güter im Herzen, als des heiligen Geistes, des Glaubens, „der Furcht und Liebe Gottes." Jeder Art des äußerlichen Regimentes gegenüber wird das Reich Kristi für ein geistliches erklärt, „darin Kristus inwendig die Herzen regiert, stärket, tröstet, den heiligen Geist und mancherlei geistliche Gaben austheilet." Mit dem Bisherigen stehen wir mehr oder weniger bei dem Begriff der unsichtbaren Kirche, zu dem sich unsre Väter genöthigt sahen und der in richtiger Fassung stets sein gutes Recht behalten wird. Der Geist Gottes wirkt im Innern der Seele, Glaube, Liebe, Hoffnung sind himmlische Mächte in den Tiefen des Gemüthes und Geistes. Kein menschliches Auge sieht scharf genug, um das Vorhandensein und in so manchen Fällen das Fehlen derselben gewiß zu erkennen. Keine der bestehenden äußern Gemeinschaften ist weit genug, alle die Gläubigen in sich zu schließen, keine heilig genug, alle Ungläubigen von sich fern zu halten. Man hat von Zeiten gesprochen, wo sich das Kristenthum in den Kreisen der Stillen im Lande verborgen habe. Noch im andern Sinne ist es oft das Erbtheil der Stillen. Jene Stillen sind solche, die zwar es nicht lieben, auf den lauten Markt des Lebens herauszutreten; die aber in ihren Zirkeln eine sehr vernehmliche und prägnante Sprache führen, nämlich die des Pietismus, und so oft stark genug in die Sichtbarkeit heraustreten. Es gibt noch andre Stille. Unter rauhstem Aeußern verbirgt sich häufig das weichste und liebreichste Gemüth. In ähnlicher Weise können manche von dem Erlöser nicht sprechen, ein gewisses Etwas drängt im Verkehr mit den Menschen jede fromm klingende Rede ihnen von Zunge und Lippe ins Herz zurück und doch glüht dieses von der Liebe zum Herrn, doch wären sie bereit, jede Stunde für ihn zu sterben. Vielfach tritt so, was Leben und Wesen der Kirche ist, nicht in die Sichtbarkeit, während oft das, was mit dem Anspruch auf den kristlichen Namen sich geltend macht, von nichts weiter entfernt ist, als vom wirklichen Wesen der Kirche. Deshalb in gewisser Weise und bis auf einen gewissen Punkt ist die Kirche Kristi die unsichtbare und grade nur diese ist die rechte und die wahrhaft allgemeine. In dieser innern Gemeinschaft, in der Gemeinschaft des Glaubens, der Liebe und der Hoffnung, in der geistigen Gemeinschaft der rechten Gotteskinder das wahre Wesen der Kirche suchen und finden, ist die rechte Katholizität, antikatholisch ist es, dagegen auf äußern Zusammenhang einen gleichen oder noch größeren Werth zu setzen, in diesen das wesentliche Band der Gemeinschaft zu verlegen. Aber allerdings was in den Geistern kräftig lebt, das ringt sich auch ins äußere Dasein hervor, daß es Gestalt gewinne und nach außen hin wirksam werde. Die Kirche, die ihrem Wesen nach ihr Leben im Innersten der Menschen hat und so sich vielfach den Augen, der Sichtbarkeit entzieht, muß doch heraustreten und sichtbar sich bezeugen und wirken. Würde die Kirche in keiner Weise sichtbar, wir dürfen sagen, sie wäre auch als die unsichtbare nicht in der Welt. Auch als die allgemeine muß sie sichtbar werden, auch die Katholizität muß sich offenbaren. Wie erscheint das Wesen der Katholizität in der unsichtbaren Kirche?

Wir gehen hierbei wieder davon aus, daß die Kirche wesentlich die Gemeinschaft im heiligen Geiste ist. Da gibt der Apostel Paulus (1 Kor. 12, 3) ein Kennzeichen für das Vorhandensein des heiligen Geistes im Innern, wenn er sagt, daß man nur durch den heiligen Geist Jesum einen Herrn heiße, wobei natürlich Voraussetzung ist, daß es auch in der Wahrheit, aus des Herzens Grund und Trieb geschieht. Das ist also wahre und ächte Katholizität in der sichtbaren Kirche, daß, während Alles, was Kristo fluchet, als gebannt erscheint, sie Alle in sich zusammenschließt, welche die Herrschaft Kristi anerkennen und unter dieselbe sich stellen*). Wo eine andere Herrschaft als die Jesu Kristi aufgerichtet wird oder wo man, was unter der Herrschaft Kristi steht, von sich stößt, da ist Verleugnung der wahren Katholizität, der Abfall von der allgemeinen kristlichen Kirche. Dieses sich Stellen unter die Herrschaft Kristi muß sich in allen Ordnungen, Einrichtungen und Sitten der äußern Kirche ausprägen, wenn der Karackter der Katholizität nicht eingebüßt werden soll.

Der Heiland bezeichnet sich als das Licht der Welt und die Glieder seines Leibes, der Kirche, sollen Kinder des Lichtes sein. Es gilt, die Wahrheit immer von Neuem in die Seelen tragen, so gut im Innern der Gemeine, wie nach außen unter diejenigen, die nach der Bezeichnung der Schrift noch in der Finsterniß und in dem Schatten des Todes sitzen. Es gilt deshalb die Erfüllung des Gebotes: „Gehet in alle Welt und lehret alle Völker." Wie wird die Katholizität in der Lehre bewahrt? Wenn man Kristum wirklich darin einen Herrn heißt d. h. wenn alle Lehre unmittelbar unter ihn gestellt wird, daß er allein und niemand anders als Meister gilt. Ihn hatte die erste Kirche in der mündlichen Verkündigung und Mittheilung der Apostel und sie bewies deshalb darin ein ächt katholisches Wesen, daß sie hielt an „der Apostel Lehre." Wir haben ihn in der schriftlichen Kunde, welche die Apostel von ihm uns überliefert haben, in der heiligen Schrift. Nur so lange und so weit wir dies apostolische Zeugniß, nur so lange wir die heilige Schrift als alleinige Norm der Lehre festhalten, also auch in der Apostel Lehre bleiben, halten wir an der wahren Katholizität, an der allgemeinen Kirche. Eben so gehört das Andere dazu, daß jeder der lehrt, berechtigt und verpflichtet ist, es aus der Eigenthümlichkeit seines Glaubens, Denkens und Erkennens heraus zu thun. Wo es nicht aus dieser Eigenthümlichkeit des eigenen Glaubens heraus geschieht, da hat man ja Jesum in seinem Herzen

*) Dasselbe liegt in der Erklärung der Kirche in den Schmalkaldischen Artikeln, wonach sie ist „die Heiligen, Gläubigen und die Schäflein, die ihres Hirten Stimme hören."

auch nicht als den Herrn, da preist man ihn auch nicht durch sein Lehren als einen solchen, sondern es kommt Alles auf das „Herr Herr sagen" hinaus und man steht unter dem Wort und Gericht des Herrn: Ich habe euch noch nie erkannt. Antikatholisch ist es deshalb in der Lehre, wenn die heilige Schrift, wie sie uns den Heiland bezeugt und bringt, nicht mehr als die einzige Regel und Norm alles kristlichen Lehrens anerkannt und gehandhabt wird. Ebenso antikatholisch ist es, wenn man die Lehrenden an allgemeine Lehrformeln binden, die Freiheit der Verkündigung unterdrücken, den Geist dämpfen will. Auch in der Lehre „gebunden an Kristo und frei von anderer Autorität," ist katholischer Grundsatz*).

Der Heiland ist es, in dem die Gnade Gottes erschien, von dem seine Jünger nach ihrem Zeugniß Gnade um Gnade genommen haben. Er ist nach seiner Verheißung noch heut bei den Seinen und spendet seine Gnade bis an das Ende der Tage. Die Kirche soll Vermittlerin und Trägerin derselbigen sein. Dazu hat er außer seinem Worte seine heiligen Stiftungen geordnet, die wir unter dem Namen Sakramente kennen und vorzugsweise als Gnadenmittel bezeichnen. Auch hier kann die Kirche nur ihren katholischen Karackter bewähren, wenn sie in tiefster Ehrfurcht, im kindlichsten Gehorsam Jesum einen Herrn heißt, d. h., wenn sie mit sorgfältigster Gewissenhaftigkeit die Ordnung und Stiftung, wie sie von ihm kommt, unversehrt bewahrt, wenn sie ganz besonders die Einsetzungsworte des Erlösers als Kern- und Mittelpunkt festhält und auf sie alles Gewicht legt. Es ist natürlich, daß der Sinn der heiligen Handlungen in der Kirche gedeutet und die Einsetzungsworte ausgelegt werden. Es ist eben so natürlich, daß die Vollziehung der heiligen Handlung und das eigentliche Wort des Sakraments bald von mahnender und lehrender Rede, bald von Flehen und Danksagung, bald noch von besondern Sinnbildern in der Kirche umgeben wird. Das, wie gesagt, ist natürlich, und wenn es

---

*) Wenn dieser Abschnitt zum Theil wesentlich gleiche Resultate gibt und Forderungen stellt wie sie schon früher ausgesprochen wurden, so verdrießt uns das nicht, sondern ist uns neue Probe und neuer Beweis für die Wahrheit.

die Feier in schicklicher Weise erhöht, durchaus kristlich und löblich. Wenn aber diese Deutungen der Handlung, diese Erklärungen der Einsetzungsworte, diese mehr oder weniger gebräuchlichen Formeln des Gebetes und der Danksagung, diese sinnbildlichen Zeichen, wie sie hier und dort sich finden, für das Wesentliche erklärt und in diesem Sinne dann die Sakramente verwaltet werden, so heißt man nicht mehr Kristum seinen Herrn und fällt aus der ächten Katholizität in ihr Gegentheil, in sektirerisches Wesen. Fassen wir den Sinn des siebenten Artikels der Augsburgischen Konfession nach diesen Auseinandersetzungen, so gibt derselbe übereinstimmend mit uns in der reinen Predigt des Evangelii und der Reichung der heiligen Sakramente laut des Evangelii zwei wesentliche Momente der allgemeinen Kirche, also auch der ächten Katholizität.

Ein drittes Moment ist dort darin angedeutet, daß die kristliche Kirche eine heilige oder im apostolischen Symbol die Gemeinschaft der Heiligen genannt wird. Die Apologie hebt das weiter hervor, wenn sie im Gegensatz zu der römischen Konfutazion ausführt, daß die „bösen und gottlosen Heuchler" wohl in der äußern Kirche sein möchten, aber damit nicht in der innern, daß sie nicht lebendige Gliedmaßen am Leibe des Herrn sein könnten, daß eben nur die Heiligen d. h. diejenigen, welche vom heiligen Geist regiert werden, die eigentliche Kirche ausmachen. Der Erlöser nämlich ist und will sein nicht nur der Herr, von dem die Wahrheit stammt und die Gnade fließt, sondern der eben deshalb auch Herz und Leben regiert. Wer durch ihn sich als ein begnadigtes Gotteskind fühlt und weiß, der tritt auch ein in seine heiligende Gemeinschaft, in die Nachfolge seines Gehorsams. So heißt es, daß der feste Grund Gottes mit dem Siegel bestehe: „Der Herr kennet die Seinen" und „Wer den Namen Kristi nennet, der trete ab von der Ungerechtigkeit." So nennt der Apostel die Kristen stets die Heiligen. Die Kirche kann sich deshalb nur als die katholische bewähren, wenn sie in heiligem Ernst auf Heiligung des Wandels aus der Gnade und nach dem Bilde Kristi dringt, wenn in ihr die Sorge lebt, daß sich in ihrer Mitte Alles dem Willen Kristi gemäß gestalte. Aber wie heilig auch der Ernst ist, den sie der Sünde gegenüber zu bethätigen hat, sie darf doch nicht vergessen, daß der Heiland das glimmende Docht nicht auslöscht und das geknickte Rohr nicht zerbricht, daß es ihr deshalb wohl zustehe, den ganzen, hohen sittlichen Ernst des göttlichen Willens in Kristo den Seelen zu entfalten, aber doch nicht die Schwachen von sich zu stoßen und ihnen ihre liebende Pflege zu entziehen. Sie hat im Auge zu behalten, daß der Heiland keine Gerechtigkeit des nur äußeren Thuns anerkennt; sondern nur die Heiligung des ganzen inwendigen Menschen, wie sie aus dem Glauben erzeugt wird, und als heilige, demüthige Liebe sich entfaltet. Sie hat endlich stets zu beherzigen, daß auch im Ermahnen zur und im Trachten nach der Heiligung Jesus wahrhaftig der Herr bleibt d. h. daß die Glieder der Kirche auch hier unmittelbar unter ihn gestellt, an sein Wort und Vorbild gebunden werden, durchaus nicht an andere Vorschriften und Regeln. Deshalb nun, wo die Kirche vergißt, Kristum als zur Heiligung gemacht den Ihrigen aufzustellen oder wo sie in der tödtenden Rigorosität des Gesetzes und nicht in mitleidiger Liebe Schwache und Gefallne behandelt, oder wo sie in pharisäischer Weise die Gerechtigkeit ins äußre Thun verlegt, oder endlich wo sie, wenn auch noch in so guter Absicht, durch sogenannte kirchliche Satzungen gottesdienstliche Werke, als Fasten, bestimmt wiederkehrende Feiern der Sakramente, Büßungen, bestimmte Gebetsformeln und Gebetsakte u. dergl. m. vorschreibt, da heißt sie Jesum nicht mehr einen Herrn und versündigt sich damit gegen die ächte und wahre Katholizität.

Ein viertes Moment, schon wesentlich in Früherem enthalten, bedarf doch noch besonderer schärferer Hervorhebung. Schon die prophetische Weissagung bezeichnet in klaren Zügen den zukünftigen Messias als den, welcher nicht nur die zerstreuten Gotteskinder von Israel und Juda, sondern auch aus allen Völkern sammeln und vereinigen werde. Dem entspricht so durch und durch Jesus von Nazareth in seiner Erscheinung, in seinem Thun und Wort. Alle Mühselige und Beladene ladet er zu sich, um sie zu erquicken, niemand, der zu ihm kommt, will er hinausstoßen, als guter Hirt will er die Schafe aus anderm Stall (die Heiden) auch herzuführen, daß auch sie seine Stimme hören und es Ein Hirt und Eine Heerde werde und das letzte Gebet seiner leidenden und sorgenden Liebe ist, daß alle die an ihn glauben, auch Eins seien in ihm. Wie die versöhnende und erlösende, wie die erleuchtende und heiligende, so ist er auch die zusammenschließende oder unirende Liebe. Wie beweist die Kirche, daß sie ihn ihren Herrn heißt und damit noch weiß, was ächte Katholizität ist? Nur damit, daß sie in und aus seiner Liebe nicht missen und lassen will, was ihrem Haupte angehört, daß sie aus seinem Liebestrieb heraus Spaltungen zu verhüten, entstandene auszugleichen sucht, daß sie, wo die Gemeinschaft zwischen wirklichen Kristen zerrissen ist, den beständigen Trieb der Wiedervereinigung in sich trägt und pflegt und ihn in möglichster Herstellung der Union zu bethätigen strebt. Wirkliche Kristen aus der Gemeinschaft zu bannen, ihnen die heilige Kommunion am Tische des Herrn versagen, ist ein volles Zeugniß, daß man den Sinn für die ächte Katholizität verloren hat und dem Geist und Wesen der Sektirerei anheimgefallen ist.

Wir können nach dieser Auseinandersetzung manchem Worte Stahls beistimmen, so, wenn er mit Thiersch sagt, daß (die äußere Gemeinschaft angesehen) die katholische Kirche jetzt in Bruchstücken besteht, oder daß die Katholizität immer als Gemeinschaft des Gnadenreichs existirt u. s. w. Anderem muß man um so entschiedner widersprechen, wie z. B. wenn die Katholizität der Lehre mit dem „von Anfang und immerdar und überall“ eben so hölzern wie unwahr bezeichnet wird. Doch Einzelnes noch gelegentlich. Wir fassen nun ins Auge das Verhältniß der Katholizität zu den geschichtlichen Erscheinungen der Kirche, namentlich zur lutherischen Kirche, zur Union, zum römischen Katholizismus und haben als zweiten Theil unsers Abschnittes

B. Das Verhältniß der lutherischen Kirche zur Katholizität.

Stahl erklärt die katholische Lehre für den vornehmsten aller katholischen Züge und rühmt diesen katholischen Zug von der lutherischen Kirche. Wir könnten in dies Rühmen mit einstimmen, wenn er die katholische Lehre im richtigen Sinne faßte, nämlich so, daß er klar genug sähe, um dieselbe auch bei den Reformirten und in der mit ihnen vollzognen Union zu entdecken. So aber, wie er es faßt, daß die lutherische Kirche grade nur im Ausschluß der Union und im Gegensatz gegen die Reformirten diese Lehre besitzen soll, ist das kein katholischer Zug, sondern ein Zug der Sektirerei, indem damit nicht Kristus, sondern die lutherischen Theologen Herr genannt werden. Suchen wir deshalb lieber ohne Herrn Stahl das Katholische in der lutherischen Kirche auf.

In den Bekenntnißschriften der lutherischen Kirche ist, (wir haben es im Einzelnen selbst beispielsweise nachgewiesen,) Unevangelisches, damit auch Antikatholisches. Dagegen bezeugen wir es mit um so größerer Freude, daß sie*), im Großen und Ganzen angeschaut, einen wahrhaft katholischen Karakter an sich tragen. Was die Konkordienformel von der normativen Dignität des Wortes Gottes als festen, evangelischen Grundsatz ausspricht, das beweist sich in den fünf ersten Symbolen noch viel mächtiger als Grundbedingung in Allem. Durchweg die gewissenhafteste Sorgfalt, allein aus Gottes Wort zu schöpfen und Kristum als alleinigen Meister in der Lehre zu haben und für alle ihn nur als Meister gelten zu lassen. Dabei, wie sehr auch namentlich die Augsburgische Konfession das Band mit der äußern, römischen Kirche noch festzuhalten sucht und z. B. viel milder und schonender als die Schmalkaldischen Artikel redet**); so weist sie doch an verschiedenen Orten sehr klar alle menschliche Lehren, Satzungen, Tradizionen zurück und findet darin in der Apologie ihre weiterführende Ergänzung. — Durch alle Artikel der Konfession zieht es sich sichtlich hindurch, alles Heil nur in der in Kristo erschienenen Gnade Gottes zu suchen und deshalb allein vom Heilande dasselbe zu nehmen. Entschieden wird alle Verstümmelung der Sakramente verworfen, aller Wulst tiefer Irrlehren, welche das Wort des Herrn überwuchert hatten, wird abgethan und wie zu der einfachen Stiftung des Herrn zurückgekehrt wird; so ist auch das offenbare

*) Es sind hier die fünf ersten gemeint.

**) Luther gibt ihr deshalb bekanntlich den Namen „Leisetreterin."

Bestreben, allein des Herrn Wort dabei zur Geltung zu bringen. Waltet der heilige Ernst tiefster Gewissenhaftigkeit, zur Heiligung in Kristo zu führen, so möchte er vielleicht nur noch von der Sorge der Liebe übertroffen werden, den angefochtenen Seelen der Sünder den Trost in Kristo zu bringen und die Schwachen der Pflege seiner schonenden Langmuth zuzuführen. Und wer fühlt aus den ersten fünf lutherischen Symbolen nicht den mächtigen Trieb heraus, gegen alle verdammende Abschließung der Römischen die Gemeinschaft mit allen Gotteskindern in Kristo festzuhalten, wer weiß nicht, daß es sich fort und fort durch sie hindurchzieht, das Wesen der Kirche nicht in äußern Satzungen, Ordnungen und Institutionen, die über Kristi Wort hinausgehen, sondern in der Gemeinschaft des heiligen Geistes und Glaubens zu suchen und zu besitzen.*) Wohl kommen auch in ihnen Irrthümer vor; aber man möchte behaupten, es ist auch kein Artikel in ihnen, dem, wie er Kristo allein die Ehre zu geben sucht, man es nicht anmerkte, daß er dem unmittelbaren Schöpfen aus seinem Wort entsprungen sei. Wir bekämpfen es wohl entschieden, daß diese Symbole mit ihren Lehrfassungen uns Lehrgesetz werden (thun es aus ihrem Geist und Wesen heraus); aber eben so halten wir sie fest als Zeugnisse der Väter eines wirklich evangelischen Glaubens, einer in den Vätern wieder lebendig gewordenen, ächten Katholizität. — Demgemäß geht auch in allen Zeiten bald mehr, bald weniger der Gottesodem ächter Katholizität durch die lutherische Kirche, beweist sich hier in Erzeugung reicher, dem Worte Gottes entsprechender Schätze in Lehre, Lied und Gebet, dort in der Liebe, welche die Union mit allen Gotteskindern erstrebt, wie sie ihren ersten ausgezeichneten Träger vorzugsweise im Melanchthon hatte. Ja die ganze lutherische Reformazion verdankt dem ächt katholischen Drange, in dem Kristus allein Herr heißt, ihre Entstehung. — Aber wenn hier und dort auch in den ersten Symbolen wie leichte Nebel eines antikatholischen Wesens aufsteigen, in der Konkordienformel sehen wir diese Uebel zu grauen, finsteren Wolken verdichtet und in der Geschichte

*) Müssen sie doch, muß doch die ganze deutsche Reformazion deshalb Herrn Stahls neuesten Tadel erfahren. Doch Leo versteht das noch besser.

der lutherischen Kirche wollen uns diese trüben Wolken das Licht der Katholizität, wie es von Kristo allein ausstrahlt, manchmal ganz verhüllen. Diese Verhüllung wieder zu erzeugen, ist das Bestreben unserer heutigen Lutheraner. Da wird eine spezifische Dignität des Amtes, eine Ueberhebung desselben in Gang gebracht, dem Nimbus eines römischen Priesterthums in der Praxis nur zu ähnlich. Da wird ein Gewicht auf die äußere Institution gelegt, ganz daran erinnernd, wie Rom in seiner äußern Kirchengemeinschaft die ideale, vollendete Kirche Kristi sieht und preist. Da wird die sogenannte Kirchenlehre mit einer Selbstgewißheit und Zuversicht als die allein reine evangelische Wahrheit gerühmt, grade wie die Unfehlbarkeit des Pabstes im römischen Lager gilt. Da wird die Erklärung der Abendmahlsworte von Luther in einer Weise vertheidigt, als hänge von derselben der Segen des Sakraments, ja das Wesen des Sakraments selbst ab, auf die lutherische Spendeformel wird bestanden, als wäre sie eben dasselbe, wie die Einsetzungsworte und man scheut sich oft mitunter nicht, sie mit Gewaltthätigkeit und List den Gemeinden wieder aufzudrängen. Da wird die Privatbeichte, eine bestimmte Beichtordnung wieder verlangt, als hätte der Herr sie selber geboten und als ob sie nicht erst nach und nach aus der Beichte entstanden wäre, der die lapsi (Gefallenen) bei der Wiederaufnahme in die Kirche sich unterziehen mußten. Da wird die Abendmahlsgemeinschaft mit den Reformirten mit einem Eifer bekämpft, als wären sie die ärgsten Ketzer oder Gottesleugner. In dem Allen wird recht wesentlich die Herrschaft des Erlösers verachtet und grade von dem, was in diesem Sinne sich als lutherisch geberdet, lutherisches Bekennen, lutherische Kirche genannt wird, muß mit Wahrheit behauptet werden, daß es mit ächter Katholizität nichts mehr gemein hat. Die lutherische Kirche, wo sie ihrem ursprünglichen Prinzip, Jesum allein zum Herrn zu haben und in seiner Liebe sich mit allen wesentlich evangelischen Kristen zusammenzuschließen, folgt, steht im Geist und Wesen ächter Katholizität. Dagegen wo sie ihrer Lehre, ihrem Amt, ihrer Institution die Herrschaft an Kristi Stelle gewährt, verliert sie sich in das Wesen der Sekte.

C) Das Verhältniß der Union zur Katholizität.

Die Union ist recht eigentlich sich bethätigende Katholizität. In der lutherischen Kirche sieht sie das glückliche Ringen, die Wahrheit allein aus dem Worte des Herrn zu schöpfen und die Lehre darnach zu gestalten; aber ein Gleiches findet sie auf dem Felde der reformirten Kirche, hier wie dort demüthige Unterwerfung unter den Herrn, gläubige Zuversicht auf seine alleinige Gnade, hier wie dort die Rückkehr zu der stiftungsmäßigen Feier der Sakramente, hier wie dort durch Wort und Sakrament die Verheißung der Ausgießung des heiligen Geistes gesichert, gesichert in der äußern Gemeinschaft der innere Weg des Heils. Da ist ihr die Zusammenschließung Naturnothwendigkeit, damit Kristus wirklich in Allem der Herr sei, sein Wort über den Lehren der Theologen stehe und sein Geist die verschiedenen Geister regiere. Demgemäß läßt sie lutherische und reformirte Lehre gewähren, nur daß keine die andere ausschließe, nur daß das Evangelium über beiden als allein verbindlich schwebe. Demgemäß verwirft sie weder lutherische, noch kalvinische, noch zwinglische Auffassung des Abendmahls, nur daß keiner wider seine Ueberzeugung zu dieser oder jener genöthigt werde. Demgemäß reicht sie das heilige Sakrament mit den Worten des Herrn. Demgemäß hält sie die allgemeine Vorbereitung zum heiligen Abendmahl für alle fest, überläßt die Privatbeichte, ihren Brauch oder Nichtbrauch, der freien Wahl ihrer Glieder. Demgemäß, wie sie fich überzeugt hat, daß der Herr sich zu reformirter und lutherischer Gemeinschaft bekannt hat, bekennt auch sie sich zu beiden. Demgemäß, wie der Herr wollte die Einheit der Seinen, verbindet sie dieselben an dem Einen Tische des Herrn und kann es nur für Unverstand, Ungehorsam oder Hohn gegen den Herrn ansehen, beide Kirchen für evangelische Schwesterkirchen zu erklären und Bruch und Bann zwischen ihnen zu verewigeu, als ein feindseliges Bekämpfen der von ihm gewollten Katholizität. Nicht durch menschliche Rücksichten für Streitgenossen und wider Streitgegner, wie Stahl meint, ist die Union bestimmt, sondern aus dem Gehorsam gegen das Wort und der Liebe des Erlösers ist sie in allen ihren wirklichen Anfängen und Fortschritten bis heut erzeugt.

Die Union in ihrem geschichtlichen Bestande hat sich zunächst zwischen Lutheranern und deutschen Reformirten angeknüpft und mehr und mehr vollzogen. Warum dehnt sie sich nicht auf andere evangelische Denominazionen aus? Wird sie sich immer an dieser Beschränkung begnügen? Die erste Frage beantworten wir mit dem Worte des Herrn über sich selbst: „Ich bin nicht gesandt denn nur zu den verlornen Schafen von dem Hause Israel" und aus dem Befehl, den er bei der ersten Sendung der Jünger gibt: „Gehet nicht auf der Heiden Straße und ziehet nicht in der Samariter Städte, sondern gehet hin zu den verlornen Schafen aus dem Hause Israel." Dem Herrn konnte ja in keinem Augenblick seines Wirkens die Erkenntniß fehlen, daß er das Licht der Welt sei, auch die Heiden zu erleuchten, noch weniger konnte ihm je die Liebe gebrechen, welche auch sie zu erlösen und selig zu machen begehrt. Weßhalb schließt er sie hier von seiner Liebesthätigkeit aus? Es ist nur eine zeitweise Verzichtung seiner Liebe, geboten durch sein Eingehen in die dem menschlichen Wirken nothwendigen Beschränkungen, in die von einem menschlichen Beruf unabtrennliche Begrenzung. Für seine persönliche Wirksamkeit ist er zunächst gewiesen an sein Volk, nicht anders seine Jünger. Erst wenn er hier das Nöthige gethan, konnte er oder konnten seine Jünger sich über diese natürlichen Grenzen hinaus zu andern Völkern wenden. Wachte unter den Evangelischen Deutschlands das ächt katholische Gewissen wieder auf und erhob sich gegen Konfessionalismus und sektirerisches Wesen; die beiden Gemeinschaften, welche durch gleiche Nazionalität und Sprache verbunden, vielfach in demselben Staats- und Volksleben vereinigt waren, welche Jahrhunderte hindurch bald mehr friedlich, bald mehr streitend in lebendiger Berührung gestanden hatten, welche aus denselben Quellen Erschlaffung und Erhebung ihres religiösen Lebens nahmen, hatten zuerst unter sich die Gesinnung der Union oder des rechten Katholizismus zu verwirklichen. Die zweite Frage, ob die Union, wenn dies Resultat erreicht ist, Stillstand macht, müssen wir bestimmt verneinen. Der ist nicht lebendig in der Union, wer nicht mit liebender Sehnsucht nach allen Evangelischen ausschaut, und die Vereinigung mit ihnen erstrebt, ja der sich dem innersten Wesen nach mit ihnen nicht schon Eins weiß. Nach der einen Seite ist deshalb die Erscheinung des evangelischen Bundes freundlichst zu begrüßen. Auch in ihm offenbart sich der Lebenstrieb der ächten Katholizität oder der evangelischen Union. Aber freilich das tadelt an ihm Stahl mit Recht, daß er das kristliche Bruderband auf eine allgemeinere Formel von Bekenntniß, auf Lehrformeln überhaupt, gründete, darin allerdings zeigte sich eine Trübung des katholischen Sinnes. Auf den Herrn, in dem freien, fröhlichen, wenn auch mannichfaltig gefärbten Bekenntniß zu ihm und seinem Wort gegründet, wo weder lutherische, noch baptistische, noch methodistische Eigenthümlichkeit verleugnet, wohl aber im Gehorsam gegen den Herrn und in seiner Liebe des exklusiven, verdammenden Hochmuthes entkleidet wird, erscheint ein solcher Bund wirklich als evangelischer und katholischer zugleich. Doch greift dies hier für uns weniger ins praktische Leben ein, weil in der Mitte unserer Landeskirche die Berührung mit jenen evangelischen Denominazionen meistens fehlt. Den Sinn fest und das Auge offen zu halten für Alles, was auf weitem Weltgebiete als evangelisches Glauben und Leben sich regt und wirkt, die Liebe, die Alles, was den Herrn kennt und nennt, mitfühlend und betend auf dem Herzen trägt, an der Liebe des Herrn nähren, darauf kommt's an und wenn dann das Leben hier und dort gemeinschaftliches Handeln fordert, braucht nicht erst Union gemacht zu werden, sondern sie wird da sein und alle ihr gegenüberstehenden Hindernisse falsch kirchlicher Engherzigkeit werden ihr weichen. So wenn es auf Missionswesen, auf die Angelegenheit des Gustav-Adolphvereins u. dergl. m. ankommt. Ja wir wissen schon von einer wirklich bestehenden Union mit allen Sekten, welche das Wort des Herrn als ihre einige Regel und ihn und seine Gnade als die alleinige Quelle des Heils verehren, und in solcher Union wissen wir uns als Katholiken des Geistes.

D. Das Verhältniß des römischen Katholizismus zur Katholizität.

Stahl rühmt sich, obschon, ja weil er die Union verwirft, in viel tieferem und weiterem Sinn der Katholizität, als sie bei Unirten zu finden sei. Er ersehne ja die Einheit auch mit der römisch-katholischen Kirche, während diese Evangelische sie nur gegen Rom herbeizuführen strebten. Darin enthüllen sich theils die bedenklichen Neigungen Stahls, theils verhüllen sich dahinter falsche Anklagen. Wo die Union lebendig im Herzen ist, da wird man niemals sich gegen wirkliche Gotteskinder in der römischen Kirche abschließen, da wird man allen wirklichen Kristen jener Gemeinschaft mit Freuden die Bruderhand reichen und sich mit ihnen vereint wissen an demselben Leibe des Herrn. Auch was an löblichen Bräuchen sich etwa dort findet, wird man gern anerkennen, was an geistiger Gabe in Erkenntniß und zur Erbauung dort etwa an's Licht gefördert wird, eignet man dankbar sich an, wenn es nur den Stempel des Evangelii, das Gepräge Kristi trägt. Aber anders steht es, wenn wir die römische Kirche als solche in ihrem offiziellen und wirklichen Karakter betrachten. Bei allen von Stahl oft so über die Achsel angesehenen evangelischen Sekten müssen wir ausrufen: Das ist doch Fleisch von unserm Fleisch. Die römische Kirche scharf ins Auge gefaßt, kommt uns stets unwillkürlich als das bezeichnendste Wort Luthers „der alte böse Feind." Wenn z. B. Perthes mit herzlicher Liebe sich an gläubige Kristen unter den Katholiken hingibt, so begreifen wir das völligst und ehren es höchlich. Wenn aber derselbe erklärt, daß, wenn er in der Mitte der katholischen Kirche lebte, er selber katholisch sein würde, so können wir uns nicht genug wundern, wie ein so wackerer, frommer Mann so wenig Klarheit und Licht über das wahre Wesen beider Kirchengemeinschaften haben konnte. So lange die sogenannte katholische Kirche bleibt, was sie ist, kann der evangelischen Kristenheit nie die Sehnsucht kommen, sich mit ihr zu uniren. Aus keinem andern Grunde aber steht uns diese katholische Kirche so schnurstracks gegenüber, als weil sie ihrem innersten Wesen nach durch und durch antikatholisch ist. Stahl fordert Gerechtigkeit für die römische Kirche, aber er selbst ist in seinem Urtheil über sie höchst ungerecht, weil parteiisch für sie, ihr Vorzüge andichtend, die ihr nicht eigen sind und ihre Gebrechen verhüllend und beschönigend. Aber freilich so muß es ihm geschehen, weil ihre Verfassung seine Liebe ist; denn der Bruch mit dieser alten Verfassung ist ihm für uns Evangelische das Empfindlichste, gilt ihm als Einbuße an ökumenischer Einheit. Wir weisen zuerst einzelne dieser Stahlschen Behauptungen ab, und stellen dann kurz den antikatholischen Karakter der römischen Kirche vor Augen. Nach Stahl erhielt sich die Katholizität durch viele Jahrhunderte. Ja, daß sich Kristliches und damit Katholisches erhielt, wer weiß es nicht? Daß aber die ächte Katholizität schon am Ende des zweiten Jahrhunderts, wesentlich aber vom vierten Jahrhundert an zu leiden und zu verkümmern begann, daß sie dann mehr und mehr unter den Formen einer todten gewaltthätig und listig aufgerichteten äußerlichen Kirchlichkeit begraben wurde, welchem Geschichtskundigen unter den Evangelischen wäre das verborgen? — Bei der Spaltung zwischen orientalischer und okzidentalischer Kirche fragt Stahl, auf welcher Seite Häresis oder Schisma sich befunden haben? Wir fragen ihn, der die wahre Katholizität rühmt, wo war und offenbarte sich diese in jener Spaltung? Klar genug scheint zu sein, daß auf beiden Seiten diese und der Sinn für dieselbe fehlte, dagegen der Hochmuth sektirerischen, hierarchischen Geistes beiden Theilen Kopf und Herz eingenommen hatte. Wir erlauben uns die Gegenfrage: Wo war Katholizität, in den armen Waldensern, welche die heilige Schrift, der Apostel Lehre, den Trost des einfachen Glaubens an Kristum und des gottseligen Lebens in ihm nicht aufgeben wollten, oder in der sogenannten, katholischen Kirche, welche sie deshalb 1184 in den Bann that, sie später in deutschen Städten öffentlich verbrannte und überhaupt mit unsäglicher Grausamkeit den Vernichtungskampf gegen sie führte? Doch wohl weder in äußrer Einheit, noch in der Mehrzahl, und wäre sie noch so „ungeheuer," hat die Katholizität ihr Wesen. — Das ökumenische Episkopat und die geschichtliche Kontinuität des Amtes (das Wahre an der apostolischen Sukzession) nennt Stahl an der römischen Kirche einen katholischen Zug. Das ließe sich hören, wenn der Episkopat das Wort des Herrn behalten hätte: „Ihr sollt euch nicht Meister nennen lassen“ und wenn von dem Amt in seiner geschichtlichen Kontinuität die Versöhnung allein in Kristo gepredigt worden wäre. Als aber der Episkopat sich zwischen den Herrn und seine Gemeine stellte, dieser den Zugang zu seinem Worte wehrte, als das Amt die Versöhnung nicht mehr in Kristo, sondern im stellvertretenden Thun der Kirche oder in eigenen Büßungen und Werken suchen lehrte, als so durch seine Sünde und Gottes Gericht das Episkopat in großen Theilen der Kristenheit stürzte und die Kontinuität des Amtes zerrissen wurde; da war es Antikatholizität, Verleugnung der einen, allgemeinen Kirche Kristi, an Episkopat und Kontinuität festzuhalten und nicht zum lauteren Evangelio sich zu wenden, da war es das Gebot der Katholizität den Episkopat fahren zu lassen, wohin er wollte und nur zu sorgen, daß der Zusammenhang mit apostolischer Lehre wieder angeknüpft werde. Weit entfernt, daß die Puseyten mit Dr. Stahl sich hier im Recht befänden, versündigen sie sich vielmehr eben so gegen die geschichtliche Wahrheit, wie gegen das in den Reformazionsstürmen offenbar gewordene Gottesgericht. — Stahl klagt die Kirche der Reformazion an, daß sie sich stets in der Stellung des borghesischen Fechters gegen Rom befinde und gesteht später zu, daß nun freilich die katholische Kirche ihrerseits seit ihrem Abschluß im Tridentinum in demselben Grade in eben diese Einseitigkeit gerathen sei. Also die Fechterstellung des Protestantismus gegen Rom hat Rom in dieselbe Stellung gegen jenen getrieben! Wie doch die Weisheit und Lehre uralter Fabeln immer einmal wieder so recht lebendig uns vor Augen tritt! Oder läßt Stahl als Sachwalter Roms hier nicht den Wolf sich präsentiren, welcher das von ihm zerrissene Lamm anklagt, daß es mit ihm den Kampf begonnen habe? Als ob nicht seit länger denn einem Jahrhundert vor dem Tridentinum die römische Kirche durch ihren Pabst Luther und Alles, was evangelisch war und hieß, fort und fort verflucht, als ob das Pabstthum nicht stets Himmel und Erde in Bewegung zu setzen versucht hätte, um Seitens der weltlichen Gewalt eine völlige Erdrückung des Protestantismus herbeizuführen, als ob, wo das Vermögen und die Macht der römischen Kirche zu Gebote stand, sie ihren guten Willen gegen die Kirche der Reformazion nicht durch die Feuer der Scheiterhaufen ins hellste Licht gesetzt hätte! — Stahl rühmt ferner an der römisch-katholischen Kirche Naturwüchsigkeit und daß sie nicht ein Werk der Reflexion sei. Als ob die evangelische Kirche ein Gebräu wäre, das die Reflexion menschlichen Verstandes erzeugt hätte! Ja sie ist aus dem Ringen der Geister, aus gewaltigen geistigen Kämpfen geboren; aber diese Kämpfe waren die Geburtswehen und ihr Erzeuger war Gott, der wieder sprach: Es werde Licht und es ströme Gnade! Ja die römisch-katholische Kirche hat eine Naturwüchsigkeit, etwa wie der Garten, den Gärtner und Pfleger verlassen und sich selbst überlassen haben. In üppigster Fülle wuchert das Unkraut mächtig empor. — Sie hat, wie Stahl sagt, die Stetigkeit der geschichtlichen Entwicklung festgehalten. Ja die Triebe des geistlichen Stolzes, der Herrschsucht und dergleichen mehr haben sich nur allzu stetig entwickelt. — Die römische Kirche hat, wie Stahl sagt, sich die kristliche Askese bewahrt. Ja eine Askese, an der Luther geistig und leiblich zu Grunde gegangen wäre, hätte ihn Gott nicht aus ihren tödtlichen Schlingen errettet, eine Askese, von deren Wirkungen Goßner uns noch ganz Aehnliches aus neuer Zeit berichtet hat. — Es ist nach Stahl in der römisch-katholischen Kirche ein hebendes, friedegebendes Bewußtsein des ununterbrochenen Fadens von den Aposteln her. Dieser ununterbrochene Faden ist wirklich dem ganz gleich, welcher sich von den ersten Konsuln Roms zu einem Heliogabalus und ähnlichen römischen Kaisern hinzieht, und die römisch-katholische Kirche, von der die evangelische sich losriß oder ausgestoßen wurde, ist der apostolischen Kirche so ähnlich, wie das Rom der Cäsaren dem Rom der jungen Republik. Eine ökumenische Einheit, ein gliedlicher Zusammenhang dieser katholischen Kirche, eine Unabhängigkeit von der weltlichen Obrigkeit und den weltlichen Verhältnissen, ein geistlicher Anstand wird gepriesen. Als ob es evangelisch wäre, solche Einheit, die sich nur mit Unterdrückung und Verleugnung des Evangelii und der Wahrheit, nur auf Kosten des Heilsglaubens erzwingen und erhalten läßt, für einen Vorzug auf kirchlichem und kristlichen Gebiet auszugeben. Als ob die römische Kirche wirklich so unabhängig von weltlichen Verhältnissen wäre! Als ob sie nicht bald Volkssuveränität bald Despotismus in Schutz genommen, bald mit der Demokratie, bald mit dem Absolutismus, bald mit verfassungsmäßiger Ordnung und Freiheit geliebäugelt hätte und als ob ein solches politisches Politisiren nicht erst recht die innere Unfreiheit und Abhängigkeit dokumentirte. Als ob es trefflich wäre, unter geistlichen Vorwänden oft dem Kaiser zu versagen, was des Kaisers ist, aber dem Pabst zu gewähren, was ihm nach göttlichem und menschlichem Recht nimmer gebührt! Als ob es besser wäre, dem Pabste, der den lauteren Glauben an den Erlöser verbietet, sich zu unterwerfen als einem angestammten Herrscher diese oder jene Anordnung in kirchlichen Dingen zu gestatten, so lange er nur nicht unevangelischen Zwang über Glauben und Gewissen übt*). Was aber der gepriesene geistliche Anstand ist, das kann man in rein katholischen Ländern, etwa in Spanien und Portugal lernen, darüber lasse man sich von Augenzeugen aus dem Königreich Neapel berichten, wie der Klerus schon durch seine äußre Erscheinung vollständig sein inneres Wesen verräth, wie die Kirchen zur Zeit des Gottesdienstes die Stätten des Stelldicheins für diejenigen sind, die ihre Bündnisse und Geschäfte dem Lichte entziehen müssen**), wie die einzigen Predigten in der Fastenzeit von einer ernsten und lustigen Person so ergötzlich gehandhabt werden, daß der Tempel Gottes vollständig in ein Theater der Komödie sich umwandelt! Gewiß ein merkwürdiger, geistlicher Anstand, der da zu Tage kommt, wie Luther ihn schon zu seiner Verwunderung in der heiligen Roma kennen lernte. Gegenüber einer schnellen Bereitwilligkeit, drüben Alles schön zu finden und zu loben, ist es nöthig,

*) Das landesherrliche Kirchenregiment, besonders wie es in das sogenannte ius in sacra eingreift, entspricht allerdings dem eigentlichen Wesen der Kirche nicht. Aber jeder ächt Evangelische zieht die Leitung der kirchlichen Angelegenheiten durch den evangelischen Landesherrn doch tausendmal dem Regiment durch einen geistlichen Obern vor, das irgendwie in der Aehnlichkeit des Pabstthums gehandhabt würde.

**) Man lese was selbst über die Gottesdienste in Notre-Dame zu Paris erst neuerlichst Theodor Mundt mittheilte.

auch an dergleichen zu erinnern. Gewiß muß zugestanden werden, daß die katholische Kirche in Deutschland und überhaupt da, wo sie neben der evangelischen Kirche existirt und mit dieser in steter Berührung steht, nicht nur in ganz anderem Gewande und anderer Haltung erscheint, sonder vielfach auch ein ganz anderes Wesen in sich birgt. Da verstehen wirklich ihre Vertreter, oft in hoher, geistlicher Würde sie zu repräsentiren, da ist hier manches Geistvolle in der Theologie, dort eine innige Frömmigkeit und Liebe des Herrn und nicht selten selbst Milde, Humanität, allumfassende Bruderliebe, ein erleuchtetes und klares Denken über das Leben des Volkes und die Verhältnisse des Staates — Alles von unendlich höherem Werthe als der geistliche Anstand — zu finden. Aber wir wollen weder aus Kurzsichtigkeit noch aus falscher Demuth gegen unsre evangelische Kirche ungerecht werden. Alle solche köstliche Gaben, deren wir auch an katholischen Brüdern gern uns freuen, entwachsen der katholischen Kirche zum guten Theil aus ihrem Zusammensein, selbst aus ihren geistigen Kämpfen mit der evangelischen Kirche. Was wäre aus der römischen Kirche wohl geworden, hätte es keine deutsche und schweizerische Reformazion gegeben! Doch genug hiervon. Stellen wir uns noch kurz das Wesen der römisch-katholischen Kirche, wie es der Reformazion gegenüber sich konsequent zusammengefaßt, ausgesprochen und erhalten hat, vor Augen, und klar leuchtet es ein, wie unendlich viel ferner sie uns steht als jede evangelische Sekte.

Das Wesen dieser Kirche (es ist immer von ihr als solcher, nie von einzelnen Mitgliedern die Rede) ist antikatholisch.

1. Ihre höchste gottesdienstliche Feier bindet sie wieder an eine heilige Sprache, die altrömische, und indem sie diese zur Kirchen- und Gottessprache erhebt, nimmt sie den andern Sprachen und damit auch Nazionalitäten das göttliche Recht, Organe für die Spendung der göttlichen Gnadengeheimnisse zu sein.

2. Sie richtet einen besondern Priesterstand auf mit besonderer Heiligkeit mittelst eines besondern Sakramentes der Ordinazion begabt. Sie verlegt das eigentliche Wesen und Leben der Kirche in den heiligen Klerus dem profanen Volk gegenüber und hält in ihm fest eine unbedingte Hierarchie.

3. Es ist ihr wesentlich, in der äußern Kirche mit ihren Institutionen die wesentliche, ja ihrem Ideal entsprechende Kirche des Herrn zu sehen und dem gegenüber die innere Gemeinschaft des heiligen Geistes und Glaubens verhältnißmäßig gering zu achten.

4. Wenn auch nicht in direkter Rede, doch mittelbar verkümmert und vereitelt sie die in der wahrhaft katholischen Kirche allein gültige Herrschaft Jesu Kristi.

a. Sie erklärt sich als Kirche für infallibel und legt namentlich ihrem Oberpriester die Irrthumslosigkeit bei, wenn er ex cathedra Petri redet. Darum verbietet sie ohne ihre Erlaubniß und ihre Auslegung dem Kristenvolk die heilige Schrift und läßt gleichsam den Heiland, läßt Gott den Herrn nicht mehr eigenmündig zu seinen Erlösten sprechen. So steht anstatt des göttlichen Wortes die kirchliche Satzung, anstatt des Heilandes der Pabst in der Herrschaft und unter ihrem Joch liegt gefangen, was in Kristo frei sein sollte, Glaube und Gewissen.

b. Sie verstümmelt das heilige Gnadenmittel des Herrn, verwaltet es in einer Weise, die seiner Einsetzung schnurstracks widerspricht, beruft sich selbst offiziell in unerhörter Keckheit für solche Sünde darauf, daß sie Gottes Haushalter sei (während man doch an den Haushaltern nur die Treue rühmen kann), und vergräbt mit ihrer magischen, zur Alleinherrschaft erhobenen Auslegung völligst die Einsetzungsworte des Erlösers. Ueberhaupt, während der Erlöser der alleinige König der Gnaden ist, macht sie sich statt seiner in ihren Heiligen im Himmel und ihrem Priesterthum auf Erden, mit ihrem Schatz überflüssiger guter Werke, ihrem Ablaß, ihrem Opfer zur Gnadenspenderin.

c. Durch den Dienst ihrer Heiligen verdunkelt sie Jesum als alleinigen Herrn auf dem Gebiet des vorbildlichen Lebens, nicht weniger durch die Veräußerlichung der kristlichen Sitte, und endlich durch Gebote und Satzungen über gottesdienstliche Werke (Fasten, Büßungen u. s. w.), die sie ganz im alttestamentischen Geiste erzeugt und bewahrt hat.

d. Sie bekämpft aufs Entschiedenste durch die That die Herrschaft Jesu Kristi; indem sie nicht hält an der Gemeinschaft mit seinen Gläubigen, sondern sie vielfach zerstört, diejenigen, welche allein der Stimme des guten Hirten Gehör und Folge geben, bannend und verfluchend, verfolgend und selbst qualvollem Märtyrertode überliefernd.

Wenn nun so das offizielle Wesen, der deutlich ausgeprägte Karakter der römischen Kirche sich als antikatholisch ausausspricht, so versteht es sich von selbst, daß an eine Union mit derselben erst dann zu denken wäre, wenn sie anfinge sich ihrer selbst zu entäußern und von der Karrikatur eines äußerlichen, angemaßten Katholizismus zum demüthigen Gehorsam Jesu Kristi, zur demüthigen Bruderliebe in ihm d. i. zur wahren Katholizität zurückzukehren. — Wie dies ganze antikatholische Wesen aber eben im Pabstthum sich zusammenschließt, in diesem fort und fort seinen Grund, sein Leben und seine Regel, seinen Gipfel findet und festhält, so können wir nimmer in Stahls Lob einstimmen, daß der Pabst immerdar sich selbst als einen sündigen Menschen bekannt hat, denn wer von aller kristlichen Welt die Bezeichnung „Allerheiligster Vater" fordert, bei dem ist jedes Sündenbekenntniß Phrase. Wir halten es ferner nicht für wahr, daß er seine Herrschaft als gebunden an den überkommenen, geoffenbarten Glauben und die göttlichen Gebote ansieht; seit wann gibts einen andern geoffenbarten Glauben und andre göttliche Gebote als die der heiligen Schrift, oder gar solche, die denselben gradezu widersprechen? Endlich kennen wir nicht das Bestreben des Pabstes, die Völker der Erde diesem Glauben dienstbar zu machen und Kristi Ehre über alle Reiche aufzurichten; wir könnten eben so gut sagen, daß die Napoleonen den Völkern stets die Freiheit gebracht haben und bringen. Wir verstehen es vielmehr, wie unsre Väter den Pabst als den Antikrist bezeichneten, denn Antikristenthum ist und bleibt es trotz Herrn Stahl, wenn gegen ein klares göttliches Gebot der Pabst die vollste Meisterschaft in der Kristenheit an sich gerissen, wenn er statt Kristi die Herrschaft sich angeeignet hat. Der Empörer, welcher seinen König gefangen legt, die Herrschaft an sich bringt, die Gesetze durch falschete Deutungen thatsächlich verhöhnt, dabei allen versichert, daß es ihm nur um die Herrschaft des Königs, um seine Ehre zu thun sei, indem er stellvertretend und in seinem Auftrage regiere, hört der durch solche Versichrung auf, Thronräuber und Hochverräther zu sein? Ueber einzelne Personen und Träger lehnen wir jedes Gericht ab, aber das Pabstthum an sich, nach seinem geschichtlichen Begriff ist mit dem Antikristenthum nur zu sehr verwachsen, zumal selbst eine Verehrung gar oft für dasselbe geheischt wird, die dem Thatsächlichen nach von einer Anbetung nicht weit entfernt beibt. Darum, während wir gern mit Liebe und Unbefangenheit an jedem Gliede der katholischen Kirche, auch an der Persönlichkeit einiger Päbste, alles Kristliche, Wahre und Gute, wie es sich kundgibt, anerkennen, ein Anderes ist es, wenn das Pabstthum selbst, wenn die in sich geschlossene römische Kirche uns gegenübersteht. Wir beklagen nicht, sondern rühmen den Bruch mit dieser Institution, die ihrer Zeit als Pornokratie und als blutdürstige Mutter der Inquisizion sich darstellte. Wir vergessen es nicht, daß die römische Kirche über die entsetzlichen Gräuel der Bartholomäusnacht von grimmer Wuth trunken Te Deum sang, vergessen es nicht, daß sie noch alljährlich von Skt. Peters Altar feierlich ihre Bannflüche gegen uns schleudert, vergessen es nicht, daß sie noch heute zu dem Protest gegen den Westphälischen Frieden sich bekennt und damit in thesi uns den Ketzern nicht nur die Gleichberechtigung, sondern selbst das Recht der Existenz versagt, vergessen es nicht, daß noch neuerlichst unsre Bibelgesellschaften als eine Pest des menschlichen Geschlechts von ihr gebrandmarkt und verflucht wurden. Die Katholizität verbietet uns eben so sehr, mit solchem entschiedenen Antikatholizismus uns zu verbinden, wie sie von uns verlangt, lebendige wirkliche Einigung mit allen, die in Kristo sind und ihn ihren Herrn heißen, die unter sein heiliges Wort allein sich stellen und allein durch seine Gnade hoffen selig zu werden. Wo evangelische Union, da ist Katholizität, mit jener wird auch diese verworfen.

IX. Union und Verfassung.

Wenigstens auf dem Gebiet der Verfassung, sollte man glauben, müßte Herrn Stahl die Union nicht zuwider sein. Er findet hier die schwächste Seite der lutherischen Kirche. Das landesherrliche Kirchenregiment ist ihm eine bis zur Reformazion „unbekannte, „im Evangelio nicht begründete Kirchengewalt.“ „Territorialismus und Büreaukratie sind vermöge desselben in die Kirche eingedrungen.“ Auch fehlt der Gemeine das Recht der Mitwirkung, der eigenen Thätigkeit. — Ebenso spräche für die Union, daß nach Stahl in der lutherischen Kirche die Vorstellung leitend war, „daß es kein göttliches Gebot gebe,“ das die Formen der Kirchenverfassung genau verzeichnete, sondern daß es „in weiter Ausdehnung Sache kristlicher Freiheit“ sei, dieselbe in mannichfacher Weise für den obersten Zweck der Kirche (Sicherung der Predigt des reinen Evangelii) zu gestalten. Ein Streit, ob nach Gottes Gebot „episkopale oder presbyteriale oder konsistoriale Verfassung bestehen müsse, konnte deshalb in der lutherischen Kirche gar nicht aufkommen, alles das gilt als zulässig.“ Also liegt doch auch in allen solchen Dingen kein Hinderniß der Union. Dagegen erklärt Stahl „die kalvinische „Selbstthätigkeit der Gemeine und ihre selbstthätige Verherrlichung „Gottes“ für einen „katholischen Zug“ und weiß, daß dieser katholische Zug durch die kalvinische Verfassung gewirkt ist. — Wenn ferner beide Konfessionen sich faktisch in verschiedene Verfassungen und Ordnungen hineingefunden haben, so daß keine mehr eine besitzt, welche die andere sich nicht irgendwo auch angeeignet hat, so spricht das abermal dafür, daß die Verfassung die Union nicht aufhalten kann. Unmöglich aber kann Herrn Stahl das unbekannt sein. So ist die lutherische Kirche im skandinavischen Norden episkopal, in den mehrsten deutschen Landen landesherrlich verfaßt, während wenigstens in Ungarn und am Rhein sie auch in presbyterialsynodalische Ordnungen eingegangen ist. Ebenso hat die reformirte Kirche, die meistens in der Presbyterialverfassung ihre von Gott gebotene Ordnung sieht und liebt, bei uns sich dem landesherrlichen Kirchenregiment untergeben und in England die Episkopalverfassung auch mit Abhängigkeit von dem Staatsregiment (König und Parlament) sich angeeignet. Dennoch versteht es Stahl bei der Kunst und Meisterschaft, die ihm eigen ist, auch im Widerspruch zu seinen eignen Prämissen, darzulegen, daß beide Konfessionen selbst in der Verfassung aus einem verschiedenen Geiste hervorgehen, ein verschiedenes Wesen haben und der Union widerstreben. Der apostolischen und auch katholischen Kirche gegenüber ist ihm zwar die lutherische Kirche mehrfach im Unrecht, der reformirten gegenüber aber im Recht oder, wie er sich ausdrückt, in der Wahrheit. Was ihm als Ideal vorschwebt, ist freilich etwas, was die reformirte Kirche durchaus von sich weist, was aber freilich öfters einem Theil des lutherischen Pastorats behagt hat und jetzt wieder zu behagen beginnt, nämlich die Herrschaft des Lehrstandes in der Kirche. Zwar spricht er auch viel von der Mitwirkung und freien Thätigkeit, zu welcher die Gemeine zu erheben sei. Aber wenn er an dem auf edlerem Beweggrunde ruhenden Grundton der lutherischen Kirche, „daß die Gemeine nicht so viel mit Regierung und „mit äußerer Rührigkeit sich befasse, sondern das reine Wort auf„nehme in einem stillen Herzen“*) so zähe festhält, wenn er die nothwendigen Formen und Bedingungen für solche freie Thätigkeit der Gemeine in der Kirchenordnung immer wieder als unapostolisch abweist; so kann es ihm damit wohl wenig Ernst sein. Doch wir lassen jetzt diese Einzelheiten und stellen uns lieber die Grundzüge der lutherischen, reformirten und apostolischen Verfassung auf, um daraus als Resultat zu ziehen, ob die Union der beiden Konfessionen zulässig oder verboten sei.

*) Die Glieder einer kristlichen Gemeine werden also durch Befassung mit der Leitung der kirchlichen Angelegenheiten, durch solche „äußere Rührigkeit“ von der stillen Aufnahme des reinen Wortes abgehalten. Der kirchliche Lehrstand aber leidet durch Regierung und äußre Rührigkeit weder an eigner innerer Erbauung, noch an Tüchtigkeit, die Gemeine zu erbauen. Gewiß der geistliche Stand hat danach auch eine ganz andre geistliche Konstituzion als andre arme Kristen, ist wieder der Klerus geworden. Freilich die Apostel dachten anders darüber.

A. Die Grundzüge der lutherischen Verfassung.

Zunächst müssen wir es hier bestreiten, daß das landesherrliche Kirchenregiment zum Wesen der lutherischen Kirche gehört, oder daß „nach dem Geist der lutherischen Kirche der gottes„fürchtige Fürst die Kirche regiert." Es ist das landesherrliche Kirchenregiment in der lutherischen Kirche rein als eine Sache der Noth und der Schuld (die Veranlassung von jener) hervorgewachsen. Man ließ aus Kleinglauben oder auch andern Gründen der Gemeine keinen Raum, sich zur freien Selbstthätigkeit und Selbstständigkeit zu entwickeln. Dagegen trat bald das Pastorat (der Lehrstand) vielfach mit widerwärtigsten, hierarchischen Bestrebungen hervor und büßte eben durch seine Herrschsucht mehr und mehr an wirklicher geistiger Macht über die Gemüther ein, namentlich nach oben hin. In der Zeit der Noth nun, wo die lebendige, selbstständige Gemeine fehlte, die Bischöfe sich Rom zu- und dem Evangelio abgesagt hatten, der übrige Lehrstand in bittersten theologischen Kämpfen sich verzehrte und in hierarchischen Bestrebungen den evangelischen Karakter verleugnete, war es eine Wohlthat, daß die einzige Gewalt, die sonst geachtet wurde, daß die weltliche Herrschaft sich auch des Regimentes in der Kirche annahm, oder daß die Landesfürsten eben „Nothbischöfe" wurden. Was der lutherischen Kirche aber so aus Noth aufgedrängt wurde, gehört nicht zu ihrem Wesen, kommt nicht aus ihrem Geiste. Keine Stelle in den lutherischen Symbolen deutet nur im Entferntesten auf das landesherrliche Kirchenregiment hin, obgleich mehrfach von Kirchenordnung gesprochen wird und reichlich Gelegenheit dazu gewesen wäre. Die einzige Stelle, die scheinen könnte, eine kirchliche Macht der Obrigkeit zu begünstigen, (im Anhang der Schmalkaldischen Artikel) redet doch nur von einem Recht der Fürsten wider des Pabstes (dessen Urtheile nicht der Kirche Urtheile sind) Unrecht und Muthwillen und fordert von ihnen, nicht daß sie die Kirche leiten; sondern daß sie schaffen (wider den Pabst), daß der Kirche die Macht zu richten (also auch zu regieren) nicht genommen werde. Damit können wir auch die Lehre der lutherischen Dogmatiker von den drei Ständen keineswegs als eine wesentlich lutherische ansehen, indem z. B. keine Spur in den Bekenntnißschriften vorkommt, daß die weltliche Obrigkeit als solche wirklich einen besondern „kirchlichen" Stand bilde, wie denn auch kein Jota in heiliger Schrift des neuen Bundes dafür sprechen dürfte. Die lutherischen Dogmatiker nehmen hierbei wohl oder übel in ihr Lehrsystem mit auf, was die aus der Noth der Zeit entstandene Wirklichkeit der Kirche darstellte, nicht was aus ihrem Wesen sich gebildet hatte. — Der eigentliche Grundgedanke aber für die Verfassung ist so gut in der lutherischen Kirche, wie in allen evangelischen Denominazionen das allgemeine Priesterthum der Gläubigen. Die lutherische Reformazion zeigt sich in Luthers Schriften und in den Symbolen eben so von diesem Gedanken getragen und erfüllt, wie es nur immer in der reformirten Kirche der Fall sein konnte. Aber grade in diesem beiden Konfessionen gemeinsamen Grundgedankeu hat Stahl den trennenden Unterschied entdeckt. Nach lutherischer Anschauung, behauptet er, ist das allgemeine Priesterthum Prinzip über der Verfassung (später sagt er, ein Gedanke „über und außer aller Verfassung"), nach reformirter Anschauung aber das Prinzip der Verfassung selbst. Wie fein und geistvoll das auf den ersten Anblick klingt, eben so widerspruchsvoll ist es in sich selbst. Ist das allgemeine Priesterthum ein Prinzip über der Verfassung, so ist es auch ein solches in der Verfassung. Prinzipien stehen nur über einem System, indem sie dasselbe durchdringen, indem sie allen Einzelsätzen und Einzelbestimmungen desselben das Lebensblut sind, das in ihnen pulsirt. Ist das allgemeine Priesterthum in der lutherischen Kirche wirklich „ein Gedanke außer" „und über aller Verfassung"; so hat es aufgehört, ein Prinzip über der Verfassung zu sein. Wenn Stahl nun den Einfluß dieses Gedankens bei Angelegenheiten der Verfassung in der lutherischen Kirche nicht leugnen kann, sondern theilweise selbst nachweisen muß; woher nimmt er den Schein, daß derselbe nicht als Prinzip der Verfassung, als „der den Bau der Verfassung selbst „bestimmende Gedanke", gelten dürfe? Weil die Macht der geschichtlichen Verhältnisse, weil schwacher Glaube und Herrschsucht die Bethätigung dieses Gedankens in der lutherischen Kirche so vielfach hemmten. Des Baumes Art und Natur ist es, daß er in gradem Triebe den Saft in die Höhe treibt; hindert man aber seine Spitze, indem man irgend einen Gegenstand über ihr befestigt, so geht der Trieb des Baumes zur Seite und wächst in's Krumme. Wenn der Gedanke des allgemeinen Priesterthums die deutsche Reformazion, wie das so viele Schriften Luthers bekunden und wie es so leicht keiner leugnet, beseelte wie die schweizerische und in jener der Ausbau der Verfassung nicht so dadurch bestimmt wurde, wie in dieser; so waren es die äußern geschichtlichen Umstände, welche hier den Lebenstrieb der lutherischen Kirche hemmten, daß er nicht naturgemäß grade in die Höhe streben konnte. In den so eben erzeugten Biegungen und Windungen ihres Lebenstriebes aber das Wesen der lutherischen Kirche nach Seite der Verfassung sehen, ist gewiß nicht Sache sorgfältiger, liebender und wahrheitsgemäßer Beobachtung, sondern zeugt vielmehr von einer absichtlichen oder unabsichtlichen Oberflächlichkeit. — Auch der mächtigste Beweggrund, der Luther nach Stahl am innersten saß, „Sicherung „der Predigt des reinen Evangelii", hängt selbst nach Seite der Verfassung mit jenem Prinzip zusammen. Es ist die Gemeine als das „auserwählte Geschlecht, das königliche Priesterthum, das hei„lige Volk, das Volk des Eigenthums" die Kirche des Herrn, für die er gelebt und gelitten hat, für die er auferstanden ist und zur Herrlichkeit eingegangen, die das Zeugniß und der Gegenstand seiner versöhnenden und schöpferischen Liebe, seiner Sehnsucht und seines Gebetes ist. Diese Gemeine ist es allein, an die Luther als an die Kirche glaubt, (während er den Römischen in den Schmalkaldischen Artikeln sagt, daß sie die Kirche nicht sind,) der die ganze Gluth seiner Liebe gehört. Diese Gemeine aber zu erhalten, zu beleben, immer neu zu erzeugen, kennt er nur ein Mittel, den Samen der Wiedergeburt, oder das Wort Gottes. Deshalb ist ihm das Wichtigste, die Predigt des reinen Evangelii zu sichern, deshalb gilt ihm, wie die Symbole das auch aussprechen, das Predigtamt als das höchste Amt in der Kristenheit, nicht weil es das Herrscheramt sein soll, sondern weil es das Evangelium zu bringen hat.

Aufs Lehramt ein sehr großes Gewicht zu legen, es so hoch wie möglich d. h. unter Kristum allein zu stellen, doch wie gesagt, nicht damit es in äußerer Herrschaft prange, sondern das Evangelium bringe, das allerdings dürfte ein ächt lutherischer Verfassungsgedanke sein. Das Lehramt der jeweiligen, zufälligen Majorität einer Gemeine zu unterstellen, daß es von dieser den Inhalt und die Instrukzion für die Predigt nehme, wie das so in den freien Gemeinen jetzt gang und gäbe ist, wäre schnurstracks gegen das Wesen der lutherischen Kirche. So mag es auch aus ihrem Wesen hervorgegangen sein, daß sich das Amt des Superintendenten und die Einrichtung der Visitazionen herausbildete, während die Konsistorien ihrem dermaligen Ursprung und ihrer Einrichtung nach ganz in das landesherrliche Kirchenregiment hineinfallen. Wenn bei dem Lehramt, den Superintendenten, Visitazionen, Konsistorien bald die fixirte Kirchenlehre unter dem Namen Bekenntniß die allmächtige Herrschaft gewann; so ging das aus einer Verdunklung des Selbstbewußtseins der lutherischen Kirche hervor, wie das aus früheren Abschnitten klar ist. Unter den Herrn unmittelbar, unter sein lebendiges Wort in heiliger Schrift dies Alles in der Verfassung zu stellen, das entspricht dem ursprünglichen Wesen der lutherischen Kirche*). Wir können es Herrn Stahl nicht ableugnen, daß die lutherische Kirche aus einem gewissen konservativen Zuge gern die bischöfliche Leitung in der Kirche festgehalten hätte, wie das selbst die Symbole an verschiedenen Orten aussprechen. Ein Bruch mit der bischöflichen Regierung schien ihr bedenklich. Aber wie gern sie auch unter dem Episkopat geblieben wäre, das ist ihr völlig klar, sie kann es nicht, wenn von den Bischöfen wider das Wort Gottes und außer demselben gesetzliche Ordnungen und Satzungen aufgerichtet werden und das Wort selbst verdeckt oder gefesselt wird. Im Bewußtsein des allgemeinen Priesterthums und des daraus

*) Die lutherische Kirche als die Union ausschließende Konfessionskirche muß allerdings ihre fixirte Kirchenlehre als die eigentlich herrschende Gewalt hinstellen, sie auch höher als das einfache Evangelium stellen und muß das eben auch in der Verfassung wahren. Aber, wie schon gesagt, die lutherische Kirche in dieser Gestalt ist ihrem eignen Wesen untreu, ist von sich selbst abgefallen.

fließenden Rechtes bricht sie rücksichtslos mit dem Episkopat, der damals den Lehrstand repräsentirte. Die Symbole selbst fordern auf, dem Episkopat nicht zu gehorchen, wo er außer dem Worte etwas ordnet und gebietet. Vollständig ist sie sich aber klar, daß eine Macht wie das Pabstthum (der allerheiligste, nicht irrende Vater) mit der rechten Kirche des Herrn völligst unverträglich sei. Wenn Melanchthon bei der Unterschrift der Schmalkaldischen Artikel, dem Pabst, falls er das Evangelium zulasse, iure humano eine Superiorität über alle Bischöfe, und damit über die ganze Kirche zugestehen wollte; so stand er damit sicherlich völlig allein und das ganze Lutherthum wider ihn. Ja er stand wider sich selbst, da er grade so, wie es sonst den Lutheranern geläufig war, selbst in den Symbolen das Pabstthum als antikristisch karakterisirt hatte. — In der römischen Kirche erscheint ein Klerus in stattlicher Gliederung von einer Stufe spezifischer Würde zu einer immer höheren aufsteigend. Viele Lutheraner heutiger Zeit hinken hier nach, verlangen nicht nur der Ordnung nach und für die Leitung verschiedene Stufen, sondern Aemter mit verschiedener Amtsgnade versehen, mit verschiedener geistlicher Würde angethan. Diakon, Pastor, Superintendent, Generalsuperintendent möchte man als eben so viel Stufen besonderer Heiligkeit ansehen, als jede immer mit höherer Fähigkeit versehen, besondere Gnade zu spenden. Die Behauptung einer wesentlichen Gleichheit des Lehrstandes wird oft als reformirter Irrthum verworfen. Die lutherische Kirche aber, ausgehend vom allgemeinen Priesterthum, kann das Lehramt nur als Träger des Wortes besonders hochstellen, ihm dagegen keinen besondern priesterlichen Karakter, keine besondre Amtsheiligkeit und Amtsgnade zugestehen. Eben deshalb ist es ihr unmöglich, unter denen, die vollberechtigte Verkündiger des Wortes sind, einen spezifischen Unterschied zu machen. Ausdrücklich sprechen deshalb die Schmalkaldischen Artikel*) es aus, daß die Träger des Predigtamtes für wesentlich gleich zu halten sind ohne spezifischen Unterschied der Amtswürde. — Mit dem Gedanken des allgemeinen

*) Anhang.

Priesterthums hängt es ferner zusammen, wenn die lutherische Kirche nach ihren Symbolen*) auf strenge Scheidung zwischen geistlichem und weltlichem Regiment dringt. Im weltlichen Regiment als solchem liegt keine Gewähr, daß seine Inhaber auch des Glaubens und damit des allgemeinen Priesterthums theilhaftig sind, wie umgekehrt das allgemeine Priesterthum als solches noch nicht die Tüchtigkeit in sich schließt, die Angelegenheiten des bürgerlichen Regimentes zu handhaben. Es wird das in der Konfession besonders auf die Bischöfe angewendet, denen die weltlichen Angelegenheiten (dazu werden ausdrücklich die Ehesachen gerechnet) zu ordnen, durchaus nicht gebühre. Haben sie de facto irgend eine dahin einschlagende Macht, so sei ihnen dieselbe von der bürgerlichen Obrigkeit verliehen und diese sei stets befugt, sie ihnen wieder zu nehmen, ja sei verpflichtet, es zu thun, wenn sie von ihnen irgendwie mißbräuchlich gehandhabt werde. Wir werden damit noch einmal darauf geführt, wie wenig wesentlich lutherisch das landesherrliche Kirchenregiment ist. In dem Ausgeführten liegt nothwendig als andere Seite, daß wo eine weltliche Gewalt de facto mehr oder weniger von der Kirchenleitung besitzt, dies nur als eine Uebertragung Seitens der Kirche gedacht werden könne und daß die Kirche eben vermöge ihres allgemeinen Priesterthums stets berechtigt sei, sie wieder an sich zu nehmen, ja die Pflicht habe, es zu thun, wenn Mißbräuche sich damit verbunden haben. — In einer Gemeinschaft, die in ihrer Gesammtheit durch den Glauben an den einigen Hohenpriester und die innere Verbindung mit ihm priesterlichen Wesens ist, geziemt es sich, daß die Regierung nicht in Weise weltlicher Herrschaft durch Zwang, sondern allein durch die Gewalt des Wortes geführt werde. Heutige Lutheraner versündigen sich dagegen vielfach, wie Stahl in der Kammer und sonst und Konsistorial-Rath Sengemund in seiner Brochüre wider den Kultusminister sich dafür als Beläge gegeben haben. Die ursprünglich lutherische Kirche weiß davon nichts. Wie dem evangelischen Kristenthum überhaupt, so sind auch ihr bürgerliche Strafen und Nachtheile,

*) Augsburgische Konfession Artikel 28.

Zwangsmaßregeln in Sachen des Glaubens ein Greuel. Durchs Wort allein, ohne menschliche Gewalt werde die Kirche regiert, so bestimmen es die lutherischen Symbole*). — Für die vollste Geltung des allgemeinen Priesterthums bei Sachen der Verfassung in der lutherischen Kirche spricht aber namentlich, daß in den Symbolen für die Kirche d. i. für die Gemeinen das Recht in Anspruch genommen wird, sich selbst Kirchendiener zu fordern, zu wählen und zu ordiniren**). Ebenso bezeugt es, daß das allgemeine Priesterthum der Alles beherrschende Gedanke war, wenn der ganzen Kirche als solcher das Schlüsselamt zuerkannt wurde***). — In einer Gemeindeordnung, welche die Bethätigung desselben möglich machte, hat sich das allgemeine Priesterthum zwar innerhalb der lutherischen Kirche im Großen und Ganzen nicht geltend gemacht. Luther ist aber einer presbyterialen Verfassung der Gemeine, wie sie der Idee des allgemeinen Priesterthums entspricht, bekanntlich durchaus nicht abhold gewesen, hat seiner Zeit es vielmehr nur beklagt, daß ihm die rechten Leute dazu fehlten. Freilich ein Schwachglaube des sonst so starkgläubigen Mannes, der sich nachher „schwer an der „Kirche gerächt hat." — Nach Allem nun müssen wir sagen: Innerster Gedanke und Prinzip der Verfassung ist auch in der lutherischen Kirche das „allgemeine Priesterthum der Gläubigen." Die Verwirklichung derselben ist aber theilweise noch nicht zu Stande gekommen, theilweise durch fremdartige Elemente verunreinigt. Es

*) Augsburgische Konfession Artikel 28. Apologie Artikel 8

**) Schmalkaldische Artikel. Anhang.

***) Schmalk. Artikel III Art. 7 und Anhang. — Folgende Worte Luthers mögen noch hier Platz finden: „Aber wir alle, als viel unser Kristen sind, haben „diese Gewalt der Schlüssel gemein, welches ich habe so oft in meinem Büchlein „wider den Pabst berührt und angezeigt." — „Hier lasse ich mich nicht bekümmern die Larven mit ihrem Larvengeschrei, die bei diesem Spruch (Matth. 18, 15 ꝛc.) „dichten einen solchen Unterschied: es sei ein ander Ding um das Recht oder „Gewalt der Schlüssel, denn um den Gebrauch der Schlüssel; denn sie thun „solches aus eigner Vermessenheit ohne alle Schrift." — „Darum ist nichts diese „Lüge der Menschen; denn die Schlüssel sind der ganzen Gemeine aller Kristen „und eines jeden, der ein Glied ist derselbigen Gemeine und desselbigen nicht „allein nach der Gewalt, sondern auch nach dem Brauch und nach allerlei Weise, „die da sein mag."

bedarf deshalb die lutherische Kirche für diese ihre „schwächste Seite" besonders der Stärkung und Reinigung.

B. Die Grundzüge der reformirten Verfassung.

Wir können hier sehr kurz sein. Allerdings ist in der reformirten Kirche das allgemeine Priesterthum der Verfassung oder der den ganzen Bau bestimmende Gedanke. Allerdings ruht das Recht der Herrschaft in der Gesammtgemeine, das der besonderen Leitung in der Einzelgemeine. Allerdings vollzieht die Einzelgemeine die Leitung durch ihr Presbyterium, die Gesammtgemeine ihr Regiment durch die Synode, die aus erwählten Dienern des Wortes und Presbytern besteht. Allerdings steht die Gemeine als solche über dem Lehramt, wie auch der einzelne Presbyter nicht unter, sondern neben den Diener des Wortes gestellt ist. Fälschlich aber bringt Stahl in Presbyterien und Synoden den Lehrstand und das Laienelement in einen Gegensatz und behauptet, daß die Herrschaft sich bei dem Laienelement befinde. In der Einzelgemeine haben nicht die Presbyter im Gegensatz zu den Dienern des Wortes die Leitung, sondern das Presbyterium wie es eben aus den Trägern des Wortes und den übrigen Presbytern besteht und wie in demselben die Stimme des Dieners am Wort vollständig so viel gilt als die des Presbyters. Sind nun auch in der Einzelgemeine meistentheils mehr nichtlehrende Presbyteren, als lehrende; so ist wohl zu beachten, welchen Vorsprung das Lehramt durch die ihm allein zustehende, öffentliche Verkündigung des Wortes besitzt, welcher überwiegende Einfluß, wenn sonst nur der Inhaber der Mann danach ist, demselben aus der tieferen und umfassenderen Kunde der kirchlichen Dinge erwächst. Noch weniger kann man in der Synode, in welcher als das Normale die gleiche Zahl von Presbytern und Geistlichen gelten dürfte, ein Vorherrschen des Laienelementes behaupten. Die Geistlichen haben auch hier durch ihre theologische und kirchliche Ausbildung sehr viel voraus .Uebrigens spricht die Geschichte der reformirten Kirche auch nicht dafür, daß Diener des Wortes und Aelteste hier gleichsam wie zwei feindliche Elemente zusammengezwängt sind, um sich gegenseitig zu bekämpfen und eins über das andre zu herrschen, vielmehr zeigen sich grade beide Elemente innig in einander verwachsen und mit einander verbunden. Falsch ist es von Stahl, den Unterschied des Lehr- und Presbyteramtes als geistlich und nichtgeistlich zu bezeichnen (das ist gegen das oberste Prinzip der reformirten Verfassung, gegen das allgemeine Priesterthum), vielmehr ist der alte Unterschied der richtige, wonach es lehrende und nichtlehrende Presbyter gibt. Es ist ächt reformirt, den Diener des Wortes für nicht geistlicher als jedes gläubige Gemeineglied*), den Presbyter für nicht weniger geistlich als den Diener des Wortes anzusehen. Deshalb ist es auch irrig, daß der Presbyter nur für die äußre Zucht, der Diener des Wortes nur für die Seelsorge sein Amt führen soll. Der Diener des Wortes hat im Presbyterio eben so gut die Kirchenzucht mit zu vertreten und zu handhaben, wie der Presbyter befugt und verpflichtet ist, sich der Seelsorge mit zu unterziehen, so weit seine Kräfte reichen. Auch mit der Wahl der Geistlichen durch die Gemeine ist, wie Stahl behauptet, keine Herrschaft des Laienelementes in der Kirche habilitirt. Durch den Lehrstand selbst, in seinen hervorragendsten Vertretern (den Doktoren der helvetischen Konfession) werden diejenigen geprüft, bestimmt, erwählt, damit den einzelnen Gemeinen im Allgemeinen präsentirt, welche ein Lehramt zu übernehmen würdig sind. Wer übt größeren Einfluß auf Leitung der Kirche, der, durch den allein alle künftigen Träger des Amtes bestimmt werden, oder der, welcher aus dieser ihm bestimmten Zahl den einen für ein einzelnes Amt auswählen kann? Die Antwort ist wohl nicht zweifelhaft. — Wenn das Institut der Presbyterien aus Mißtrauen gegen den Lehrstand, zum Schutz gegen hierarchische Gelüste desselben ins Leben gerufen wurde; so liegt darin nichts Tadelnswerthes. Eben wenn die Noth mit ihrer ganzen Wucht drückt, sieht man sich nach ihren Quellen um, dieselben zu verstopfen, wenn Mißbräuche Verderben stiften, sinnt man auf Mittel der Abhülfe. Es fragt sich nur, ob jenes Mißtrauen gegen den Lehrstand ein durch Geschichte

---

*) Auch nach Luther ist nie ein Priester geistlicher gewesen, als eine Magd, die im Glauben führt ihren Besen.

und Erfahrung begründetes und damit das Streben nach Schutz ein gerechtfertigtes war? Darauf geben die vielen Jahrhunderte der Kristenheit Antwort, in denen kaum irgend etwas widerwärtiger, ekelhafter, unkristlicher hervortritt als die hierarchischen Begierden des Lehrstandes, die auf allen Wegen und durch alle Mittel ihr Ziel zu erreichen strebten und wirklich zum Verderben der Kirche erreichten. Dennoch ist wohl die Kirche, aber nicht das Laienelement nach reformirter Verfassung dem Predigtamte übergeordnet, nicht ist das Presbyteramt diesem entgegengesetzt, sondern ihm zugeordnet, auf daß beide Hand in Hand in Liebe und Weisheit die kirchlichen Angelegenheiten leiten. Stahl schlägt auch hier einmal wieder sich selbst durch ein eigenes Zitat. Daß nach Kalvin die Aeltesten im Gegensatz zum Lehrstande das Organ der Regierung wären, dafür gibt er die Stelle aus seiner Dogmatik: „Ich halte dafür, daß die vom Volk erwählten Aeltesten die Leiter gewesen seien, um gemeinschaftlich mit den Bischöfen (hier, die das Wort verkündigen) dem Sittengericht und der Handhabung der Zucht vorzustehen*).“ Grade die Gemeinschaft beider Elemente im Regiment wird durch diese Stelle ausgesprochen. Zuletzt ist nicht zu vergessen, daß, wie großes Gewicht die reformirte Kirche auch auf ihre Presbyterialverfassung legt und sie gewiß und mit Recht für sich festzuhalten sucht, sie den zeitigen Mangel derselben in andern Theilen der evangelischen Kristenheit gewiß nicht für einen zureichenden Grund ansieht, ihnen Kirchen- und Abendmahlsgemeinschaft zu versagen.

C. Grundzüge der Verfassung in der apostolischen Kirche.

Stahl behauptet die unmittelbar göttliche Stiftung auch der sichtbaren Kirche, soll heißen, Kristus hat den gegliederten Bau der Kirche gegründet und die Kirche als einen gegliederten Bau hinterlassen, er hat „auf Erden ihren Leib gebildet und erst nach seiner „Auffahrt diesem die Seele eingehaucht.“ So hat Kristus auch

*) Gubernatores fuisse existimo seniores e plebe delectos, qui censurae morum et exercendae disciplinae una cum episcopis praeessent.

das eine Amt in der Kirche gestiftet, als Lehr- und sakramentales Amt, aber auch als kirchenregimentliches Amt. Danach ist von ihm die ganze Verfassung gegeben; denn hat das eine Amt das volle Regiment neben Lehre und Sakramentsverwaltung, so kommt auf die andern Aemter nicht mehr viel an, sie sind unwesentlich, führen nur aus, was das Lehramt beschließt und gebietet, sind nur des Lehramtes unselbstständige Helfer. Es sind das eben wieder kühne Behauptungen von Stahl, denen nichts als die Begründung gebricht. Nicht hat der Herr erst eine seelenlose Gemeine gesammelt, die zuerst eine sichtbare Kirche bildete, in welche später mit der Seele die unsichtbare Kirche hineintrat; sondern er ergreift zuerst mit der Macht seines Wortes und Geistes die Seelen, daß sie, innerlich ergriffen, sich an ihn gebunden fühlen und so auch zu einer äußern Versammlung zusammenwachsen. Wohl empfangen sie später die Fülle des göttlichen Geistes, aber berührt und angehaucht und gezogen waren sie längst von diesem Geiste, denn Fleisch und Blut hatte, wie der Erlöser es selbst bezeugte, ihnen das nicht offenbaret. Erst ist der Glaube und dann das Bekenntniß aus dem Glauben hervorgetrieben, so auch erst die unsichtbare Kirche, die Gemeinschaft des Glaubens und heiligen Geistes in den Herzen, aus welcher dann die sichtbare Kirche, die Gemeinschaft der Bekennenden, sich herausgestaltet. — Eben so wenig ist es wahr, daß der Heiland den gegliederten Bau, die Verfassung der Kirche gegründet hat, es ist der Aufbau derselben von ihm vielmehr rein dem Glauben und Geistesleben der künftigen Gemeine anheimgegeben. Den Apostolat hat er gegründet; aber damit nicht ein ständiges Amt in der Kirche, sondern ein Amt für der Kirche erste Pflanzung, Sammlung und Begründung. Die Kirche hat das von Anfang an gefühlt und thatsächlich ausgesprochen. Wäre es nämlich, wie Stahl behauptet, wären die Presbyteren oder Bischöfe (die das Amt der Lehre und Regierung in sich vereinigten) die Inhaber desselben vom Herrn gestifteten Amtes, des Apostolats, gewesen; so hätte nur eine große Impietät gegen den Herrn ihnen diesen von ihm selbst bestimmten Namen entziehen können. Grade der andere Name von den ersten Zeiten der Kirche an gibt's deutlich zu erkennen, da auch ein anderes Amt entstanden ist. Eben so geht es klar daraus hervor, daß schon nach Actor. 11, 30 und besonders nach Actor. 15 in der Gemeine zu Jerusalem das Amt der Aeltesten neben dem Amte der Apostel sich findet. Es sind aber die Apostel, was schon im Worte liegt, nach der einen Seite die ursprünglichen, primitiven Gesandten des Heilandes an „die Welt" gesandt mit dem authentischen, lebendigen und in sich selbst gewissen Zeugniß von seinem Leben, Tod und seiner Auferstehung; nach der andern Seite sind sie berufen, grundlegend zu sein für die Gemeine in allen Zeiten, sie aus allen Völkern zu sammeln. Dazu hat sie der Herr bestimmt. Nie gibt er ihnen Instrukzionen über Regierung der Kirche, sondern weist, wo sie dergleichen verlangen, sie aufs Schärfste ab, ihnen jede Herrschaft verbietend und sie ermahnend, ihm mit dem lebendigen Zeugniß von seiner Gnade zu dienen. Wie sie ihn fragen, ob er (so oder anders) auch das Reich Israel, eine gegliederte Gemeine seines Volkes, aufrichten werde, befiehlt er das der Macht des Vaters und sagt ihnen nur, sie würden durch den heiligen Geist seine Zeugen bis an der Welt Ende sein. Das sind sie geworden und geblieben und werden es bleiben, durch ihre mündliche Verkündigung in ihrer Zeit, durch ihre Schriften nach göttlicher Leitung für alle Zeiten. Daß dies die eigentliche Bedeutung des Apostolats war, geht, wie aus vielen neutestamentlichen Stellen, so besonders aus dem hervor, was Petrus Actor. 1, 21. 22 über den zu wählenden Apostel, der an Judas Stelle treten sollte, ausspricht. Ihre Bestimmung ist, einmal authentische Zeugen Jesu Kristi und dann die ersten Sammler und Pflanzer kristlicher Gemeinen zu sein. Können sie in ersterer Rücksicht, nämlich primitive, authentische Zeugen des Lebens Jesu Kristi zu sein, nie Nachfolger haben, so gewissermaßen in dieser, nämlich solche die in des Glaubens Kraft zuerst das Zeugniß vom Herrn in ein Volk oder in einen Ort tragen und damit eine kristliche Gemeine begründen. In diesem Sinne heißen auch außer den zwölfen im neuen Testament hin und wieder einige Apostel, ja in diesem Sinne nennt man z. B. auch heut den Winfried den Apostel der Deutschen und den Williams einen Apostel für die Südseeinseln. Zu beachten ist noch, daß der

Heiland zu seinen Aposteln öfters als zu seiner Gemeine spricht, wie er sie denn bei der Einsetzung des heiligen Abendmahls offenbar als seine Gemeine behandelt. Wären sie dem Herrn hier das gewesen, wozu Stahl sie macht, die alleinigen, berechtigten Träger der Lehre, der Sakramente und des Kirchenregimentes und wäre darin das Lehramt ihr berechtigter Nachfolger; so hätte der römische Klerus ein volles Recht, nicht nur den Kelch, sondern das ganze Abendmahl den Gemeinen zu entziehen. So hat der Herr in der That nichts für die Gliederung und Leitung der Gemeine geordnet. Natürlich aber war es, daß die junge Gemeine in allen ihren Angelegenheiten stets auf die schaute, die unmittelbare Zeugen von dem Worte des Lebens gewesen waren, welches sie mit eigenen Augen gesehen und beschauet, ja mit ihren Händen betastet hatten, daß sie von ihnen Rath und Weisung begehrte, vollständig bereit, sich ihrer Leitung anzuvertrauen. So ohne jeden offiziellen Amtskarakter für diese Seite traten die Apostel meistens als die natürlichen Leiter der Gemeine hervor und diese begnügte sich damit. Bald aber fühlten sich die Apostel selbst in ihrem eigentlichen Beruf dadurch beengt und veranlaßten die Gemeine, wie Actor. 6 berichtet wird, das erste ständige Gemeineamt herzustellen. Hatten die Apostel irgendwie die Leitung der Gemeine, mit der Einrichtung der Diakonie gaben sie einen großen Theil dieser Leitung ab; denn auf dem Gebiet der Kirche liegt grade in der Diakonie (im Sinne der ersten Gemeine) ein mächtiger Einfluß auf die Gemeine selbst, ein voller Antheil an der Regierung derselben. Die Einführung des Presbyteramtes wird uns in der Apostelgeschichte nicht berichtet; sondern wir hören plötzlich von seinem Dasein in der Gemeine zu Jerusalem. Warum übergeht der so sorgsame Berichterstatter so ganz die Entstehung dieses Amtes, das bald in der Kirche als das erste hervortritt? Unstreitig, weil das zu Erzählende wesentlich schon in der Mittheilung über die Diakonie enthalten war. Wie früher durch Armenpflege, so als die Gemeine nicht nur in Jerusalem wuchs, sondern vieler Orten sich ausdehnte, fühlten die Apostel sich jetzt durch das, was an Leitung der Gemeineangelegenheiten noch von ihnen gefordert wurde, vom Gebet und Amte des Wortes abgehalten. Sie werden wieder die Gemeine versammelt und ihr gesagt haben: Es taugt das nicht, so seht euch nun auch nach geeigneten Männern um, welche der Gemeine wohl vorstehen können. So entledigten sie sich der Werke, von denen sie wußten, daß sie dafür kein besonderes Gebot des Herrn hatten und ließen aus der Gemeine die Aemter hervorgehen, welche das Bedürfniß forderte. — In andern Gemeinen scheint sich anfänglich eine ziemliche Mannigfaltigkeit von Aemtern gebildet zu haben, doch weniger durch bestimmte Wahl und Anordnung, als vielmehr durch die Begabung der einzelnen Mitglieder und wie diese durch ihre Wirksamkeit Macht und Einfluß gewann, bis freilich auch hier nach und nach Lehre, Leitung, Dienst pflegender Liebe als beständige Bedürfnisse sich geltend und feststehende Aemter für dieselbe nothwendig machten. — Daß nun das Lehramt auch das Amt des Kirchenregimentes ursprünglich war, ist Stahls Behauptung, die er besonders dadurch zu begründen sucht, daß der Herr den Aposteln und damit ihren Nachfolgern das Amt der Schlüssel gegeben habe (Matth. 16 u. Joh. 20), und wo dies Amt sei, da ruhe auch die Kirchenregierung. Das ist eben jene Exegese, nach welcher Skt. Peters Nachfolger zu Rom in der ganzen Kristenheit löset, bindet, herrscht und unter ihm wieder in ihren Sprengeln mit größerer oder geringerer Abhängigkeit die Bischöfe. Das weiß Stahl auch wohl, deshalb allerlei Windungen, um nicht ganz bei römischen Ergebnissen stehen zu bleiben; aber im Wesentlichen kommt er auch nicht davon los. Wenn nun der Herr Matth. 16, 19 dem Petrus das sogenannte Amt der Schlüssel verleiht, so thut er es nach alter, wohlberechtigter Auslegung nicht, indem er ein besonderes Amt jetzt einsetzt und mit Vorrechten umgibt, etwa den Petrus zum Apostelfürsten bestimmt; sondern dem Glauben, den dieser freudig bekannt hatte, ertheilt er den in Rede stehenden Auftrag. So erbt denn auch das Amt der Schlüssel nicht auf äußre Amtsnachfolger fort, sondern auf die, welche Nachfolger in demselben Glauben sind, wie denn nach Luther dem Glauben die Schlüssel gehören. Joh. 20, 21—23 aber, wo der Herr an die versammelten Jünger wieder das Recht der Schlüssel überträgt, sieht er in ihnen seine damalige

Gemeine, wie denn auch nichts im Texte uns zu der Annahme berechtigt, daß nur die 11 oder vielmehr 10 wären versammelt gewesen. Er knüpft die Berechtigung zur Verwaltung der Schlüssel an das Wort, das er, sie anhauchend, zu ihnen spricht: „Nehmet hin den heiligen Geist." Die Mittheilung des heiligen Geistes ist damit die alleinige Grundlage für die Schlüsselgewalt. So hat jeder Gläubige, der es ja eben nur durch die Gnade des Geistes ist, Theil an dieser Gewalt, so hat die ganze Gemeine der Gläubigen, als die Gemeinschaft des heiligen Geistes, diese volle und ganze Gewalt. Nur wenn man für den Lehrstand allein oder doch in einem besonderen Maaße die Mittheilung des heiligen Geistes in Anspruch nimmt, wie das in römischer Kirche durch das Sakrament der Priesterweihe praktisch sich bekundet, ist es folgerecht, diesem allein oder in ganz besonderm Maaße die Schlüsselgewalt zuzueignen. Davon weiß aber weder die heilige Schrift, noch die apostolische Kirche etwas. Was Kern und Wesen der sogenannten Schlüsselgewalt ist, dazu werden theilweise die einzelnen Gläubigen aufgefordert. Matth. 18 sagt der Herr, und das sagt er doch unstreitig zu jedem der Seinen: „Sündiget aber dein Bruder an dir; „so gehe hin und strafe ihn zwischen dir und ihm allein; höret er „dich, so hast du deinen Bruder gewonnen." Was ist das anders als eine theilweise Handhabung der Schlüssel? Vorhaltung und Aufdeckung der Sünde und wenn sie fruchtet, Verkündigung der Vergebung, Lösung von der Schuld; denn das liegt unstreitig mit in dem Ausdruck: Du hast deinen Bruder gewonnen, hast ihn nämlich wieder als Mitkristen, so daß nichts Bannartiges ihn irgendwie noch von dir trennt. Dasselbe wird, falls diese Mahnung vergeblich wäre, V. 16 den hinzugerufenen Zeugen (gewiß gerufen ohne Rücksicht auf ein besonderes Amt) übertragen. Dasselbe liegt in der Stelle Jakob. 5, 12; denn wenn einer dem andern seine Sünden bekennen soll, so doch nur in der Absicht, daß dieser, wo das Böse noch nicht in ganzer Tiefe erkannt ist und bereut wird, es weiter in heiligem Ernst aufdecke, dagegen dem bußfertigen Bekenntniß die Vergebung in des Glaubens Kraft und Freudigkeit verkünde. Auch hier wird also die Schlüsselgewalt und ihre Ausübung den einzelnen Gliedern der Gemeine zur Pflicht gemacht. Stahl gibt für Matth. 18, 19—20 selbst die Auslegung in diesem Sinne, doch sollen diese Worte sich nur auf Nothfälle beziehen, daß einzelne Gemeineglieder dazu nur bei Ermangelung des Amtes berechtigt wären. Aber wo ist in den Worten Kristi auch nur die leiseste Andeutung, daß man sie auf Noth- und Ausnahmsfälle zu beziehen habe! Freilich ist es die Noth, die also deuten lehrt, nämlich die Noth das Ideal einer Priesterherrschaft mit den Worten des Herrn und seiner Apostel in Einklang zu bringen. Die Gewalt der Schlüssel aber hat der einzelne Gläubige nicht im ganzen Umfange, aber auch nicht der Lehrstand, sondern nur die Gemeine. So wenigstens entspricht es den Worten des Herrn Joh. 20, so lehrt er selbst es anwenden Matth. 18, 17. 18. „Sage es der Gemeine." Stahl will zwar hier in ἐκκλησία nur die unter dem Amte geordnete Kristenheit sehen, so daß die Gemeine auch hier, unter dem von ihr unabhängigen Amte stehend, nur nachzubeschließen hätte, was dies schon vorher beschlossen hat. Er ist früher in der Exegese sogar so kühn gewesen, daß er für unsre Landeskirche die ἐκκλησία und das bestehende Konsistorium identifizirte (in einem Vortrage über Kirchenzucht). Das sind doch aber eben nur mehr oder minder geistvolle Extravaganzen. Wenn er einen Unterschied zwischen πλῆθος und ἐκκλησία macht, so bedeutet jenes Wort allerdings ganz allgemein die Menge und kann nur durch den Zusammenhang, wie etwa Actor. 15, 30 die Bedeutung gewinnen, welche wir mit dem Worte Gemeine verbinden. Ἐκκλησία aber heißt die Gemeine keineswegs, sofern sie dem Amte untergeordnet ist, sondern sofern sie als die ordnungsmäßig berufene Versammlung aller berechtigten Gemeineglieder erscheint. Die ἐκκλησία ist im Alterthum die ordnungsmäßige Versammlung der eigentlichen Staatsbürger, wie sie als solche ihre Angelegenheiten berathet, darüber Beschluß faßt, mit Befugniß und Ansehen gewisse Aemter betraut und zur Ausführung der von ihr gestellten Augaben bevollmächtigt. Es wird sich auf kristlichem Gebiet der Begriff der ἐκκλησία etwas modifiziren*), aber nimmermehr im Stahlschen Sinn, daß diese gleichsam nur durch das ihr vorausgehende, über ihr stehende, von ihr unabhängige Amt erst Existenz hätte und völlig unter der Regierung desselben stände. Das wäre eine vollständige Aufhebung und Vernichtung des mit diesem Worte verbundenen Begriffes. Wohl können Presbyter als handelnd für die ἐκκλησία gedacht werden; aber nur sofern sie von dieser Auftrag haben und so befugt sind, die Stelle derselben zu vertreten. Hätte das Lehramt als solches die Schlüsselgewalt zu üben, der Heiland hätte sich sicherlich nicht verwirrender und unklarer ausdrücken können, wie Matth. 18, 17. Aber wie läge die Verwirrung und Unklarheit im Herrn und seinem einfachen Wort? Sie hat vielmehr auch hier ihren Sitz in dem Streben Stahls, die eignen romantisch-hierarchischen Ideen um jeden Preis aus der heiligen Schrift herauszulesen. Doch wir haben noch ein schlagendes Beispiel von dem apostolischen Verständniß dieser Vorschrift des Herrn. In der Gemeine zu Korinth wird die Handhabung der Schlüsselgewalt bis zur Ausschließung eines Gemeinegliedes nothwendig. Es war die Ausübung dieser Gewalt pflichtwidrig verzögert oder versäumt worden. (1 Kor. 5.) Hatte das Lehramt die Schlüssel; so hätte sich der Apostel Paulus mit seinen Mahnungen, Vorwürfen und Forderungen doch ohne alle Frage an dieses gewandt. Oder wie hätte er die arme Gemeine so hart um die Schuld strafen können, welche nicht sie, sondern welche die Inhaber des regierenden Lehrstandes auf sich geladen hatten? Indem der Apostel die Gemeine als solche und sie allein straft, gibt er uns die thatsächliche Erklärung, wem nach des Heilandes Wort und Willen die Schlüssel in ihrem ganzen Umfange gebühren, nämlich der ganzen Gemeine und ihr allein, welche sie selbstverständlich in voller Versammlung oder durch ihre beauftragten Stellvertreter zu üben berechtigt ist. Es ist also mit diesem Grunde für die kirchenregimentliche Stellung des Lehrstandes in der apostolischen Gemeine rein nichts. — Stahl behauptet ferner,

*) Nämlich dadurch, daß in ihr Alles auf der Voraussetzung der unbedingten Herrschaft Kristi ruht.

daß auch so aus den apostolischen Schriften es hervorgehe, daß das Lehr- und kirchenregimentliche Amt in der apostolischen Kirche immer in denselben Personen vereint gewesen sei. Grade das Gegentheil ist der Fall. Schon der Name Aelteste (Presbyter, Skenim), welcher der Synagoge entlehnt ist, spricht dagegen. Es ist dort, wie Stahl sagt „ein von der Gemeine der Ordnung willen bestelltes Amt", was berechtigt von dieser Bedeutung abzugehen? Daß die Ordnung in der kristlichen Gemeine tiefer und geistiger aufgefaßt wird als in der jüdischen Synagoge, daß der „Aufseher" (Bischof) in der kristlichen Gemeine mit andern Augen und in anderm Geiste sein Aufseheramt verwaltet als der römische Munizipalbeamte, versteht sich von selbst, deshalb aber behalten diese Worte auch in geistigerer und tieferer Auffassung ihren ursprünglichen Begriff. Ferner erscheinen in den apostolischen Briefen die Gaben der Lehre und der Regierung als gesonderte und dem entsprechend auch die Aemter (1 Kor. 12, 28). Auch zeigt noch heute ein offner Blick in die Wirklichkeit, wie oft die Gabe der Lehre (διδασκαλίας) und der Regierung (κυβερνήσεως) in den einzelnen Personen gesondert sich finden, so daß der eine ein sehr tüchtiger Lehrer, aber sehr ungeschickter Leiter, der andre ganz geeignet zum Leiten, aber ebenso ungeeignet zum eigentlichen Lehren ist. Unwidersprechlich geht aber die nur ab und zu vorkommende, zufällige Vereinigung des Amtes der Leitung mit der Lehre aus 1 Tim. 5, 17 hervor. Es ist eine Auszeichnung, wenn ein Presbyter auch im Wort und in der Lehre arbeitet, ist also keinesweges das Gewöhnliche, keinesweges durch die Ordnung des Gemeinelebens bestimmt. Stahl beruft sich indeß auf 1 Tim. 3, 2, wo vom Bischof oder Presbyter (beides ist ja bekanntlich in der apostolischen Kirche dasselbe) unter Anderm gefordert wird, daß er lehrhaftig (διδακτικός) sei, und auf 1 Tim. 1, 9, wo verlangt wird, daß er „ob dem Worte halte, das gewiß ist und lehren kann, auf daß er „mächtig sei zu ermahnen durch die heilsame Lehre und zu strafen „die Widersprecher." Aber grade aus letzterer Stelle geht hervor, daß die Lehrhaftigkeit hier nur in einem Maaße gefordert wird, wie sie sich eben fürs Amt der kirchlichen Leitung immer nöthig macht, nämlich um zu ermahnen und zu „strafen." Grade so wird selbst von einer rechten kristlichen Mutter gefordert, daß sie lehrhaft sei oder halte am zuverlässigen Worte, der Lehre gemäß (wie es ihr gelehrt ist und wird), um über ihre Kinder mit mahnenden und strafenden Worten die Zucht führen zu können. Niemand aber denkt deshalb daran, der Mutter auch ein eigentliches Lehramt, auch nur im Hause zuzuschreiben. Es haben ja auch die Wörte διδάσκειν, διδαχή u. s. w. nicht nur die Bedeutung „lehren", „Lehre", sondern auch die des Ermahnens, Erinnerns, der Instrukzion. (Joh. 9, 34. Mark. 1, 27 Röm. 2, 21. Matth. 28, 15.). Demgemäß erklärt nun wirklich an unsrer Stelle Theodoret das διδακτικός lehrhaft mit ὁ τὰ θεῖα πεπαιδευμένος καὶ παραινεῖν δυνάμενος τὰ προσήκοντα, „der in göttlichen Dingen unterwiesen ist und mächtig, zum Sitt„lichen zu ermahnen." Hätte die alte Kirche das διδακτικός in der Wirklichkeit auf die eigentliche Lehre bezogen, gewiß hätte Theodoret dann nicht in dieser Weise erklärt. Wenn es sich um Instrukzion für die Lehre und das Lehramt handelte, wie anders würde Paulus diesen wichtigen Gegenstand betont und hervorgehoben haben, wie anders spricht z. B. schon Jakobus 3, 1 u. f. — In der afrikanischen Kirche kommen noch im vierten Jahrhundert seniores plebis (Volksälteste) als Vertreter der Gemeine vor und werden ausdrücklich von den clericis (dem geistlichen Stande der das Lehren hatte) unterschieden, jedenfalls ein Ueberbleibsel der apostolischen Presbyter, die zur Leitung und um der Ordnung willen, aber nicht zur Lehre berufen waren. Hilarius sagt im vierten Jahrhundert: „Unter allen Völkern ist das Alter ehrwürdig; daher „hatte die Synagoge und nachher die Kirche ihre Aeltesten, ohne „deren Rath nichts in der Kirche unternommen wurde." „Ich „weiß nicht, durch welche Nachlässigkeit dies abgekommen sein mag, „wenn nicht etwa durch die Trägheit oder vielmehr den Hochmuth „des Lehrstandes, indem dieser allein etwas gelten will*)." Ein klares Zeugniß dafür, daß das Presbyteramt ursprünglich ein von

*) Vergl. Neander Kirchengeschichte Theil 1, p. 311, überhaupt den ganzen Abschnitt über Kirchenverfassung von p. 276 an.

der Lehre gesondertes, für sich bestehendes war und nach dieses Mannes Zeugniß gewissermaßen vom Lehrstande nach und nach verschlungen ist. — Stahl läßt die Presbyter von dem Lehrstande in der apostolischen Kirche gewählt sein, nicht von der Gemeine. Wir haben, wie schon erwähnt, keinen Bericht über eine Presbyterwahl in der Apostelzeit. Dennoch spricht Alles vielmehr dafür, daß auch hier die Wahl in der Hand der Gemeine lag, jedenfalls nie ohne sie vollzogen werden konnte*). Petrus läßt selbst von der Gesammtheit diejenigen aufstellen, die sich zur Uebernahme des Apostelamtes eignen dürften. Die Apostel fordern die Gemeine auf, Männer für die Diakonie zu wählen, um sie für dieses Amt zu bestellen**). Wäre es bei der Presbyterwahl anders zugegangen, gewiß hätte der Verfasser der Apostelgeschichte es nicht unterlassen, diesen wichtigen Akt in seinen Grundzügen zu erzählen. — So erscheint auch die Handauflegung als die feierliche Uebertragung des Diakonenamtes (Actor. 6, 6) als ein gemeinsames Thun der Apostel und der Gemeine. (Vergl. Actor. 13, 3.). Die Aussendung des Paulus und Barnabas zur Mission (Actor. 13) wird auf den heiligen Geist zurückgeführt; sofern aber alle Glieder der Gemeine den Geist haben, ohne diesen gar nicht Gemeineglieder sind, kann das Organ, durch welches der heilige Geist hier wirkt, kein anderes sein als die Gemeine selbst, welche im Fasten und Gebet, ihnen die Hände auflegend, sie entläßt. Ebenso sendet Paulus in Gemeinschaft mit dem Titus einen Bruder, der ihm von den Gemeinen zum Gefährten bestimmt (χειροτονηθεὶς) ist (2 Kor. 8, 19.). Ordnen die Gemeinen Missionare, Diener des Wortes ab, bestimmen dieselben, so ist vollste Wahrscheinlichkeit, daß auch die Wahl der Aeltesten von ihnen abhing. Wenn Paulus (Tit. 1, 5) sagt, er

*) Konnte doch selbst im zweiten und dritten Jahrhundert kein Bischof ohne die Gemeine gewählt werden, wohl vollzog die Gemeine oft diese Wahl ganz allein. Sogar Cyprian sagt noch, daß die Gemeine das Recht habe, würdige Bischöfe zu wählen, unwürdige abzuweisen.

**) Wenn es Actor. 6, 3 heißt: „Welche wir bestellen mögen zu dieser Nothdurft“ so sagt Stahl, also die Apostel bestellen zum Amte nicht die Gemeine, während in dem καταστήσωμεν vielmehr das gemeinschaftliche Thun liegt.

habe den Titus in Kreta gelassen, um die Städte hin und her mit Aeltesten zu besetzen; so spricht das gar nicht dagegen. Es ist damit keineswegs gesagt, daß Titus sie selber zu wählen, sondern nur daß er für ihre Wahl und Einsetzung zu sorgen habe. Und auch dann, wenn in einer eben erst entstandenen, jungen Gemeine der bewährte Diener des Herrn, der sie gesammelt hat, die für das Aeltestenamt Passenden vorschlägt; so gibt das gar keinen Maaßstab für die Wahl und das Recht zu derselben überhaupt, wie es die analogen Fälle in der dem Apostolat gleichaltrigen Muttergemeine thun.

Die Hauptsache und Grundlage in den einzelnen Ordnungen, das Entscheidende für die Auffassung in allen Besonderheiten bleibt übrigens die Anschauung von dem Wesen und der Berechtigung der Gemeine selbst. Da ist es nun zur Zeit der Apostel herrschendes Bewußtsein, daß alle gläubige Glieder und somit die ganze Gemeine unmittelbar mit dem Heilande verbunden, auch unmittelbar unter seiner alleinigen Herrschaft stehen, daß sie alle des heiligen Geistes theilhaftig, auch als Glieder an dem Haupte Kristo hängen, in den einen heiligen Gottestempel als lebendige Bausteine eingefügt sind, daß sie insgesammt das königliche Priesterthum Gottes in sich tragen und darstellen. So werden sie denn ermahnt, nicht der Menschen Knechte zu werden, da Kristus sie theuer erkauft habe, sich auch nicht unter die Autorität eines Kephas, oder Paulus oder Apollo, sofern sie über die Autorität Kristi hinausgeht, zu stellen, sondern nur zu sorgen, daß sie auf dem einen Grunde ruhen, indem auch Paulus, Apollo und Kephas mit ihren Gaben ihnen gehören. Der ewige König und Hoherpriester ist für sie alle Kristus, und indem sie unter ihm das königliche und priesterliche Volk sind, kann es für sie keine Vorsteher mehr geben, die ihnen gegenüber priesterlichen oder königlichen Karakter trügen oder in Verhältniß zu denen sie als unheiliges und unmündiges Volk erschienen. Darum weisen selbst die Apostel es mit so entschiedenem Ernst von sich ab, eine Herrschaft in der Gemeine zu üben und ermahnen ebenso dringend die Aeltesten, nicht als Herren sich in den Gemeinen zu führen. Es versteht sich, ist die Gemeine ein Organismus, so bedarf sie der Ordnung, so auch der Leitung und so naturgemäß treten zuerst die Apostel, in denen das Wort Kristi authentisch und der Geist besonders mächtig war, als Leiter hervor, so bilden sich sehr bald die beständigen Aemter für das Bedürfniß. Ist aber der Apostolat mehr noch unmittelbar Repräsentant des Herrn und erscheint deshalb als eine gewisse Autorität vor, selbst über der Gemeine; so gehen die beständigen Aemter völlig aus dem Schooß, der Machtvollkommenheit der Gemeine hervor, so haben sie ihre Thätigkeit fortan nur im Auftrag und in der Vollmacht der Gemeine und im Dienste derselben zu üben*). Sie vermögen nichts ohne die Gemeine, wohl aber hat den einzelnen im Amte gegenüber die Gemeine ihr unveräußerliches, höchstes Recht. So sehen wir die Apostel die Gemeinen Kristi behandeln. In den einzelnen Formen konnte ein Wechsel stattfinden, nie im Wesen. Es war möglich, daß hier Presbyter und Diakonen in öffentlicher förmlicher Gemeinewahl bestimmt, dort von einem Apostel oder angesehenen Aeltesten oder selbst Märtyrer vorgeschlagen und sofort angenommen, also scheinbar von einem solchen gewählt wurden; aber das war nicht möglich, daß es in der Sache selbst wider oder auch nur ohne den Willen der Gemeine geschah. Die Wahl konnte auch in letzterem Falle nur eine solche sein, daß darin der Wille der Gemeine zu Stande kam**). Was Stahl dagegen anführt, ist theils nicht stichhaltig, theils drückt es nur einen Vorrang des Apostolats aus. Auch hier beweisen namentlich seine Beispiele gar nichts. Petrus, sagt er, übt die Kirchenzucht gegen Ananias und Sapphira ohne die Mitwirkung der Gemeine, sie nicht nur aus dieser, sondern „selbst aus der Reihe der Lebendigen" ausschließend. Sofern Petrus, es vor der Gemeine that, that er es nicht ohne Mitwirkung der Gemeine, Ausdruck dem Geiste gebend, der die Gemeine erfüllte. Das Ausschließen aus der Reihe der Lebendigen ist aber weder Kirchenzucht (eine der-

---

*) Es versteht sich dabei von selbst, daß jeder im Amt und außer dem Amt sich unmittelbar unter Kristo als seinem Könige weiß und darum auch im Amt erste Sorge ihm bleibt, diesem seinem Könige vollen Gehorsam zu leisten.

**) Ueber die Verfassung in der apostolischen Kirche vergl. die dahin einschlagenden Abschnitte bei Neander: Das apostolische Zeitalter.

artige kennt und liebt höchstens Rom und das Pabstthum); noch eine That des Petrus; sondern muß unmittelbar auf Gott selbst zurückgeführt werden. Kirchenzucht ist hier nur das Aufdecken der Sünde, wozu freilich der Apostolat vollständig berechtigt war, was aber in der apostolischen Gemeine jedem geisterfüllten Manne auch zugestanden hätte. — Petrus geht ein zu den Unbeschnittenen und befiehlt sie zu taufen, läßt sich nicht erst von der Gemeine den Auftrag geben. Also war nicht, behauptet Stahl, bei der Gemeine die Leitung, sondern bei den Aposteln, also dem Lehrstande. Petrus handelt hier freilich nicht im Auftrage der Gemeine, aber auch nicht in einer dem Amte anklebenden, über der Gemeine thronenden Machtvollkommenheit. Vom Herrn ist ihm unmittelbar Erleuchtung und Befehl zugegangen. Wer sich eines unmittelbaren Gebotes vom Herrn bewußt ist, der fragt nicht erst menschliche Ordnungen, der fragt auch selbst die kristliche Gemeine nicht um Erlaubniß. Als er aber von Gemeinegliedern darüber zur Rechenschaft gezogen wird, so daß sie mit ihm „zanken"; da findet er das gar nicht verwunderlich, sagt ihnen nicht, daß er Apostel sei und als solcher kirchenregimentliche Macht besitze, der gegenüber die Gemeine nur zu gehorchen und sich zu beugen habe, daß er aus solcher Machtvollkommenheit gehandelt; sondern in aller Demuth berichtet er ihnen den Auftrag, der von Gott ihm geworden, das Zeichen das Gott gethan und die Erleuchtung die ihm durch die Erinnerung an ein Wort des Herrn entstanden war. Es herrscht also auch hier nicht der Apostolat, sondern Gott der Herr selbst in der Gemeine. — So ordnen die Apostel in Betreff der Beschneidung der Heidenkristen nicht eher etwas an, als bis die Gemeine überzeugt war und beschlossen hatte, und kann von einem Beschluß der Apostel vorher gar keine Rede sein. Daß die Apostel die Werkzeuge Gottes sind, wodurch jener Beschluß zu Stande kam, beweist nichts für die äußere Autorität des Amtes, sondern für ihre besondre Einsicht und Weisheit, für die Kraft des Geistes, vermöge deren sie auch die Gemeine zur tieferen Heilserkenntniß führten. Wenn so die Apostel schon nichts, was die Gemeineangelegenheiten betraf, ohne die Gemeine, sondern Alles nur mit ihr und durch sie beschlossen; so konnten andre Aemter in der Gemeine noch weniger eine solche Berechtigung gewähren. Kurz, das „königliche Priesterthum" der Gläubigen nicht über, sondern im Leben, in allen Aemtern und Ordnungen ist das Wesen der apostolischen Verfassung. Was mit ihm übereinstimmt, darf deshalb als wesentlich apostolisch gelten, was dagegen streitet, ist wider die apostolische Kirche.*)

D. Das Resultat.

Das Resultat für unsern Gegenstand wird sich folgendermaßen stellen. Die lutherische Kirche kann, wie uns das Stahl stellenweise selbst sehr gut auseinandergesetzt hat, wenn dem Worte Gottes und den Sakramenten ihr Recht bleibt, nicht um der Verfassung willen Kirchen- und Abendmahlsgemeinschaft brechen. Stahls spätere Behauptung und Forderung der Nothwendigkeit eines Bruches zwischen Lutheranern und Reformirten ist wie ein Selbstwiderspruch, so auch ein grober Verstoß wider das Wesen der lutherischen Kirche. Beiden Konfessionen, der lutherischen und reformirten ist der Grundsatz gemein, daß bürgerliches und kirchliches Regiment nicht vermengt werden dürfe, wie auch der, daß auf kirchlichem Gebiet nicht mit weltlichen Mitteln die Herrschaft geübt werde. Das allgemeine Priesterthum ist endlich das innerste Prinzip für das Leben und die Ordnungen in beiden Konfessionen von Anfang an gewesen, wie das die lutherischen Symbole selbst bekunden. Die lutherische Konfession ist im Großen durch nachtheilige Verhältnisse verhindert gewesen, dem allgemeinen Priesterthum in ihren Ordnungen das ihm gebührende Recht zu gewähren und Stahl muß uns selbst bezeugen, daß ihr oberstes Kirchenregiment unapostolisch, der Territorialismus, unter dem sie so vielfach geseufzt hat, unkirchlich, die Zurückdrängung der Gemeine von ihrem natürlichen

*) Demgemäß können wir, um es noch einmal zu sagen, das Kirchenregiment evangelischer Landesherren nicht dem Apostolischen entsprechend halten; aber diesem steht es gar viel näher, namentlich wenn es die Gemeinerechte sich entwickeln läßt, als jedes Pabstthum und jede Hierarchie.

Recht eigner kirchlicher Thätigkeit unevangelisch sei. Die reformirte Kirche hat im Großen das allgemeine Priesterthum in der Verfassungsbildung als treibendes und beseelendes Prinzip festgehalten und die Presbyterialverfassung erzeugt. Dadurch, wofür wieder Stahl Zeuge ist, sahen wir sie im Besitz jenes herrlichen Zuges wahrer Katholizität „die Selbstthätigkeit der Gemeine und ihre selbstthätige Verherrlichung Gottes.“ Ist das ein Zug evangelischer Katholizität, so hat die lutherische Kirche von selbst die Aufgabe, seine Aneignung zu erstreben und in eine Ordnung einzugehen, welche solche Aneignung allein möglich macht, d. h. in der die Gemeine das anerkannte Recht zu dieser Thätigkeit hat und die Formen, in denen sie es geltend machen kann. Beide Konfessionen haben überhaupt das allgemeine Priesterthum aus der apostolischen Kirche in der Verfassung empfangen, beide haben es also gemeinsam nach dem Vorbilde und Wesen derselben in ihren Ordnungen zu bethätigen und zu entfalten. — Dem sich lutherischer Seits widersetzen aus Liebe für die Herrschaft des Lehrstandes, ist wider das wahre Lutherthum selbst. Die Neigung, den Episkopat mit seiner Oberleitung festzuhalten, lag wohl einst in der lutherischen Kirche; aber es war mehr nur eine Nebenseite in ihr, nicht der treibende, Alles belebende und Alles beseelende Gedanke, es war mehr die besonnene Sorgfalt, die mit dem Bestehenden nicht absolut brechen wollte, um, was etwa Segensreiches darin liegen könnte, nicht einzubüßen, als das Prinzip des Lebens selbst. Deshalb auch die stärksten Aussprüche, daß dem Episkopat (also auch dem Lehrstande überhaupt) nicht zu folgen sei, wo er etwas außer Gottes Wort ordne und gebiete, damit schon ein Zurückgehen auf das ursprüngliche Recht der Gemeine selbst. Das eigentliche lebendige Prinzip ist und bleibt in der lutherischen Kirche das königliche Priesterthum wie aller Gläubigen so der gesammten Gemeine. Die Herrschaft des Lehrstandes zu beanspruchen, kann nur in der Ordnung sein, wo römische Doktrinen von dem besonderen priesterlichen Karakter, von besonderer Begabung mit dem heiligen Geiste, von einer besondern Amtsgnade die naturgemäße Grundlage dafür bilden und die geschichtliche Wahrheit verhüllen. Wo das reformatorichse Licht das Gemeineleben der apostolischen Kirche erhellt, das Wesen und die Früchte von der Herrschaft des Lehrstandes aufdeckt und richtet, da heißt es die Augen gegen Gottes Wahrheit verschließen, gegen Gottes Gerichte ankämpfen, sich an den ersten Grundlagen der evangelischen Konfessionen versündigen, wenn man wieder eine Regierung des Lehrstandes aufrichtet. Auf evangelischem Gebiet kann es überhaupt nur eine Aftertheologie und eine Afterrechtswissenschaft sein, welche die sogenannte Laienschaft und den Lehrstand in feindlichen Gegensatz stellt und sie um die Herrschaft ringen läßt. Dieses Ringen wird freilich nicht vermieden werden, so lange auf Seiten des Lehrstandes die Herrschaft erstrebt wird und in der Gemeine evangelisches Bewußtsein vorhanden ist. Evangelische Aufgabe dagegen ist es, nicht den Gegensatz, sondern die Einheit, nicht den Streit um die Herrschaft, sondern die Gemeinschaft der Liebe zwischen den lehrenden und nichtlehrenden Aeltesten als Vertretern der einen Gemeine, als den Vertretern des einen königlichen Priesterthums, herauszubilden. Nur wenn die lutherische Kirche in diese Aufgabe eingeht, also die Union mit der nach dieser Seite vorgeschrittenen reformirten Kirche aufnimmt, bewährt sie auch hier wie ihren evangelischen, so ihren ursprünglichen Karakter. Kann deshalb wie schon hervorgehoben, die verschiedene Verfassung, so lange Wort und Sakrament gelten, die Gemeinschaft des Wortes und Sakramentes, des Glaubens und der Liebe bei beiden Konfessionen nicht hindern, so ist, was die Verfassung angeht, die Union für die lutherische Kirche gradezu evangelische Pflicht und evangelisches Gebot, um eben so wohl ihrem ursprünglichen Wesen getreu sich zu beweisen, als auch ihren Mängeln abzuhelfen.

X. Der Rechtszustand und die Union.

Das historische, grade gültige Recht hat ein Recht, aber nur sein Recht d. h. es hat kein absolutes Recht, kein Recht der Unwandelbarkeit. — Es ist unsittlich und wider das Recht überhaupt, das historische Recht zu ignoriren oder in revoluzionärer Weise aufzuheben. Es ist sittlich geboten, dem historischen Recht Gehorsam und Fügsamkeit zu leisten, und selbst da, wo die Ethik und das Gewissen es nicht erlauben, einzelne Forderungen desselben Rechtes zu erfüllen, verlangt es die wahre Pflicht, sich willig der Strafe der Nichterfüllung zu unterziehen. Es ist das mit Forderung des religiösen Standpunktes, nach dem auch in den Leitungen und Geschicken der Völker das Walten göttlicher Vorsehung, in ihren Bestrebungen göttlich angelegte Triebfedern vorausgesetzt werden, nach dem dann die konkreten Rechtsordnungen der Wirklichkeit als aus dem ewigen Rechte hervorgewachsen erscheinen. Aber auf der anderen Seite darf nicht vergessen werden, daß alles historische Recht für ganz bestimmte Verhältnisse, Zustände, Entwicklungsphasen entstanden ist, entsteht und entstehen wird, daß die menschliche Schwachheit und Unvollkommenheit es oft auf eine sehr mangelhafte Art fixirt, ja daß bei seiner Ausprägung neben dem Rechtssinn vielfach selbstische und sündige Gesinnung thätig ist. Es wäre wider das wahre Recht und wider jeden, wahren Rechtssinn, das historische Recht einer gewissen Zeit infallibel, starr und unveränderlich zu machen. Im Gegentheil ist es Pflicht, alles historische Recht natürlich in berechtigter Weise und durch die berechtigten Organe als ein der Verbesserung und Läuterung fähiges und bedürftiges zu behandeln. So gibt es denn auch kein irgendwie gesundes Gemeinwesen, das seine dermaligen Gesetze als unverbesserlich und darum unanrührbar betrachtete, das nicht in gesetzgeberischer Thätigkeit fort und fort erweiterte, änderte und reinigte. Wenn es daher gilt, dem historischen Recht gehorsam zu sein, in ihm Nerven und Adern göttlichen, ewigen Rechtes zu ehren, so gilt es doch auch, es stets darauf anzusehen, wo es hinter der Entwicklung zurückblieb und den Verhältnissen nicht mehr entspricht, wo es durch seine Mängel das Heilsame und Gute hemmt, wo es selbst aus bösen selbstischen Interessen rechtswidrige Momente in sich aufgenommen hat, es gilt, auf Reinigung, Läuterung, Verbesserung desselben hinzuwirken. Ein Konservativismus, der dies vergißt und sich gegen Reform abschließt, ist in seiner Vorliebe für bestehendes Recht eigentlich gegen dasselbe, weil gegen die Grundlage desselben, gegen das ewige Urrecht. Er wird dem natürlichen Gange nach auch nicht konserviren, sondern wenn er Macht genug besitzt, den Boden für die Revoluzion bearbeiten und ihre schlimme Saat mit vollen Händen ausstreuen. Der Rechtszustand also, wie er in den grade gültigen Rechtsordnungen und Gesetzen seine Ausprägung und Geltung hat, ruht zwar auf dem ewigen Urrechte, aber nicht als unveränderter und unwandelbarer; sondern als ein solcher, der sich im Laufe der Zeit mannichfach modifizirt. In keinem gesunden, lebendigen Gemeinwesen ist der Rechtszustand von heute grade derselbe, wie der vor hundert oder funfzig Jahren. Das gilt auch vollständig von der kristlichen, auch von der evangelischen Kirche. Ist die Kirche selbst auch aus dem Geist geboren, so doch ins Fleisch, hat sie auch des Geistes Triebe, wie sie von oben kommen, in sich, so doch auch des Fleisches Regungen, wie sie von unten her sich erheben, nämlich von dem Unten*) der von ihrer Selbstsucht nicht völlig erlösten Herzen. Wie in allen ihren Lebensäußerungen, so auch in ihren Ordnungen, Satzungen u. s. w. suchen wir gern auf die Spuren von dem Wirken des göttlichen Geistes; aber wir sind verpflichtet, auch für das Irrige und Sündliche darin ein offenes Auge zu behalten. Wir ehren demgemäß, was als wirklich bestehendes Recht dermalen sich vorfindet, ehren den dermaligen Rechtszustand, in dem wir im Gehorsam gegen denselben bis zur äußersten Linie, die das Gewissen noch erlaubt, stets vorzuschreiten bereit sind, haben dabei aber das Recht und die Pflicht, alle Mängel und Gebrechen des bestehenden Rechtszustandes aufzudecken und in sittlicher Weise deren Abstellung zu fordern, haben das Recht, darauf hinzuarbeiten, daß auch im Rechtszustande immer mehr Alles dem Willen und Geiste des Stifters der Kirche entspricht. Wären wir nun z. B. durch die

*) In schnöder Weise wird mit dem Unten und Oben von Theologen und kirchlichen Juristen Mißbrauch getrieben. Es gibt kristlich und darum auch kirchlich nur ein Oben, das ruht in Kristo und seinem Geiste (daher „ihr müsset von oben her geboren werden") und nur ein Unten, das ruht in der Selbstsucht und dem Unglauben des unwiedergeborenen Herzens.

geschichtlichen Verhältnisse in eine „intakt und korrekt" gebliebene lutherische Kirche, deren Rechtszustand die Union noch nicht in sich aufgenommen hat, hineingestellt, welch Verhältniß und welch Verhalten würde sich uns da ergeben? Wir würden uns diesem Rechtszustande in unserm Thun und Lassen fügen, so weit es irgendwie unsre evangelische Erkenntniß und unser evangelisches Gewissen gestattete, würden da, wo es nicht mehr ginge, auch still die aufgelegten Strafen büßen; würden aber eben so das dem Evangelio Widersprechende in solchem Rechtszustande mit allen uns zu Gebote stehenden geistigen und sittlichen Waffen und aus aller Kraft bekämpfen, um eine Läuterung und Reinigung zu erlangen. Nicht als ein menschliches, aber als ein göttliches, nicht als ein historisches, aber als ein ewiges Recht forderten wir die Union, forderten damit, daß das historische und menschliche Recht sich nicht weiter dem ewigen und göttlichen Rechte in diesem Punkte verschließe. Das Evangelium, wie es bei den Evangelisten und Aposteln eine Herrschaft einer Individualität, ein sich Abschließen um individuelles Denken innerhalb der Kirche verurtheilt, die lutherischen Symbole und das innerste Prinzip und Wesen der deutschen Reformazion, wie sie allein unter die Norm des göttlichen Wortes Alles zu stellen und allein auf den einigen Grund Kristum Alles zu bauen bemüht sind, die geschichtliche Entwicklung und die gereifte theologische Erkenntniß, welche das Wesen der Schweizer Reformazion ins Licht gestellt, zwischen Theologie und Glauben unterscheiden und in der Lebensgemeinschaft mit dem Herrn allein das Heil zu finden gelehrt hat, diese allein gültigen Instanzen für einen gesunden kirchlichen Rechtszustand würden wir so lange immer wieder anrufen, bis das Leben über dogmatische Formeln, das Evangelium über Sonderinteressen, die Union über den Konfessionalismus so weit den Sieg davon trüge, daß sich demgemäß auch der Rechtszustand reinigte und umwandelte. Wir als Kinder unserer Tage und Erben früherer Kämpfe bedürfen das hier zu Lande nicht mehr. Die Zeugnisse für Union, bald mittelbar, bald unmittelbar in immer neuer Kraft seit Melanchthon von Theologen und Philosophen, von erleuchteten Fürsten und aus der Mitte der Gemeinen sich erneuernd, haben es bewirkt, daß die Union in dem Rechtszustande unserer Kirche eine feste und gewisse Grundlage gewonnen hat. Nicht die lutherische Kirche, sondern die lebendige Union zwischen Lutheranern und Reformirten, als eine wesentlich evangelische Kirche, hat in unsrer Landeskirche das historische Recht für sich und wird es haben, wie gewandt und fein auch Herr Stahl dagegen plädirt. Daß einst die lutherische Kirche hier zu Lande geherrscht hat, ist bekannt, aber eben so, daß durch die Aenderungen und Wandlungen der Zeit das aufgehört hat und der Rechtszustand ein andrer geworden ist. Wie konnten aber überhaupt Aenderungen in dem Rechtszustande unserer Landeskirche nach ihren dermaligen Verhältnissen zu Stande kommen? Wir gestehen, daß sich solche Prozesse vielfach nicht mit kirchlicher Korrektheit und in sittlich reiner Weise vollzogen und vollziehen konnten. Den Gemeinen ist bisher der Mund geschlossen geblieben, wenigstens in ihrer Gesammtheit konnten sie in keiner Weise eine geordnete Thätigkeit üben, ein gültiges Urtheil fällen. Auch der Lehrstand hatte in seiner Gesammtheit kein geordnetes Recht, als solcher seine Stimme vernehmen zu lassen und seinen Einfluß geltend zu machen, stand durchaus in Abhängigkeit von dem Regiment. Das Staatskirchenregiment allein, wie es ein Theil des Staatsregimentes war, beschloß, sprach, handelte im Namen der Kirche. Es war, als wäre es Haupt, Herz, Mund und Arm der Kirche zugleich, ja als ob es dem Thatsächlichen nach vice versa jenem Könige nachsprechen konnte: „Die Kirche bin ich.“ Gewiß ein Rechtszustand, wie er dem Wesen der kristlichen, der evangelischen Kirche und ihrem ewigen, ihr eingebornen Rechte durchaus nicht entspricht. Daher aber auch fast bei allen Gesetzen und Maaßregeln des Kirchenregimentes ein Gefühl, als ob wahrer kirchlicher Karakter und wahre kirchliche Berechtigung gebreche, als ob, was sich als Recht geltend machte, vielleicht ein Unrecht sei. Nur wenn der höchste Inhaber des Regimentes gleichsam mit einem glücklichen Tastsinn das rechte Bedürfniß herausfühlte und vermöge dessen wie aus dem Innersten der Gemeine heraus ordnete und gebot, so daß kein Protest und keine Ablehnung hervortraten, hatten seine Maaßregeln ein mehr kirchliches Wesen und eine unzweifelhaftere Berechtigung. Nun, selbst die Einführung der Reformazion nicht ausgenommen, ist keine Maaßregel, keine gesetzliche Ordnung in unserer Landeskirche auf mehr sittlichem und mehr kirchlichem Wege zu Stande gekommen als grade die Union. Tradizion war ihre Erstrebung in Preußens Herrscherhaus und Preußens Volk. Als solche hatte sie Friedrich Wilhelm III. mit der Frömmigkeit seines Hauses geerbt und in seinem Gemüthe geläutert und fortgebildet. Aber nicht als eine persönliche Lieblingsneigung suchte er sie einem widerstrebenden oder nur gleichgültigen Volke aufzudrängen, vielmehr, von allen Seiten zu ihrer Vollziehung aufgefordert, zögerte er in weiser Besonnenheit noch lange, um nichts Voreiliges, wider die göttliche Vorsehung Verstoßendes zu beginnen. Als endlich die dreihundertjährige Jubelfeier der Reformazion wiederkehrte, da konnte er dem einstimmigen Ruf seines evangelischen Volkes nach der Union, als einer „Reformazion der Reformazion", nicht länger sich verschließen und versagen und es erging die herrliche Kabinetsordre von 1817, ein Bekenntniß der Union, der einen evangelischen Kirche vom Thron herab. Eine Union „im wirklichen und vollen Sinn", „eine Verschmelzung der beiden Kirchen zu einer ununterschiednen (evangelisch-kristlichen) Kirche" wird hier proklamirt. Dabei in ächt kristlicher Gesinnung dringt der König nicht auf, verfügt nicht, bestimmt nicht, sondern indem er in der Vereinigung der lutherischen und reformirten Hof- und Garnisongemeine das Vorbild gab, hoffte er, daß seine evangelischen Unterthanen ihm folgen würden. Was aber auch weiter, da allgemeinste Zustimmung sich kundgab, im Sinn der Union und für dieselbe Seitens des Kirchenregimentes geschah, ihre ganze, volle und kirchliche Einführung datirt erst vom Jahre 1830. Bei der Jubelfeier der Uebergabe des Augsburgischen Bekenntnisses haben sämmtliche evangelische Gemeinen des Landes, ihre Geistlichen an der Spitze, mit den allerwinzigsten Ausnahmen feierlich der Union sich angeschlossen und wo die Geistlichen es für geziemend erachteten, eine urkundliche Verhandlung mit der Gemeine aufzunehmen, da liegt eine solche noch heute im Pfarrarchiv, wenn sie nicht später durch irgend ein tragisches Geschick verloren gegangen ist. So hat bei der Einführung der Union dem Kirchenregimente zwar keine

Repräsentazion der Kirche aber die ganze Kirche zur Seite gestanden, sie ist vom Willen, mit Hand und Mund der ganzen Kirche vollzogen. Hat darum irgend etwas in den Ordnungen unsrer Landeskirche kirchlichen Karakter und kirchliche Rechtsgültigkeit; so ist es die Union. Verschiedene Erlasse der landeskirchlichen Behörden, selbst Kabinetsordres, der Union mehr oder weniger günstig, sind seitdem ergangen, keine kann eine Dignität beanspruchen, wie die Kabinetsordre von 1817. Es sind eben Erlasse, die wenn sie mehr als den ordnungsmäßigen Gang der kirchlichen Angelegenheiten regeln, wenn sie in das innere Wesen der Kirche selbst bestimmend eingreifen wollen, mit dem schwersten Mangel behaftet sind, daß ihnen nämlich die geordnete, klare Zustimmung der Gemeine, der Kirche selbst gebricht. Keiner dieser Erlasse kann deshalb im Gegensatz zu jener Kabinetsordre von 1817, sondern stets nur im Einklang mit dieser den Rechtszustand über Union in unsrer Kirche bestimmen.

Man spricht jetzt von einer zwiefachen Union in Preußen, deren eine sich auf die K.=O. von 1817, deren andre auf die von 1834 gründe. Ja man hat nicht übel Lust, noch eine dritte hinzuzufügen, die mit der K.=O. von 1852 ins Leben getreten sei. Nun wir können uns glücklicher Weise der Untersuchung über die Richtigkeit und Anwendbarkeit solcher Unterscheidungen überheben. Gibt es eine Union nach der K.=O. von 1834 oder 1852 (warum soll sie nicht in diesem oder jenem Kopfe wie manche andre Hirngespinnste existiren?); so wenigstens nicht in der Preußischen Landeskirche als zu Recht bestehend. Keine Gemeine des Landes hat eine solche Union von 1834 oder 1852 jemals angenommen, in keine ist sie eingeführt, darum in keiner rechtsbeständig geworden. In reinen Erlassen des Kirchenregimentes aber, welche das innere Wesen der Kirche anders bestimmen wollen als bisher, die Rechtsbeständigkeit zu suchen, ist Sache des gewöhnlichsten Territorialismus, der ledernsten Büreaukratie, welche von Stahl selbst so entschieden zurückgewiesen werden. Sind deshalb in späteren Erlassen unsers Kirchenregimentes Elemente, welche der K.=O. von 1817 und der darin vertretenen Union widerstreiten (wir wollen das nicht leugnen, da wir nicht an die Infallibilität des Kirchenregimentes glauben); so sind das eben Irrungen und Fehlgriffe, in denen sich nicht das bestehende Recht ausdrückt, um deren Abstellung vielmehr zu bitten und die auch mit Gewißheit vorauszusetzen ist. So weit es aber möglich ist, verstehen wir alle diese Erlasse aus dem innersten Sinn der K.-O. von 1817 heraus und haben darin immer das richtigste, dem wirklichen Rechte der Kirche entsprechende Verständniß. So können wir keineswegs die K.-O. von 1834 als eine Aufhebung der von 1817 verstehen, sondern nur als eine Verwahrung vor Mißverständnissen, wie sie damals häufig vorkamen. Allerdings leidet sie an Unklarheit des Ausdrucks, indem sie z. B. von einer „äußerlichen kirchlichen Gemeinschaft" redet, die nicht versagt werden soll, und unter dieser „äußerlichen kirchlichen Gemeinschaft" offenbar die ganze damals im Leben sich bethätigende Union, also volle Gemeinschaft im Kirchenregiment und Lehramt, im Kultus und Sakrament versteht. Das Alles stellt sich äußerlich dar, birgt aber zugleich auch die volle, innere Gemeinschaft in sich und ist nur durch diese berechtigt. Daß die Union dadurch nicht geschmälert und verkümmert werden sollte, geht aber daraus hervor, daß in keiner Weise die eingegangene Gemeinschaft praktisch gelockert wurde; sondern eben Alles blieb wie bislang. — Die K.-O. von 1834 sagt ferner, die Union bedeute und bezwecke kein Aufgeben des bisherigen Glaubensbekenntnisses, weil wirklich niemand seine reformirten oder lutherischen, oder nichtreformirten und nichtlutherischen Ansichten aufgeben brauchte, um in die Union einzutreten. Es wurde gesagt, die Autorität, welche die Bekenntnißschriften der beiden evangelischen Konfessionen bisher gehabt, sei durch die Union nicht aufgehoben. Gewiß nicht. Es fragt sich aber nur, welches war denn die Autorität, welche die Bekenntnißschriften bis dahin gehabt? Ist doch jetzt Stahl selbst über ihre Autorität so im Widerspruch mit sich selbst, daß er sie bald aufs Höchste spannt, bald sich thatsächlich ganz und gar über sie hinwegsetzt. Damals aber war ihre Autorität eine sehr geringe, so daß sie selbst bei Uebernahme des Lehramtes in die Verpflichtungsformel gar nicht mit aufgenommen wurden oder doch nur in einer Weite, daß sie in keiner Weise der

Union in den Weg traten. Der Geist „der Mäßigung und Milde," welcher um Verschiedenheit einzelner Lehrpunkte die kirchliche Gemeinschaft nicht versagt, ist mit einer Autorität der Bekenntnißschriften im konfessionellen Sinn ganz unvereinbar, denn er ist nichts mehr und nichts weniger als die Union von 1817. Darum nicht eine Autorität, wie Stahl sie im Sinne hat, wird durch jene K.-O. den Bekenntnißschriften zugesprochen, sondern eine solche, wie sie dieselben bis dahin in der evangelischen Kirche gehabt hatten, eine Autorität, welche es möglich machte, dem Konfessionalismus zu entsagen und der Union mit ganzer Seele anzugehören, eine Autorität, welche im zweiten Theil unsers sechsten Abschnittes uns auch die Union als ihr Ergebniß gezeigt hat. Gewiß aber könnte jene K.-O. von 1834 kein größeres Mißverständniß erfahren, als wenn sie eine lutherische Konfession in der Landeskirche wieder so rehabilitiren sollte, daß diese die Union von sich abweisen könnte. — Wir verzichten überhaupt auf ein weiteres Besprechen der kirchenregimentlichen Erlasse. Auch auf Stahlsche Behauptungen und Insinuazionen, wie sie mannichfach in den hierher einschlagenden Abschnitten vorkommen, zu erwidern, dünkt uns überflüssig. Wir können niemandem wehren, sich seines vermeintlichen Reichthums zu rühmen. So möge Stahl immer mit der Behauptung fortfahren, daß kristliche Erweckung und kristliches Leben sich vorwiegend in dem konfessionellgesinnten Theil der Kirche finde und daß die Majorität der gläubigen Gemeindeglieder lutherisch sei. — Der Pabst betrachtet die Länder, die jemals das römische Joch getragen haben, noch heute als seinen Besitz und bestellt Bischöfe in partibus infidelium. Warum soll Herr Stahl dem kleinsten Häuflein, das auf veralteter und abgethaner Instituzion steht, nicht das Recht zusprechen, die ganze, große, lebendige und fortgeschrittene Gemeine von der Kirche auszuschließen? — Naturkundige, wie Büchner, leugnen nicht nur Gott, sondern eigentlich auch die Welt als Welt, als ein Ganzes, von Zweckbegriffen getragen und von einem innern, geistigen Bande der Ordnung durchzogen, obgleich sie täglich mitten darin verkehren. Warum soll Herr Stahl die Union nicht als vollendete Thatsache, nicht als das gesetzlich Bestehende ableugnen, wenn er auch mitten in ihrem Organismus sich täglich bewegt, warum soll er grade die Einführung der Union, die vor allen kirchlichen Ordnungen so ausgesprochen von der Gesammtheit des Kirchenregiments und der Gemeinen vollzogen ist, nicht für einen bloßen Akt der Staatsgewalt oder des Kirchenregimentes ausgeben? — Es gibt Menschen, die, wenn ihr baufälliges Hüttlein zu wanken droht, sogleich den Einsturz von Himmel und Erde fürchten. Warum, wenn es nach Stahls Geständniß bei der Mehrheit unserer evangelischen Bevölkerung schlimm um die lutherische Kirche steht, warum soll er sich nicht einbilden, es stehe auch schlimm mit dem Königthum von Gottes Gnaden? — Mit wem sind nicht in päbstlichen Dokumenten die Evangelischen gleich gestellt? Warum soll Stahl es nicht parallelisiren, wenn ein kristusgläubiger und bibelgläubiger Lutheraner das Abendmahl mit den Worten des Heilandes empfängt und wenn überhaupt ein evangelischer Krist alle abgöttische und abergläubische Zeremonien der römischen Kirche mitmacht? — Wenn jemand am hellen, klaren Mittage das Dasein der Sonne leugnet oder wenn er behauptet roth und grün, oder gar schwarz und weiß seien gleiche Farben u. dgl. m., dann, wie geschickt und gewandt er sonst auch spreche, das Fortführen des Streites hört auf. Trotz aller solcher Widersprüche wird die Union in Preußen als das gesetzlich Bestehende, als vollendete Thatsache bleiben, die Union, wie sie 1817 in der K.-O. Friedrich Wilhelms sich ausgesprochen, von da ab allmählig sich eingeführt und 1830 ihren Abschluß gefunden hat, die Union, wie sie in sich schließt die volle Gemeinschaft am Tisch des Herrn, in der Verwaltung, in der Lehre, im Kultus und in dem Dienst und der Thätigkeit der brüderlichen Liebe. Das ist der Rechtszustand unserer evangelischen Landeskirche in Beziehung auf Union und Konfession. Er ist keineswegs unwandelbar, er könnte unter Verhältnissen sich wieder in den einer die Union aufhebenden, lutherischen Kirche umwandeln. Wie? Wenn die Gesammtheit der Gemeinen mit Regiment und Lehrstand wieder lutherisch geworden sind; so haben sie auch, wenn gleich nicht dem Evangelio, doch den Verhältnissen nach das Recht ihre Konfession als allein herrschend aufzurichten und die Union zu verbannen. Möge der ehrliche, überzeugungstreue Konfessionalismus, der freilich Vorkämpfer wie Stahl am wenigsten annehmen dürfte, sehen wie weit er dies Ziel auf sittlichen Wege erreicht. Wir halten indeß, was wir haben, stellen uns auf die Union als dermaligen Rechtsboden unsrer Landeskirche, weil wir unerschütterlich stehen auf dem ewigen Fels der Kirche, keinen andern Grund kennend als der gelegt ist, Kristus, keinem andern Meister dienend als ihm, keine andre Regel wissend als sein lebendiges, göttliches Wort.

Druck von Carl Schultze in Berlin.
Kommandantenstr. 72.

FSC
www.fsc.org
MIX
Papier | Fördert
gute Waldnutzung
FSC® C083411

Kolibri 360 GmbH
Ferdinand-Jühlke-Straße 7
99095 Erfurt, Deutschland
produktsicherheit@kolibri360.de